高等学校设计模式课程系列教材

设计模式实训教程

(第2版)

◎ 刘伟　编著

清華大學出版社
北京

内容简介

本书通过大量项目实例让读者加深对GoF设计模式的理解，在学习模式的同时掌握如何在实际软件开发中运用模式，并通过大量练习来强化对设计模式的理解和掌握。

本书共分为7章，核心内容包括UML类图实训，面向对象设计原则实训，创建型模式实训，结构型模式实训和行为型模式实训。从第3章到第5章，结合实例和大量实训练习学习如何在项目开发中使用设计模式；第6章对设计模式的相关知识进行补充，提供了6个模式联用解决方案，通过两个综合实例学习如何在应用开发中使用设计模式，同时提供了一些企业招聘过程中出现的面试和笔试试题；第7章提供了两套设计模式综合模拟试题。附录部分提供了相应的参考答案和评分标准，用于考查读者对所学知识的掌握程度。

本书既可作为各类高等院校计算机和软件相关专业本专科生和研究生软件设计模式课程教材和参考用书，也可作为全国计算机技术与软件专业技术资格（水平）考试辅导用书和软件架构师、软件工程师等开发人员的参考用书，还可以作为企业内训、设计模式爱好者和自学者的习题集和实训教程以及就业之前的复习用书。

图书在版编目（CIP）数据

设计模式实训教程/刘伟编著．—2版．—北京：清华大学出版社，2018（2024.1重印）
（高等学校设计模式课程系列教材）
ISBN 978-7-302-49082-1

Ⅰ．①设… Ⅱ．①刘… Ⅲ．①面向对象语言－程序设计－教材 Ⅳ．①TP312.8

中国版本图书馆CIP数据核字（2017）第296014号

责任编辑： 魏江江　薛　阳
封面设计： 刘　键
责任校对： 胡伟民
责任印制： 杨　艳

出版发行： 清华大学出版社
网　　址： https：//www.tup.com.cn，https：//www.wqxuetang.com
地　　址： 北京清华大学学研大厦A座　　**邮　　编：** 100084
社 总 机： 010-83470000　　**邮　　购：** 010-62786544
投稿与读者服务： 010-62776969，c-service@tup.tsinghua.edu.cn
质量反馈： 010-62772015，zhiliang@tup.tsinghua.edu.cn
课件下载： https：//www.tup.com.cn，010-83470236
印 装 者： 三河市龙大印装有限公司
经　　销： 全国新华书店
开　　本： 185mm×260mm　　**印　　张：** 22.5　　**字　　数：** 533千字
版　　次： 2012年1月第1版　2018年4月第2版　　**印　　次：** 2024年1月第5次印刷
印　　数： 13001～13300
定　　价： 59.00元

产品编号：077640-01

FOREWORD 前言

随着面向对象技术的发展和广泛应用，设计模式已成为面向对象开发人员必备的技能之一。无论是面向对象的初学者还是具有一定开发经验的程序员，都可以通过对设计模式的学习和应用加深对面向对象思想的理解，开发出可扩展性和复用性更好的软件。笔者在多年的面向对象教学和实践开发中也深刻体会到学习设计模式的意义，在教授 C++、Java、C# 等课程的同时结合一些常用的设计模式可以让学生更好地理解面向对象的特性、接口的作用、合成复用的优点等原本很抽象、较难理解的思想和概念。正如笔者经常和学生以及学员们说的：掌握设计模式后，就会发现面向对象设计是一门艺术，有些模式的巧妙，也一定会授益于 GoF 所做的工作。

当前，在很多高校的软件工程专业的本科或研究生培养方案中都设置了面向对象分析与设计、软件设计模式、软件体系结构等课程，不少企业也开始注重对员工面向对象编程思想和设计模式等的培训，部分软件培训机构也将设计模式作为软件工程师培训课程的基本内容之一。在我国较为权威的全国计算机技术与软件专业技术资格(水平)考试的系统架构设计师(高级)、软件设计师(中级)等级别的考试中，关于设计模式的试题也占据一定的比例，近几年软件设计师下午题中固定有一道 15 分的设计模式大题，2009 年开考的系统架构设计师考试中也有不少设计模式相关试题，笔者也有幸以湖南省第一、全国第四的成绩成为第一批国家认证系统架构设计师。

近年来，笔者一直承担中南大学软件学院 Java 实训、软件体系结构、设计模式等课程的教学任务，同时也给一些软件企业提供软件设计模式、重构、统一建模语言(UML)等课程的企业内训，并主持和参与一些软件项目的开发工作。从这些教学和开发工作中，笔者发现通过实例，尤其是结合软件项目实例是学习和掌握设计模式的最佳途径，而目前已出版的很多设计模式书籍大多通过一些生活实例来引入和学习设计模式，这样虽然可以让读者很轻松地学习，但很难做到深入理解和熟练运用。此外，已有的大部分设计模式相关书籍都缺少相应的练习来帮助读者加深对所学模式的理解和掌握，有些书中虽有一些练习，但数量不多且针对性不强。因此，笔者一直想将这些年积累下来的一些实例整理成册，于是有了本书的诞生。

1. 本书特色

本书是国内第一本设计模式实训教程和习题集，通过大量项目实例让读者加深对 GoF 设计模式的理解，在学习模式的同时掌握如何在实际软件开发中运用模式，并通过大量练习来强化对设计模式的理解和掌握。笔者整理了这些年在设计模式教学和企业项目开发经验中积累的设计模式实训素材,同时参考了大量已有的设计模式书籍和网站资料,广泛收集各类设计模式实例和试题,包括历年全国计算机技术与软件专业技术资格(水平)考试试题、知名软件公司招聘面试和笔试题、国内外高校设计模式课程考试试题等,同时结合实际项目设计了大量练习题,包括选择题、模式代码填空题、综合分析题等多种题型,让读者在学习设计模式之余检验学习效果并结合实例来巩固所学知识。收集和整理的过程虽然很辛苦,也很耗时,但若能为我国软件事业的发展和面向对象技术的推广尽一份绵薄之力,所有付出都是值得的。

为了让设计模式的初学者也能够看懂本教程,在本书中的每一章前面都包含了知识讲解单元,让读者可以较快了解模式的基本知识,再结合后续实例进行深入学习。在本书中,针对每一个模式都提供了一个完整的实例,包括 UML 类图、源代码和实例分析,且每个模式都对应多道选择题、一道代码填空题和一道综合分析题,所有练习都提供了参考答案,部分综合分析题还提供了完整代码,本书所有类图均严格按照 UML 2.X 标准绘制,所有代码均在 JDK 1.8 环境下通过测试且运行无误。

2. 本书内容

本书分 7 章:第 1 章介绍 UML 类图并通过实训练习掌握如何阅读和绘制类图,学习使用类图来构造软件的静态模型;第 2 章介绍 7 个常用的面向对象设计原则,结合实例学习如何使用这些原则对系统进行重构;第 3 章介绍 6 个创建型设计模式,第 4 章介绍 7 个结构型设计模式,第 5 章介绍 11 个行为型设计模式,从第 3～5 章结合实例和大量实训练习来进行学习;第 6 章对设计模式的相关知识进行了补充,提供了一些模式联用解决方案,通过两个综合实例来学习如何在应用开发中使用设计模式,同时提供了一些企业招聘过程中出现的面试和笔试试题;第 7 章提供了两套设计模式综合模拟试题。附录部分提供了相应的参考答案和评分标准,用于考查读者对所学知识的掌握程度。本书所有源代码和类图都可通过清华大学出版社网站(http://www.tup.tsinghua.edu.cn/)下载。

3. 目标读者

本书既可作为各类高等院校计算机和软件相关专业本专科生和研究生设计模式课程教材和参考用书,也可作为全国计算机技术与软件专业技术资格(水平)考试辅导用书和软件架构师、软件工程师等开发人员的参考用书,还可以作为企业内训、设计模式爱好者和自学者的习题集和实训教程以及就业之前的复习用书。

4. 感谢

由于本书是一本实训教程和实战手册,涉及大量的实例及分析,这些实例的收集、整理和设计工作离不开众多同事和学生的帮助,在此一并表示感谢。感谢中南大学软件学院胡志刚教授在百忙之中抽出宝贵时间对本书进行细致的审校,感谢中南大学软件学院杨柳、郑美光和中南大学信息科学与工程学院郭克华、王斌等老师在本书写作过程中提出的宝贵意见和建议。在本书的编写过程中作者参考和引用了国内外很多书籍和网站的相关内容,个别实例和练习的初始原型也来源于网络,由于涉及的网站和网页太多,没有一一列举,在此一并对相关作者予以感谢。最后特别感谢清华大学出版社魏江江主任为本书出版所作出的努力。

由于时间仓促、学识有限，书中不足和疏漏之处在所难免，恳请广大读者将意见和建议通过清华大学出版社反馈给笔者，以便在后续版本中不断改进和完善。

刘 伟

2017 年 8 月 1 日于长沙岳麓山下

CONTENTS 目录

第1章

UML类图实训

UML(Unified Modeling Language,统一建模语言)是当前软件系统建模的标准语言,它融合了众多软件建模技术的优点,通过一系列标准的图形符号来描述系统。在UML 2.0的13种图形中,类图是使用最广泛的图形之一,它用于描述系统中所包含的类以及它们之间的相互关系,每一个设计模式的结构都可以使用类图来表示,它帮助人们简化对系统的理解,是系统分析和设计阶段的重要产物,也是系统编码和测试的重要模型依据。

1.1 知识讲解

UML已经成为面向对象软件分析与设计的标准建模语言,其应用越来越广泛。在设计模式的学习和使用过程中也需要掌握一些UML相关技术,尤其是UML类图。通过类图,可以更好地理解每一个模式的结构并对每一个模式实例进行分析。

1.1.1 UML概述

20世纪80年代至90年代,面向对象分析和设计方法发展迅速,随着面向对象技术的广泛应用,其相关研究也十分活跃,涌现了大量的方法和技术,据不完全统计,最多的时候高达五十多种,其中最具代表性的当属Grady Booch的Booch方法、Jim Rumbaugh的OMT(Object Modeling Technology,对象建模技术)和Ivar Jacobson的OOSE(Object Oriented Software Engineering,面向对象软件工程)等,而UML正是在这三位大师的联手之下共同打造而成的,现在它已经成为面向对象软件分析与设计建模的标准。

UML是通用可视化建模语言,不同于编程语言,它通过一些标准的图形符号和文字来对系统进行建模,用于对软件进行描述和可视化处理、构造和建立软件系统制品的文档。UML适用于各种软件开发方法、软件生命周期的各个阶段、各种应用领域以及各种软件开发工具,是一种总结了以往建模技术的经验并吸收了当今最优秀成果的标准建模方法。

UML主要包括以下4个组成部分。

(1) 视图(View):UML视图用于从不同的角度来表示待建模系统。视图是由许多图形组成的一个抽象集合。在建立一个系统模型时,只有通过定义多个视图,每个视图显示该系统的一个特定方面,才能构造出该系统的完整蓝图,视图也将建模语言链接到开发所选择的方法和过程。UML 视图包括用户视图、结构视图、行为视图、实现视图和环境视图。其中用户视图以用户的观点表示系统的目标,它是所有视图的核心,用于描述系统的需求;结构视图表示系统的静态行为,描述系统的静态元素(如包、类与对象),以及它们之间的关系;行为视图表示系统的动态行为,描述系统的组成元素(如对象)在系统运行时的交互关系;实现视图表示系统中逻辑元素的分布,描述系统中物理文件以及它们之间的关系;环境视图表示系统中物理元素的分布,描述系统中硬件设备以及它们之间的关系。

(2) 图(Diagram):UML 图是描述 UML 视图内容的图形。UML 1.0 提供了 9 种图,UML 2.0 提供了 13 种图,分别是用例图(Use Case Diagram)、类图(Class Diagram)、对象图(Object Diagram)、包图(Package Diagram)、组合结构图(Composite Structure Diagram)、状态图(State Diagram)、活动图(Activity Diagram)、顺序图(Sequence Diagram)、通信图(Communication Diagram)、定时图(Timing Diagram)、交互概览图(Interaction Overview Diagram)、组件图(Component Diagram)和部署图(Deployment Diagram),通过它们之间的相互组合可提供待建模系统的所有视图。其中,用例图对应用户视图;类图、对象图、包图和组合结构图对应结构视图;状态图、活动图、顺序图、通信图、定时图和交互概览图对应行为视图;组件图对应实现视图;部署图对应环境视图。

(3) 模型元素(Model Element):模型元素是指 UML 图中所使用的一些概念,它们对应于普通的面向对象概念,如类、对象、消息以及这些概念之间的关系,如关联关系、依赖关系、泛化关系等。同一个模型元素可以在多个不同的 UML 图中使用,但是,无论在哪个图中,同一个模型元素都必须保持相同的意义并具有相同符号。

(4) 通用机制(General Mechanism):UML 提供的通用机制为模型元素提供额外的注释、信息和语义,这些通用机制也提供了扩展机制,允许用户对 UML 进行扩展,如定义新的建模元素、扩展原有元素的语义、添加新的特殊信息来扩展模型元素的规则说明等,以便适用于一个特定的方法、过程、组织或用户。

1.1.2 类与类的 UML 表示

类图是使用频率最高的 UML 图之一。在设计模式中,可以使用类图来描述一个模式的结构并对每一个模式实例进行分析和解释。

1. 类

类(Class)封装了信息和行为,是面向对象的重要组成部分,它是具有相同属性、操作、关系对象集合的总称。在系统中,每个类都应该具有一定的职责,职责是指类所担任的任务。一个类可以有多种职责,设计得好的类一般至少有一种职责,在定义类时,将类的职责分解为类的属性和操作,其中属性用于封装数据,操作用于封装行为。设计类是面向对象设计中最重要的组成部分,也是最复杂和最耗时的部分。

在软件系统运行时,类将被实例化成对象(Object),对象对应于某个具体的事物。类是对一组具有相同属性、表现相同行为的对象的抽象,对象是类的实例(Instance)。

类图(Class Diagram)使用出现在系统中的不同类来描述系统的静态结构,类图用来描述不同的类和它们之间的关系。

在系统分析阶段，类通常可以分为三种，分别是实体类（Entity Class）、控制类（Control Class）和边界类（Boundary Class），下面对这三种类加以简要说明。

（1）实体类：实体类对应系统需求中的每个实体，它们通常需要保存在永久存储体中，一般使用数据库表或文件来记录，实体类既包括存储和传递数据的类，还包括操作数据的类。实体类来源于需求说明中的名词，如学生、商品等。

（2）控制类：控制类用于体现应用程序的执行逻辑，提供相应的业务操作，将控制类抽象出来可以降低界面和数据库之间的耦合度。控制类一般是由动宾结构的短语（动词＋名词）转化来的名词，如增加商品对应有一个商品增加类，注册对应有一个用户注册类等。

（3）边界类：边界类用于对外部用户与系统之间的交互对象进行抽象，主要包括界面类，如对话框、窗口、菜单等。

在面向对象分析和设计的初级阶段，通常首先识别出实体类，绘制初始类图，此时的类图也可称为领域模型，包括实体类以及它们之间的相互关系。

2．类的 UML 表示

在 UML 中，类使用具有类名称、属性、操作分隔的长方形来表示，如定义一个类 Employee，它包含属性 name、age 和 email，以及操作 modifyInfo()，在 UML 类图中该类如图 1-1 所示。

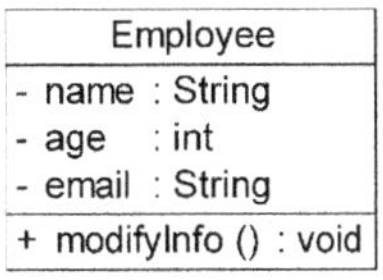

在 UML 类图中，类一般由三部分组成。

（1）第一部分是类名：每个类都必须有一个名字，类名是一个字符串。

（2）第二部分是类的属性（Attributes）：属性是指类的性质，即类的成员变量。类可以有任意多个属性，也可以没有属性。

Employee
- name : String - age : int - email : String
+ modifyInfo () : void

图 1-1 类的 UML 图示

UML 规定属性的表示方式为：

```
可见性 名称:类型 [ = 默认值 ]
```

其中：

① “可见性”表示该属性对于类外的元素是否可见，包括公有（public）、私有（private）和受保护（protected）三种，在类图中分别用符号＋、－和＃表示。

② “名称”表示属性名，用一个字符串表示。

③ “类型”表示属性的数据类型，可以是基本数据类型，也可以是用户自定义类型。

④ “默认值”是一个可选项，即属性的初始值。

（3）第三部分是类的操作（Operations）：操作是类的任意一个实例对象都可以使用的行为，操作是类的成员方法。

UML 规定操作的表示方式为：

```
可见性 名称([参数列表])[: 返回类型]
```

其中：

① “可见性”的定义与属性的可见性定义相同。

② “名称”即操作名或方法名，用一个字符串表示。

③ “参数列表”表示操作的参数，其语法与属性的定义相似，参数个数是任意的，多个参数之间用逗号“,”隔开。

④ “返回类型”表示操作的返回值类型，依赖于具体的编程语言，可以是基本数据类型，也可以是用户自定义类型，还可以是空类型(void)，如果是构造方法，则无返回类型。

1.1.3 类之间的关系

在软件系统中，类并不是孤立存在的，类与类之间存在各种关系，对于不同类型的关系，UML提供了不同的表示方式。

1. 关联关系

关联关系(Association)是类与类之间最常用的一种关系，它是一种结构化关系，用于表示一类对象与另一类对象之间有联系，如汽车和轮胎、师傅和徒弟、班级和学生等。在UML类图中，用实线连接有关联关系的对象所对应的类，在使用Java、C＃和C++等编程语言实现关联关系时，通常将一个类的对象作为另一个类的属性。在使用类图表示关联关系时可以在关联线上标注角色名，一般使用一个表示两者之间关系的动词或者名词表示角色名(有时该名词为实例对象名)，关系的两端代表两种不同的角色，因此在一个关联关系中可以包含两个角色名，角色名不是必需的，可以根据需要增加，其目的是使类之间的关系更加明确。

如在一个登录界面类LoginForm中包含一个JButton类型的注册按钮loginButton，它们之间可以表示为关联关系，代码实现时可以在LoginForm中定义一个名为loginButton的属性对象，其类型为JButton，如图1-2所示。

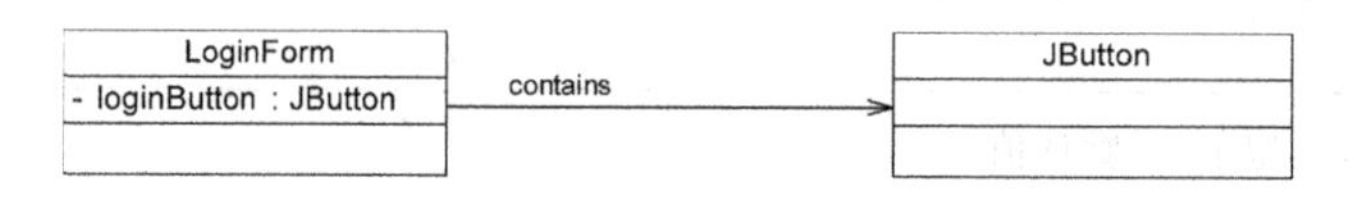

图1-2 关联关系实例

在UML中，关联关系包含如下几种形式。

(1) 双向关联

默认情况下，关联是双向的。例如，顾客(Customer)购买商品(Product)并拥有商品，反之，卖出的商品总有某个顾客与之相关联。因此，Customer类和Product类之间具有双向关联关系，如图1-3所示。

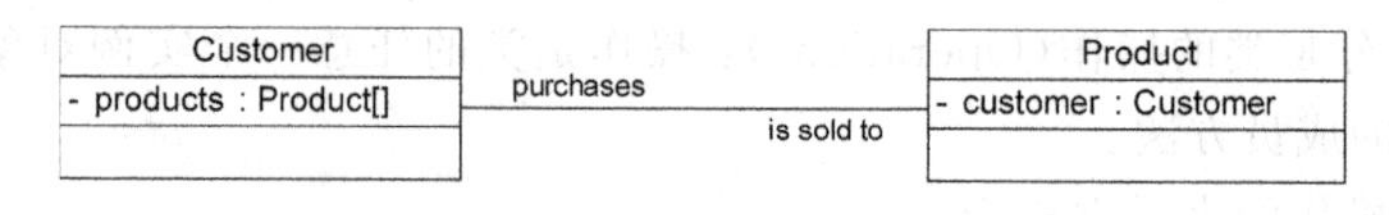

图1-3 双向关联实例

(2) 单向关联

类的关联关系也可以是单向的，单向关联用带箭头的实线表示。例如，顾客(Customer)拥有地址(Address)，则 Customer 类与 Address 类具有单向关联关系，如图 1-4 所示。

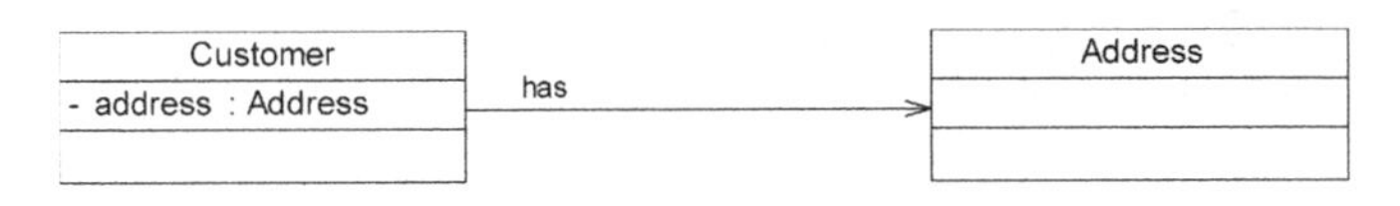

图 1-4 单向关联实例

(3) 自关联

在系统中可能会存在一些类的属性对象类型为该类本身，这种特殊的关联关系称为自关联。例如，一个节点类(Node)的成员又是 Node 类型的对象，如图 1-5 所示。

(4) 多重性关联

多重性关联关系又称为重数性关联关系(Multiplicity)，表示两个关联对象在数量上的对应关系。在 UML 中，多重性关联可以直接在关联直线上用一个数字或一个数字范围表示。

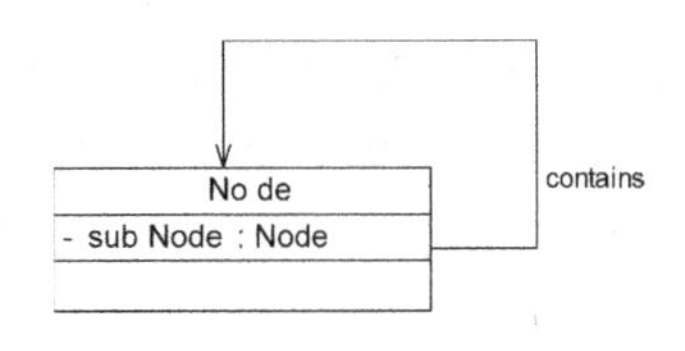

图 1-5 自关联实例

类的对象之间存在多种多重性关联关系，常见的多重性表示方式如表 1-1 所示。

表 1-1 多重性表示方式列表

表示方式	多重性说明
1..1	表示另一个类的一个对象只与一个该类对象有关系
0..*	表示另一个类的一个对象与零个或多个该类对象有关系
1..*	表示另一个类的一个对象与一个或多个该类对象有关系
0..1	表示另一个类的一个对象没有或只与一个该类对象有关系
$m..n$	表示另一个类的一个对象与最少 m、最多 n 个该类对象有关系 ($m \leqslant n$)

例如，一个表单(Form)可以拥有零个或多个按钮(Button)，但是一个按钮只能属于一个表单，因此，一个 Form 类的对象可以与零个或多个 Button 类的对象相关联，但一个 Button 类的对象只能与一个 Form 类的对象关联，如图 1-6 所示。

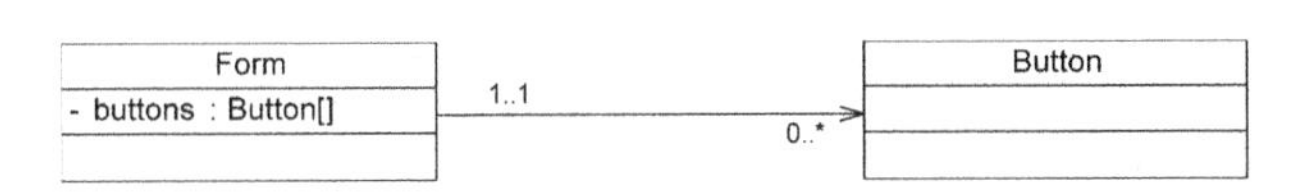

图 1-6 多重性关联实例

(5) 聚合关系

聚合关系(Aggregation)表示一个整体与部分的关系。通常在定义一个整体类后，再去分析这个整体类的组成结构，从而找出一些成员类，该整体类和成员类之间就形成了聚合关系。如一台计算机包含显示器、主机、键盘、鼠标等组成部分，就可以使用聚合关系来描述整体与部分之间的关系。在聚合关系中，成员类是整体类的一部分，即成员对象是整体对象的一部分，但是成员对象可以脱离整体对象独立存在。在 UML 中，聚合关系用带空心菱形的直线表示。例如，汽车发动机(Engine)是汽车(Car)的组成部分，但是汽车发动机可以独立存在，因此，汽车和发动机是聚合关系，如图 1-7 所示。

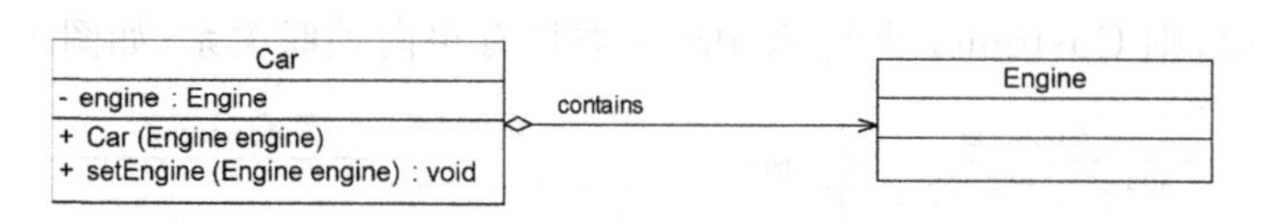

图 1-7 聚合关系实例

(6) 组合关系

组合关系(Composition)也表示类之间整体和部分的关系,但是组合关系中部分和整体具有统一的生存期。一旦整体对象不存在,部分对象也将不存在,部分对象与整体对象之间具有同生共死的关系,如一个界面对象与所包含的按钮、文本框、静态文本等成员对象,如果界面对象在内存中被销毁,则所有成员均被销毁。在组合关系中,成员对象是整体对象的一部分,而且整体对象可以控制成员对象的生命周期,即成员对象的存在依赖于整体对象。在UML中,组合关系用带实心菱形的直线表示。例如,人的头(Head)与嘴巴(Mouth),嘴巴是头的组成部分之一,如果头没了,嘴巴也就没了,因此头和嘴巴是组合关系,如图1-8所示。

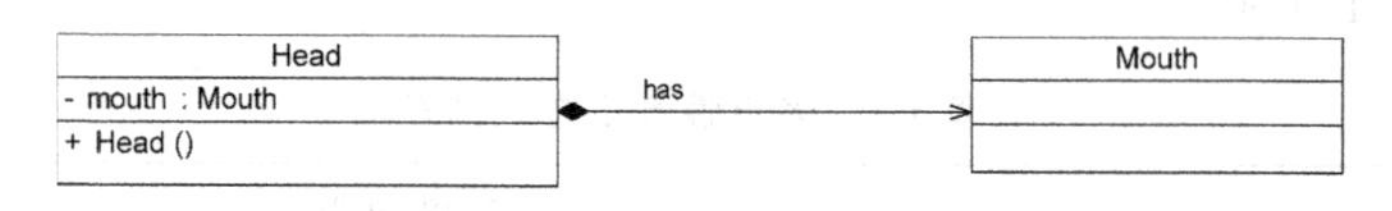

图 1-8 组合关系实例

2. 依赖关系

依赖关系(Dependency)是一种使用关系,特定事物的改变有可能会影响到使用该事物的其他事物,在需要表示一个事物使用另一个事物时使用依赖关系。大多数情况下,依赖关系体现在某个类的方法使用另一个类的对象作为参数。在UML中,依赖关系用带箭头的虚线表示,由依赖的一方指向被依赖的一方。例如,驾驶员开车,在Driver类的drive()方法中将Car类型的对象car作为一个参数传递,以便在drive()方法中能够调用car的move()方法,且驾驶员的drive()方法依赖车的move()方法,因此类Driver依赖类Car,如图1-9所示。

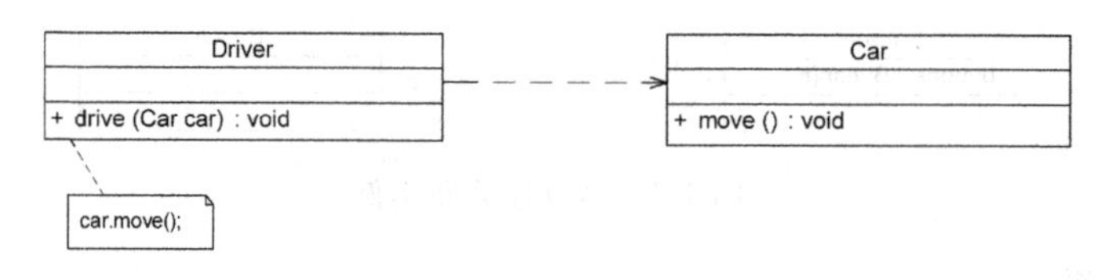

图 1-9 依赖关系实例

在系统实施阶段,依赖关系通常通过三种方式来实现,第一种也是最常用的一种方式是如图1-9所示的将一个类的对象作为另一个类中方法的参数,第二种方式是在一个类的方法中将另一个类的对象作为其局部变量,第三种方式是在一个类的方法中调用另一个类的静态方法。

3. 泛化关系

泛化关系(Generalization)也就是继承关系,也称为is-a-kind-of关系,泛化关系用于描述父类与子类之间的关系,父类又称作基类或超类,子类又称作派生类。在UML中,泛化关系用带空心三角形的直线来表示。在代码实现时，使用面向对象的继承机制来实现泛化关系，如在 Java 语言中使用 extends 关键字、在 C++/C＃中使用冒号“：”来实现。例如，Student 类和 Teacher 类都是 Person 类的子类，Student 类和 Teacher 类继承了 Person 类的属性和方法，Person 类的属性包含姓名(name)和年龄(age)，每一个 Student 和 Teacher 也都具有这两个属性，另外 Student 类增加了属性学号(studentNo)，Teacher 类增加了属性教师编号(teacherNo)，Person 类的方法包括行走 move()和说话 say()，Student 类和 Teacher 类继承了这两个方法，而且 Student 类还新增方法 study()，Teacher 类还新增方法 teach()，如图 1-10 所示。

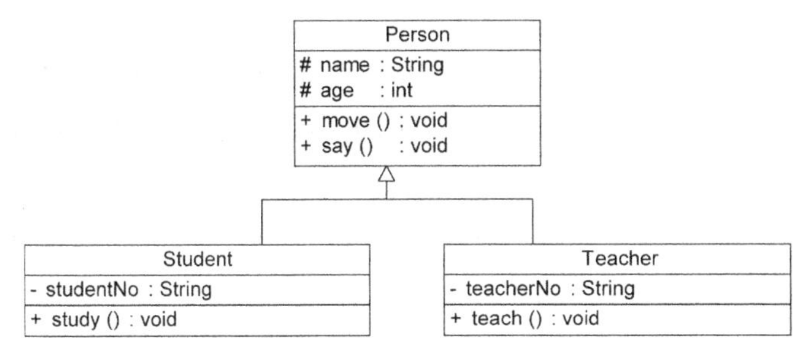

图 1-10 泛化关系实例

4. 接口与实现关系

在很多面向对象语言中都引入了接口的概念，如 Java、C＃等。在接口中，一般没有属性，而且所有的操作都是抽象的，只有操作的声明，没有操作的实现。UML 中用与类的表示法类似的方式表示接口，如图 1-11 所示。

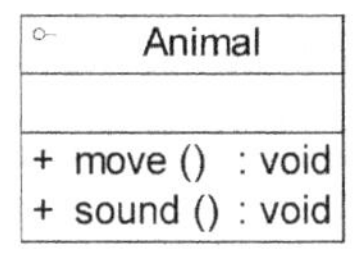

图 1-11 接口的 UML 图示

接口之间也可以有与类之间关系类似的继承关系和依赖关系，但是接口和类之间还存在一种实现关系(Realization)，在这种关系中，类实现了接口，类中的操作实现了接口中所声明的操作。在 UML 中，类与接口之间的实现关系用带空心三角形的虚线来表示。例如，定义了一个交通工具接口 Vehicle，其中有一个抽象操作 move()，在类 Ship 和类 Car 中都实现了该 move()操作，不过具体的实现细节将会不一样，如图 1-12 所示。

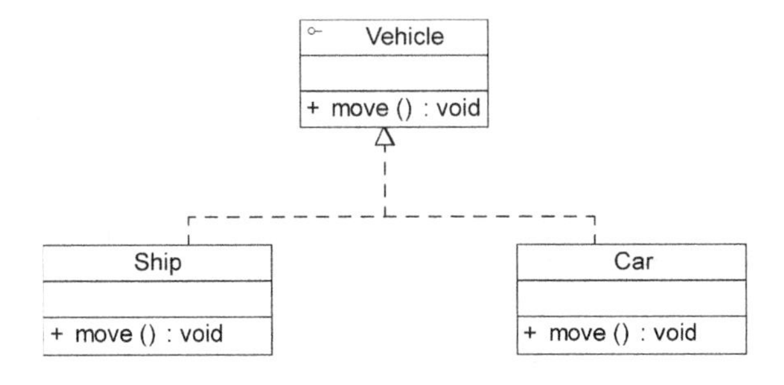

图 1-12 实现关系实例

实现关系在代码编程实现时，不同的面向对象语言提供了不同的语法，如在 Java 语言中使用 implements 关键字，在 C＃语言中使用冒号“：”来实现。

1.2 实训实例

下面结合几个应用实例来加深对UML类图的理解。

1.2.1 类图实例之图书管理系统

1. 实例说明

某图书管理系统的主要功能如下：

(1) 图书管理系统的资源目录中记录着所有可供读者借阅的资源，每项资源都有一个唯一的索引号。系统需登记每项资源的名称、出版时间和资源状态(可借阅或已借出)。

(2) 资源可以分为两类：图书和唱片。对于图书，系统还需登记作者和页数；对于唱片，还需登记演唱者和介质类型(CD或者磁带)。

(3) 读者信息保存在图书管理系统的读者信息数据库中，记录的信息包括读者的识别码和读者姓名。系统为每个读者创建了一个借书记录文件，用来保存读者所借资源的相关信息。

现采用面向对象方法开发该图书管理系统。识别类是面向对象分析的第一步。比较常用的识别类的方法是寻找问题描述中的名词，再根据相关规则从这些名词中删除不可能成为类的名词，最终得到构成该系统的类，下面是本实例中出现的所有名词：图书管理系统、资源目录、读者、资源、索引号、系统、名称、出版时间、资源状态、图书、唱片、作者、页数、演唱者、介质类型、CD、磁带、读者信息、读者信息数据库、识别码、姓名、借书记录文件、信息。

通过对以上名词进行分析，最终得到图1-13所示的UML类图(类的说明如表1-2所示)。

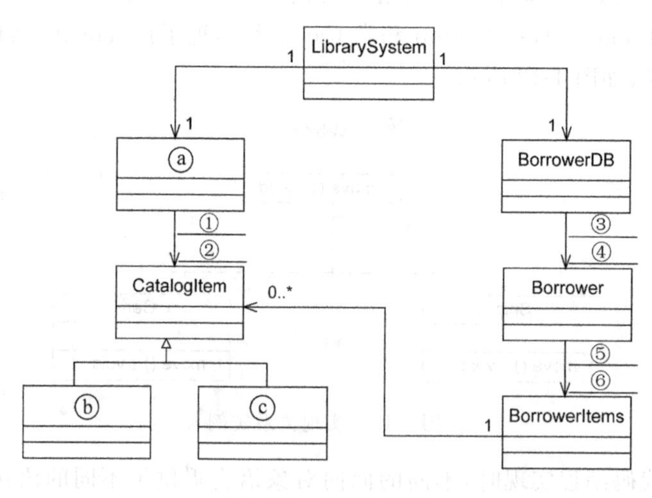

图1-13 UML类图

表 1-2 类的说明

类 名	说 明
LibrarySystem	图书管理系统
BorrowerDB	保存读者信息的数据库
CatalogItem	资源目录中保存的每项资源
Borrower	读者
BorrowerItems	为每个读者创建的借书记录文件

［问题 1］ 表 1-2 所给出的类并不完整，根据已知条件和实例中出现的所有名词，将图 1-13 中的ⓐ～ⓒ处补充完整。

［问题 2］ 根据说明中的描述，给出图 1-13 中的类 CatalogItem 以及ⓑ、ⓒ处所对应的类的关键属性（使用实例中出现的名词），其中，CatalogItem 有 4 个关键属性；ⓑ、ⓒ处对应的类各有 2 个关键属性。

［问题 3］ 识别关联的多重度是面向对象建模过程中的一个重要步骤。根据说明中给出的描述，完成图 1-13 中的①～⑥。

2. 实例解析

在本实例中，通过对说明进行分析，获得实例中出现的所有名词，这些名词可以分为两类，一类是实体类类名，另一类是实体类的属性。分析可知，实体类包括图书管理系统、资源目录、读者、资源、图书、唱片、读者信息、读者信息数据库、借书记录文件。其中资源（CatalogItem）的属性包括索引号、名称、出版时间和资源状态；图书的属性还包括作者和页数；唱片的属性包括演唱者和介质类型（CD 或者磁带）；读者信息的属性包括识别码和姓名。

对说明进行进一步分析得知，这些实体类之间存在多重性关联关系。根据功能说明（1），系统中包含一个资源目录，则图书管理系统（LibrarySystem）与资源目录存在"1..1-1..1"的多重性关联；一个资源目录可以记录多项资源的信息，则资源目录与资源（CatalogItem）存在"1..1-0..*"的多重性关联。根据功能说明（3），系统包含一个读者信息数据库，则图书管理系统（LibrarySystem）与读者信息数据库（BorrowerDB）存在"1..1-1..1"的多重性关联；读者信息数据库中记录多个读者的信息，则读者信息数据库（BorrowerDB）与读者（Borrower）存在"1..1-0..*"的多重性关联；系统为每个读者创建了一个借书记录文件，则读者（Borrower）和每个读者的借书记录文件（BorrowerItems）存在"1..1-1..1"的多重性关联；在借书记录文件中保存读者所借资源的相关信息，则借书记录文件（BorrowerItems）与资源（CatalogItem）存在"1..1-0..*"的多重性关联。

根据功能说明（2），图书和唱片都是资源的一种类型，且它们在具有资源的公共属性的同时还具备一些特有的属性，因此图书和唱片可作为资源的子类，它们与资源之间存在继承关系。

综上所述，本实例参考答案如下：

［问题 1］ ⓐ资源目录 ⓑ图书 ⓒ唱片（ⓑ和ⓒ可互换）

［问题 2］ CatalogItem（资源）的关键属性：索引号、名称、出版时间、资源状态

图书的关键属性：作者、页数

唱片的关键属性：演唱者、介质类型

［问题 3］ ①1..1 ②0..* ③1..1 ④0..* ⑤1..1 ⑥1..1

1.2.2 类图实例之商场会员管理系统

1. 实例说明

某商场会员管理系统包含一个会员类(Member),会员的基本信息包括会员编号(memberNo)、会员姓名(memberName)、联系电话(memberTel)、电子邮箱(memberEmail)、地址(memberAddress)等,会员可分为金卡会员(GoldMember)和银卡会员(SilverMember)两种,不同类型的会员在购物时可以享受不同的折扣;每个会员可以拥有一个或多个订单(Order),每一个订单又包含至少一条商品销售信息(productItem),商品销售信息包括订单编号(orderNo)、商品编号(productNo)、商品数量(productNum)、商品单价(productPrice)和折扣(productDiscount);每一条商品销售信息对应一类商品(product),商品信息包括商品编号(productNo)、商品名称(productName)、商品单价(productPrice)、商品库存量(productStock)、商品产地(productPlace)等。

根据以上描述构造系统的初始类模型(分析模型)。

2. 实例解析

在本实例中,GoldMember和SilverMember都是会员Member的一种,因此它们都是会员类的子类,与会员类之间存在继承关系;一个会员可以拥有一个或多个订单,因此会员类(Member)与订单类(Order)之间存在多重性为"1..1-1..*"的关联关系;每个订单至少包含一条商品销售信息,因此订单类(Order)与商品销售信息(ProductItem)之间存在多重性为"1..1-1..*"的关联关系;每一条商品销售信息对应一类商品,但是一类商品可以对应多条商品销售信息,因此商品销售信息(ProductItem)与商品(Product)之间存在多重性为"0..*-1..1"的关联关系。

在构造系统的初始类模型时,主要分析系统中存在的实体类,绘制系统实体类类图,这些实体类可用于指导数据库设计,该系统的初始类模型如图1-14所示。

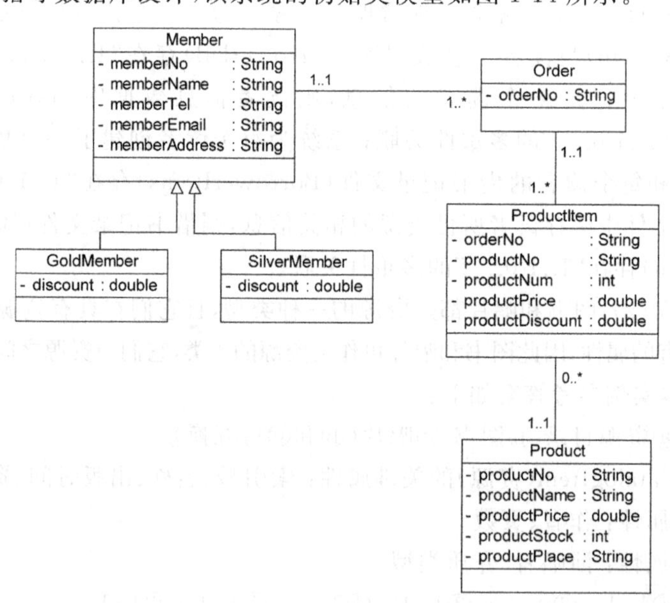

图1-14 商场会员管理系统初始类图

1.3 实训练习

1. 选择题

(1) 在UML提供的图中,(①)用于描述系统与外部系统及用户之间的交互;(②)用于按时间顺序描述对象之间的交互。

① A. 用例图　　B. 类图
C. 对象图　　D. 部署图

② A. 对象图　　B. 状态图
C. 活动图　　D. 时序图

(2) (①)表示系统的静态行为,描述系统的静态元素如包、类与对象,以及它们之间的关系;(②)表示系统中逻辑元素的分布,描述系统中物理文件以及它们之间的关系。

① A. 结构视图　　B. 行为视图
C. 实现视图　　D. 环境视图

② A. 结构视图　　B. 行为视图
C. 实现视图　　D. 环境视图

(3) 对于类图,以下叙述正确的是(　　)。

A. 创建类图是为了对系统的动态结构进行建模
B. 每个类图都应该具有泛化关系
C. 在UML中,可以使用一个带有两个区域的矩形框来表示类
D. 在系统分析和实施阶段可以创建和使用类图

(4) 以下关于类成员的可见性叙述错误的是(　　)。

A. 可见性为public时,类内和类外可以使用
B. 可见性为protected时,类内及子类可以使用
C. 可见性为private时,类内及类外皆不可以使用
D. 可见性为public或protected时,子类皆可以使用

(5) 对于如图1-15所示的UML类图,正确的描述是(　　)。

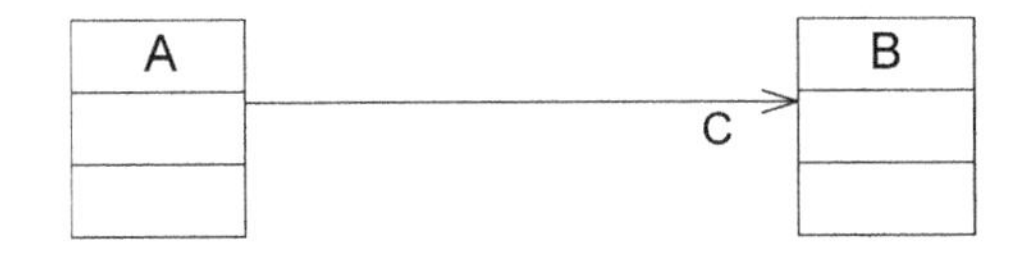

图1-15　选择题(5)用图

A. 类B的实例中包含了对类C的实例的引用
B. 类A的实例中包含了对类B的实例的引用
C. 类A的实例中包含了对类C的实例的引用
D. 类B的实例中包含了对类A的实例的引用

(6) UML中关联的多重度是指(　　)。

A. 一个类有多少个方法被另一个类调用

B. 一个类的实例能够与另一个类的多少个实例相关联

C. 一个类的某个方法被另一个类调用的次数

D. 两个类所具有的相同的方法和属性

(7) 已知 3 个类 A、B 和 C,其中类 A 由类 B 的一个实例和类 C 的一个或多个实例构成。能够正确表示类 A、B 和 C 之间关系的 UML 类图是(　　)。

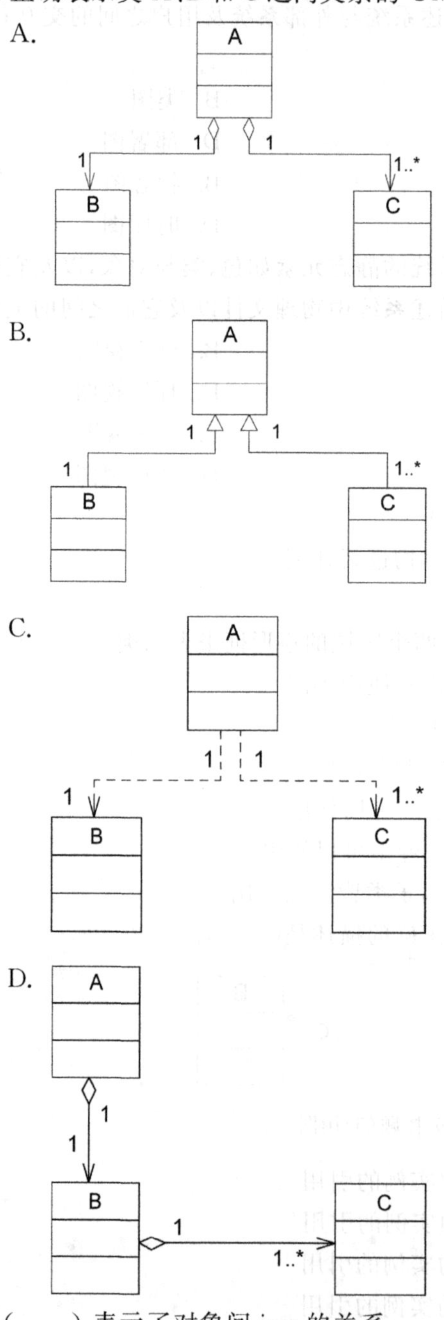

(8) (　　) 表示了对象间 is-a 的关系。

A. 组合　　B. 引用　　C. 聚合　　D. 继承

(9) 当采用标准 UML 构建系统类模型(Class Model)时,若类 B 除具有类 A 的全部特性外，类B还可定义新的特性以及置换类A的部分特性，那么类B与类A具有(①)关系；若类A的对象维持类B对象的引用或指针，并可与类C的对象共享相同的类B的对象，那么类A与类B具有(②)关系。

① A. 聚合　　　　B. 泛化
　C. 传递　　　　D. 迭代

② A. 聚合　　　　B. 泛化
　C. 传递　　　　D. 迭代

(10) 在UML类图中，(　　)关系表明类之间的相互联系最强。

A. 聚合　　　　B. 组合

C. 继承　　　　D. 关联

(11) 如类ClassA包含类ClassB，而且可以控制类ClassB的生命周期，类图(　　)正确表示了类ClassA与类ClassB之间的关系。

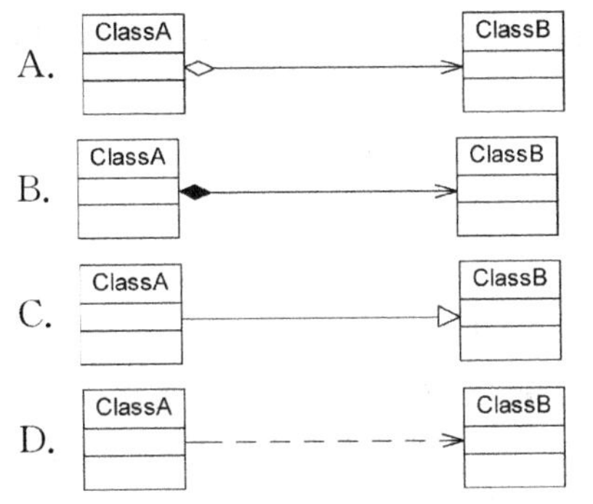

(12) 如下代码所对应的类图是(　　)。

```
class Driver
{
    public void drive(Car car)
    {
        car.move();
    }
}
class Car
{
    public void move()
    { … }
}
```

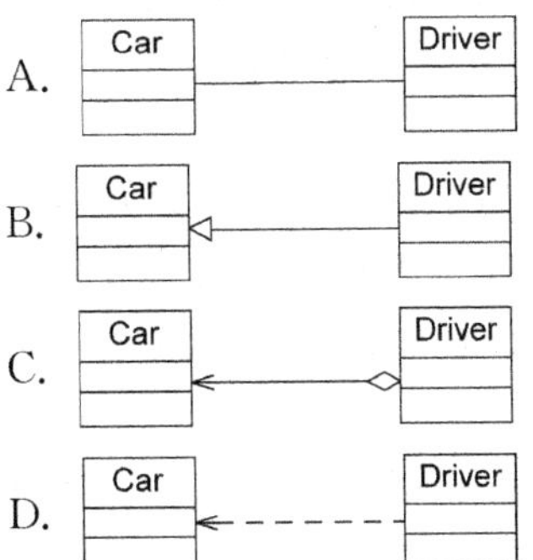

(13) 在面向对象系统中,用(　　)关系表示一个较大的“整体”类中包含一个或多个较小的“部分”类。

A. 泛化　　B. 聚合
C. 特化　　D. 依赖

(14) 若类A仅在其方法Method1()中定义并使用了类B的一个对象,类A其他部分的代码都不涉及类B,那么类A与类B的关系应为(①);若类A的某个属性是类B的一个对象,并且类A对象消失时,类B对象也随之消失,则类A与类B的关系应为(②)。

① A. 关联　　B. 依赖
C. 聚合　　D. 组合

② A. 关联　　B. 依赖
C. 聚合　　D. 组合

(15) 若类A需要使用标准数学函数类库中提供的功能,那么类A与标准类库提供的类之间存在(①)关系;若类A中包含了其他类的实例,且当类A的实例消失时,其他类的实例仍然存在并继续工作,那么类A和它所包含的类之间存在(②)关系。

① A. 关联　　B. 依赖
C. 聚合　　D. 组合

② A. 关联　　B. 依赖
C. 聚合　　D. 组合

(16) (①)是一种很强的“拥有”关系,“部分”和“整体”的生命周期通常一样,整体对象完全支配其组成部分,包括它们的创建和销毁等;(②)同样表示“拥有”关系,但有时候“部分”对象可以在不同的“整体”对象之间共享,并且“部分”对象的生命周期也可以与“整体”对象不同,甚至“部分”对象可以脱离“整体”对象而单独存在。上述两种关系都是(③)关系的特殊种类。

① A. 聚合　　B. 组合
C. 继承　　D. 关联

② A. 聚合　　B. 组合
C. 继承　　D. 关联

③ A. 聚合　　B. 组合
C. 继承　　D. 关联

2. 填空与简答题

(1) 已知某唱片播放器不仅可以播放唱片,而且可以连接计算机并把计算机中的歌曲刻录到唱片上(同步歌曲)。连接计算机的过程中还可自动完成充电。

关于唱片,还有以下描述信息:

① 每首歌曲的描述信息包括:歌曲的名字、谱写这首歌曲的艺术家以及演奏这首歌曲的艺术家。只有两首歌曲的这三部分信息完全相同时,才认为它们是同一首歌曲。艺术家可能是一名歌手或一支由2名或2名以上的歌手所组成的乐队。一名歌手可以不属于任何乐队,也可以属于一个或多个乐队。

② 每张唱片由多条音轨构成;一条音轨中只包含一首歌曲或为空,一首歌曲可分布在多条音轨上;同一首歌曲在一张唱片中最多只能出现一次。

③ 每条音轨都有一个开始位置和持续时间。一张唱片上音轨的次序是非常重要的，因此对于任意一条音轨，播放器需要准确地知道它的下一条音轨和上一条音轨是什么（如果存在的话）。

根据上述描述，采用面向对象方法对其进行分析与设计，得到了如表 1-3 所示的类列表和如图 1-16 所示的初始类图。

表 1-3　类列表

类　　名	说　　明	类　　名	说　　明
Artist	艺术家	Musician	歌手
Song	歌曲	Track	音轨
Band	乐队	Album	唱片

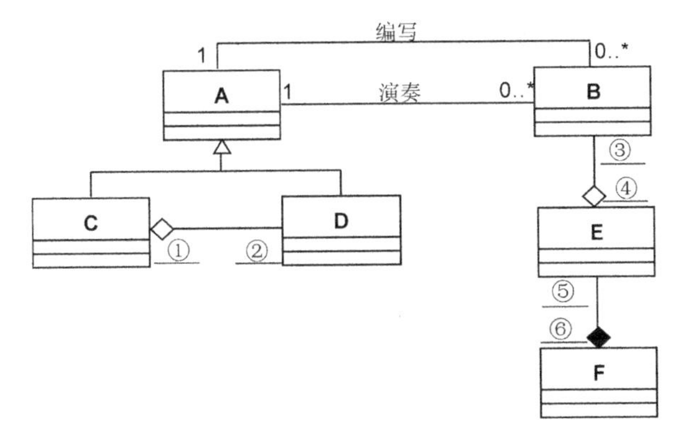

图 1-16　初始类图

［问题 1］　根据题干中的描述，使用表 1-3 给出的类的名称，给出图 1-16 中的 A～F 所对应的类。

［问题 2］　根据题干中的描述，给出图 1-16 中①～⑥处的多重性。

［问题 3］　图 1-16 中缺少了一条关联，请指出这条关联两端所对应的类以及每一端的多重性。

类	多　重　性	类	多　重　性

（2）某客户信息管理系统中保存着两类客户的信息：

① 个人客户。对于这类客户，系统保存了其客户标识（由系统生成）和基本信息（包括姓名、住宅电话和 E-mail）。

② 集团客户。集团客户可以创建和管理自己的若干名联系人。对于这类客户，系统除了保存其客户标识（由系统生成）之外，也保存了其联系人的信息。联系人的信息包括姓名、住宅电话、E-mail、办公电话以及职位。

该系统除了可以保存客户信息之外，还具有以下功能：

- 向系统中添加客户（addCustomer）；
- 根据给定的客户标识，在系统中查找该客户（getCustomer）；

• 根据给定的客户标识,从系统中删除该客户(removeCustomer);
• 创建新的联系人(addContact);
• 在系统中查找指定的联系人(getContact);
• 从系统中删除指定的联系人(removeContact)。

该系统采用面向对象方法进行开发。在面向对象分析阶段,根据上述描述,得到如表 1-4所示的类。

表 1-4 类与说明

类 名	说 明	类 名	说 明
CustomerInformationSystem	客户信息管理系统	InstitutionalCustomer	集团客户
IndividualCustomer	个人客户	Contact	联系人

描述该客户信息管理系统的 UML 类图如图 1-17 所示。

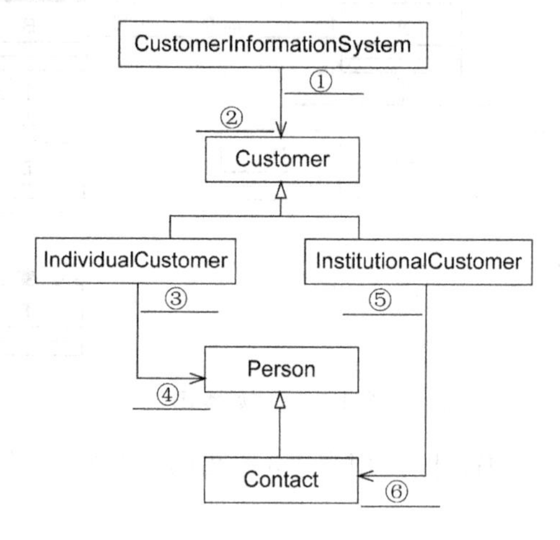

图 1-17 类图

[问题 1] 请使用题干中的术语,给出图 1-17 中类 Customer 和类 Person 的属性。

[问题 2] 识别关联的多重性(重数性)是面向对象建模过程中的一个重要步骤。根据题干中给出的描述,完成图中的①～⑥。

[问题 3] 根据题干中的叙述,抽象出如表 1-5 所示的方法,请指出图 1-17 中的类 CustomerInformationSystem 和 InstitutionalCustomer 应分别具有其中的哪些方法。

表 1-5 抽象出的方法

功能描述	方法名
向系统中添加客户	addCustomer()
根据给定的客户标识,在系统中查找该客户	getCustomer()
根据给定的客户标识,从系统中删除该客户	removeCustomer()
创建新的联系人	addContact()
在系统中查找指定的联系人	getContact()
从系统中删除指定的联系人	removeContact()

3. 综合题

(1) 某基于 C/S 的即时聊天系统登录模块功能描述如下:

用户通过登录界面(LoginForm)输入账号和密码,系统将输入的账号和密码与存储在数据库(User)表中的用户信息进行比较,验证用户输入是否正确,如果输入正确则进入主界面(MainForm),否则提示"输入错误"。

根据以上描述绘制类图。

(2) 某运输公司决定为新的售票机开发车票销售的控制软件。图 1-18 给出了售票机的面板示意图以及相关的控制部件。

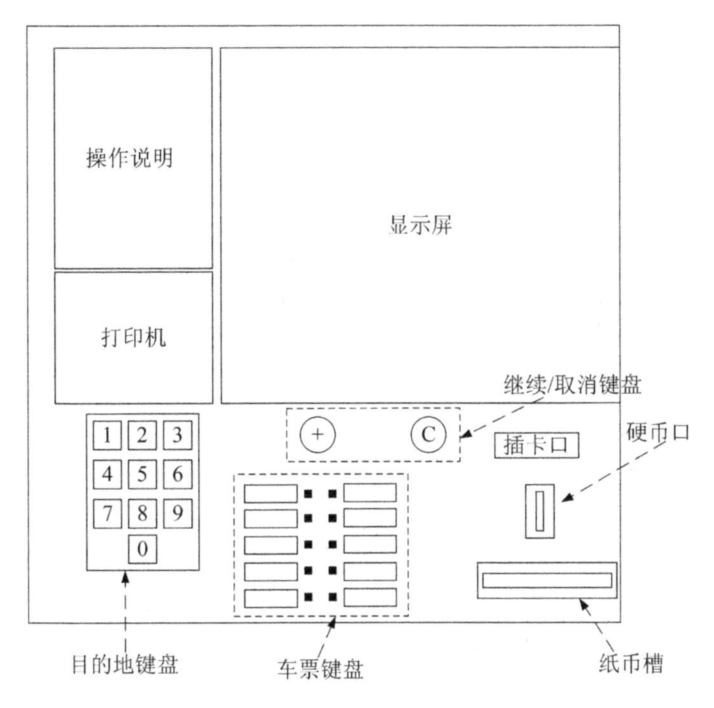

图 1-18 售票机面板示意图

售票机相关部件的作用如下所述:

① 目的地键盘用来输入行程目的地的代码(例如,200 表示总站)。

② 乘客可以通过车票键盘选择车票种类(单程票、多次往返票和坐席种类)。

③ 继续/取消键盘上的取消按钮用于取消购票过程,继续按钮允许乘客连续购买多张票。

④ 显示屏显示所有的系统输出和用户提示信息。

⑤ 插卡口接受 MCard(现金卡),硬币口和纸币槽接受现金。

⑥ 打印机用于输出车票。

⑦ 所有部件均可实现自检并恢复到初始状态。

现采用面向对象方法开发该系统,使用 UML 进行建模,绘制该系统的初始类图。

第2章

面向对象设计原则实训

面向对象设计原则是设计模式的基础，每一个设计模式都符合一种或多种面向对象设计原则。在面向对象软件开发中，使用这些设计原则可以提高软件的可维护性和可复用性，让开发人员设计出高质量的软件系统。这些设计原则首先都是面向复用的原则，遵循这些设计原则可以有效地提高系统的复用性，同时提高系统的可维护性。

2.1 知识讲解

对于面向对象软件系统设计而言，在支持可维护性的同时，提高系统的可复用性是一个至关重要的问题，如何同时提高一个软件系统的可维护性和可复用性是面向对象设计需要解决的核心问题之一。在面向对象设计中，可维护性的复用是以设计原则为基础的。常用的面向对象设计原则包括单一职责原则、开闭原则、里氏代换原则、依赖倒转原则、合成复用原则、接口隔离原则和迪米特法则。

2.1.1 面向对象设计原则概述

面向对象设计的目标之一在于支持可维护性复用，一方面需要实现设计方案或者源代码的重用，另一方面要确保系统能够易于扩展和修改，具有较好的灵活性。面向对象设计原则为支持可维护性复用而诞生，这些原则蕴含在很多设计模式中，它们是从许多设计方案中总结出的指导性原则，但并不是强制性的。

最常用的 7 种面向对象设计原则如表 2-1 所示。

2.1.2 单一职责原则

单一职责原则(Single Responsibility Principle，SRP) 定义如下：一个类只负责一个功能领域中的相应职责，或者可以定义为：就一个类而言，应该只有一个引起它变化的原因。

在软件系统中，一个类(或者大到模块，小到方法)承担的职责越多，它被复用的可能性

表 2-1　7 种常用的面向对象设计原则

设计原则名称	定　　义	使用频率
单一职责原则(Single Responsibility Principle,SRP)	一个类只负责一个功能领域中的相应职责	★★★★☆
开闭原则(Open-Closed Principle,OCP)	软件实体应对扩展开放,而对修改关闭	★★★★★
里氏代换原则(Liskov Substitution Principle,LSP)	所有引用基类(父类)的地方能够透明地使用其子类的对象	★★★★★
依赖倒转原则(Dependence Inversion Principle,DIP)	抽象不应该依赖于细节,细节应该依赖于抽象	★★★★★
接口隔离原则(Interface Segregation Principle,ISP)	使用多个专门的接口,而不使用单一的总接口	★★☆☆☆
合成复用原则(Composite Reuse Principle,CRP)	尽量使用对象组合,而不是继承来达到复用的目的	★★★★☆
迪米特法则(Law of Demeter,LoD)	一个软件实体应当尽可能少地与其他实体发生相互作用	★★★☆☆

就越小,而且一个类承担的职责过多,就相当于将这些职责耦合在一起,当其中一个职责变化时,可能会影响其他职责的运作,因此要将这些职责进行分离,将不同的职责封装在不同的类中,即将不同的变化原因封装在不同的类中,如果多个职责总是同时发生改变则可将它们封装在同一类中。

单一职责原则是实现高内聚、低耦合的指导方针,它是最简单但又最难运用的原则,需要设计人员发现类的不同职责并将其分离,而发现类的多重职责需要设计人员具有较强的分析设计能力和相关实践经验。

2.1.3　开闭原则

开闭原则(Open-Closed Principle,OCP)由 Bertrand Meyer 提出,其定义为"Software entities should be open for extension,but closed for modification",也就是说软件实体应对扩展开放,而对修改关闭,即软件实体应尽量在不修改原有代码的情况下进行扩展。此处软件实体可以指一个软件模块、一个由多个类组成的局部结构或一个独立的类。

应用开闭原则可扩展已有的软件系统,并为之提供新的行为,以满足对软件的新需求,使变化中的软件系统具有一定的适应性和灵活性。对于已有的软件模块,特别是最重要的抽象层模块不能再修改,这就使变化中的软件系统具有一定的稳定性和延续性,这样的系统同时满足了可复用性与可维护性。

实现开闭原则的关键是抽象化,并且从抽象化导出具体化实现。在面向对象设计中,开闭原则一般通过在原有模块中添加抽象层(如接口或抽象类等)来实现,它也是其他面向对象设计原则的基础。

2.1.4　里氏代换原则

里氏代换原则(Liskov Substitution Principle,LSP)由 Barbara Liskov 提出,其严格表

述如下：如果对每一个类型为 T1 的对象 O1，都有类型为 T2 的对象 O2，使得以 T1 定义的所有程序 P 在所有的对象 O1 都代换为 O2 时，程序 P 的行为没有变化，那么类型 T2 是类型 T1 的子类型。换言之，一个软件实体如果使用的是一个基类对象的话，那么一定适用于其子类对象，而且觉察不出基类对象和子类对象的区别，即把基类都替换成它的子类，程序不会出错。反过来则不一定成立，如果一个软件实体使用的是一个子类对象的话，那么它不一定适用于基类对象。

假设有两个类，一个是 Base 类，另一个是 Derived 类，其中 Derived 类是 Base 类的子类，Base 类的一个对象为 b，Derived 类的一个对象为 d，在软件系统中存在一个方法 m1()，如果 m1()可以接受一个基类对象 b 作为其参数，即 m1(Base b)，那么它必然可以接受一个子类对象 d 作为其参数，即可以有 m1(Derived d)。但能够接受子类对象的地方不一定能够接受一个基类对象，如果存在一个方法 m2(Derived d)，那么一般而言不可以有 m2(Base b)。在运用里氏代换原则时，尽量将一些需要扩展的类或者存在变化的类设计为抽象类或者接口，并将其作为基类，在程序中尽量针对基类对象进行编程。由于子类继承基类并覆盖基类的方法，在程序运行时，子类对象可以替换基类对象，如果需要对类的行为进行修改，可以通过扩展基类来增加新的子类，而无须修改使用该基类对象的代码。

2.1.5 依赖倒转原则

依赖倒转原则(Dependency Inversion Principle，DIP) 定义如下：抽象不应该依赖于细节，细节应当依赖于抽象。换言之，要针对接口编程，而不是针对实现编程。在程序代码中传递参数时或在关联关系中，尽量引用层次高的抽象层类，即使用接口和抽象类进行变量类型声明、参数类型声明、方法返回类型声明，以及数据类型的转换等，而不要用具体类来做这些事情。为了确保该原则的应用，一个具体类应当只实现接口和抽象类中声明过的方法，而不要给出多余的方法，否则将无法调用到在子类中增加的新方法。

如果说开闭原则是面向对象设计的目标的话，那么依赖倒转原则就是面向对象设计的主要机制。在引入抽象层后，系统将具有很好的灵活性，在程序中尽量使用抽象层进行编程，而将具体类写在配置文件中，这样一来，如果系统行为发生变化，只需要对抽象层进行扩展，并修改配置文件，而无须修改原有系统的源代码，在不修改的情况下来扩展系统的功能，满足开闭原则的要求。

2.1.6 接口隔离原则

接口隔离原则(Interface Segregation Principle，ISP)是指使用多个专门的接口，而不使用单一的总接口。每一个接口应该承担一种相对独立的角色，不多不少，不干不该干的事，该干的事都要干。这里的“接口”往往有两种不同的含义：一种是指一个类型所具有的方法特征的集合，仅仅是一种逻辑上的抽象；另外一种是指某种语言具体的“接口”定义，有严格的定义和结构，比如 Java 语言里面的 interface。对于这两种不同的含义，ISP 的表达方式以及含义都有所不同。

当把“接口”理解成一个类型所提供的所有方法特征的集合的时候，这就是一种逻辑上的概念，接口的划分将直接带来类型的划分。此时，可以把接口理解成角色，一个接口就只是代表一个角色,每个角色都有它特定的一个接口,此时这个原则可以叫作"角色隔离原则"。

如果把"接口"理解成狭义的特定语言的接口,那么ISP表达的意思是指接口仅仅提供客户端需要的行为,客户端不需要的行为则隐藏起来,应当为客户端提供尽可能小的单独的接口,而不要提供大的总接口。在面向对象编程语言中,实现一个接口就需要实现该接口中定义的所有方法,因此大的总接口使用起来不一定很方便,为了使接口的职责单一,需要将大接口中的方法根据其职责不同分别放在不同的小接口中,以确保每个接口使用起来都较为方便,并都承担某一单一角色。

2.1.7 合成复用原则

合成复用原则(Composite Reuse Principle,CRP)又称为组合/聚合复用原则(Composition/Aggregate Reuse Principle,CARP),其主要思想是:尽量使用对象组合,而不是继承来达到复用的目的。

合成复用原则就是在一个新的对象里通过关联关系(包括组合关系和聚合关系)来使用一些已有的对象,使之成为新对象的一部分;新对象通过委派调用已有对象的方法达到复用已有功能的目的。简言之:复用时要尽量使用组合/聚合关系(关联关系),少用继承。

在面向对象设计中,可以通过两种基本方法在不同的环境中复用已有的设计和实现,即通过组合/聚合关系或通过继承,但首先应该考虑使用组合/聚合,组合/聚合可以使系统更加灵活,类与类之间的耦合度降低,一个类的变化对其他类造成的影响相对较少;其次才考虑继承,在使用继承时,需要严格遵循里氏代换原则,有效使用继承会有助于对问题的理解,降低复杂度,而滥用继承反而会增加系统构建和维护的难度以及系统的复杂度。

通过继承来进行复用的主要问题在于继承复用会破坏系统的封装性,因为继承会将基类的实现细节暴露给子类,由于基类的内部细节通常对子类来说是可见的,所以这种复用又称为"白箱"复用,如果基类发生改变,那么子类的实现也不得不发生改变;从基类继承而来的实现是静态的,不可能在运行时发生改变,没有足够的灵活性;而且继承只能在有限的环境中使用(如类未声明为不能被继承)。

由于组合或聚合关系可以将已有的对象(也可称为成员对象)纳入到新对象中,使之成为新对象的一部分,因此新对象可以调用已有对象的功能,这样做可以使得成员对象的内部实现细节对于新对象是不可见的,所以这种复用又称为"黑箱"复用,相对继承关系而言,其耦合度相对较低,成员对象的变化对新对象的影响不大,可以在新对象中根据实际需要有选择性地调用成员对象的操作;合成复用可以在运行时动态进行,新对象可以动态地引用与成员对象类型相同的其他对象。

一般而言,如果两个类之间是Has-A关系应使用组合或聚合,如果是Is-A关系可使用继承。Is-A是严格的分类学意义上的定义,意思是一个类是另一个类的"一种"。而Has-A则不同,它表示某一个角色具有某一项责任。

2.1.8 迪米特法则

迪米特法则(Law of Demeter,LoD)又称为最少知识原则(Least Knowledge Principle,LKP),是指一个软件实体应当尽可能少地与其他实体发生相互作用。这样,当一个模块修改时，就会尽量少地影响其他的模块，扩展会相对容易。这是对软件实体之间通信的限制，它要求限制软件实体之间通信的宽度和深度。

迪米特法则可分为狭义法则和广义法则。在狭义的迪米特法则中，如果两个类之间不必彼此直接通信，那么这两个类就不应当发生直接的相互作用，如果其中的一个类需要调用另一个类的某一个方法的话，可以通过第三者转发这个调用。狭义的迪米特法则可以降低类之间的耦合，但是会在系统中增加大量的小方法并散落在系统的各个角落，它可以使一个系统的局部设计简化，因为每一个局部都不会和远距离的对象有直接的关联，但是也会造成系统的不同模块之间的通信效率降低，使得系统的不同模块之间不容易协调。广义的迪米特法则就是指对对象之间的信息流量、流向以及信息的影响的控制，主要是对信息隐藏的控制。信息的隐藏可以使各个子系统之间脱耦，从而允许它们独立地被开发、优化、使用和修改，同时可以促进软件的复用，由于每一个模块都不依赖于其他模块而存在，因此每一个模块都可以独立地在其他的地方被使用。一个系统的规模越大，信息隐藏的重要性越明显。

迪米特法则的主要用途在于控制信息的过载。在将迪米特法则运用到系统设计中时，需要注意下面的几点：在类的划分上，应当尽量创建松耦合的类，类之间的耦合度越低，就越有利于复用，一个处在松耦合中的类一旦被修改，不会对关联的类造成太大波及；在类的结构设计上，每一个类都应当尽量降低其成员变量和成员函数的访问权限；在类的设计上，只要有可能，一个类型应当设计成不变类；在对其他类的引用上，一个对象对其他对象的引用应当降到最低。

2.2 实训实例

2.2.1 单一职责原则实例分析

1. 实例说明

在某 CRM(Customer Relationship Management，客户关系管理)系统中提供了一个客户信息图表显示模块，原始设计方案如图 2-1 所示。

在图 2-1 中，CustomerDataChart 类中的方法说明如下：getConnection()方法用于连接数据库，findCustomers()用于查询所有的客户信息，createChart() 用于创建图表，displayChart()用于显示图表。

CustomerDataChart
+ getConnection () : Connection
+ findCustomers () : List
+ createChart () : void
+ displayChart () : void

图 2-1 原始类图

现使用单一职责原则对其进行重构。

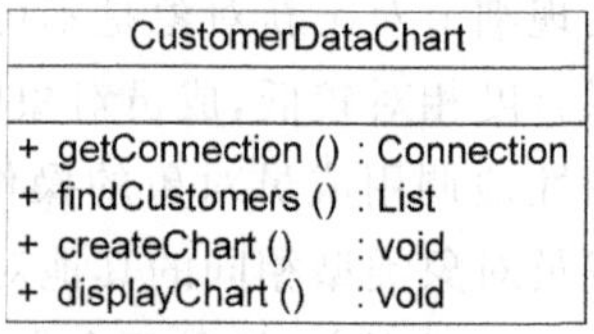

2. 实例解析

在本实例中，CustomerDataChart 类承担了太多的职责，既包含与数据库相关的方法，又包含与图表生成和显示相关的方法。如果在其他类中也需要连接数据库或者使用 findCustomers()方法查询客户信息，则难以实现代码的重用。无论是修改数据库连接方式还是修改图表显示方式都需要修改该类，有不止一个引起它变化的原因，违背了单一职责原则。因此需要对该类进行拆分，使其满足单一职责原则，类 CustomerDataChart 可拆分为如下三个类：

(1) DBUtil：负责连接数据库，包含数据库连接方法 getConnection()。

(2) CustomerDAO：负责操作数据库中的 Customer 表，包含对 Customer 表的增删改查等方法，如 findCustomers()。

(3) CustomerDataChart：负责图表的生成和显示，包含方法 createChart() 和 displayChart()。

使用单一职责原则重构后的类图如图 2-2 所示。

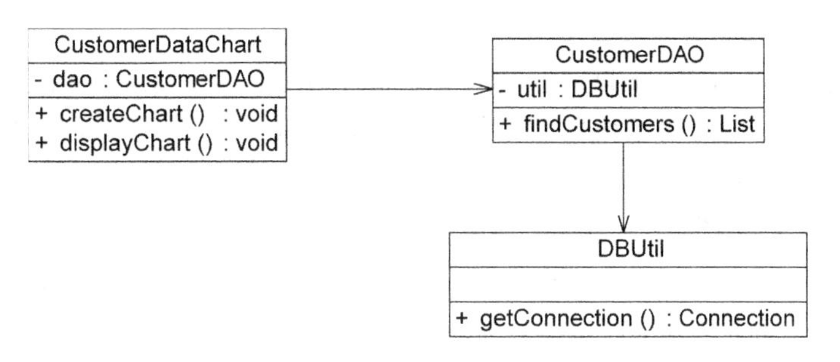

图 2-2 重构后的类图

2.2.2 开闭原则实例分析

1. 实例说明

在某 CRM 中可以使用不同的方式显示图表，如饼状图和柱状图等，原始设计方案如图 2-3 所示。

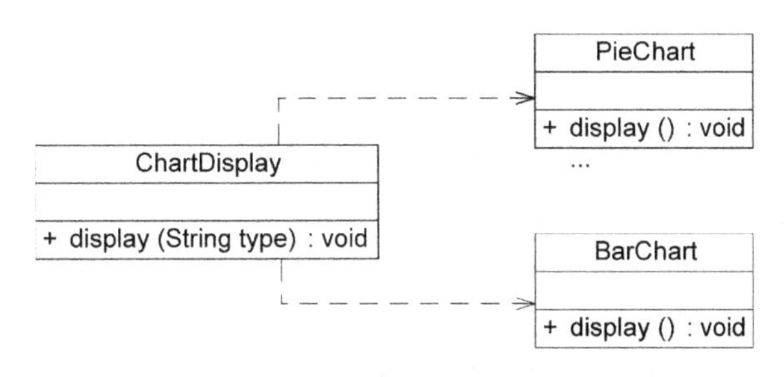

图 2-3 原始类图

为了支持多种图表显示方式，在类 ChartDisplay 的方法 display(String type)中存在如下代码片段：

```
if(type.equals("pie"))
{
    PieChart chart = new PieChart();
    chart.display();
}
else if(type.equals("bar"))
{
```

```
        BarChart chart = new BarChart();
        chart.display();
    }
```

如果需要增加一个新的图表类，如折线图 LineChart，则需要修改 ChartDisplay 类的 display()方法的源代码，违反了开闭原则。

现对该系统进行重构，使之满足开闭原则。

2. 实例解析

在本实例中，由于在 ChartDisplay 类的 display()方法中针对每一个图表类编程，因此增加新的图表类不得不修改源代码。我们可以通过抽象化的方式对系统进行重构，增加新的图表类时无须修改源代码，满足开闭原则。具体做法如下：

(1) 增加一个抽象图表类 AbstractChart，将各种具体图表类作为其子类；

(2) ChartDisplay 类针对抽象图表类进行编程，由客户端来决定使用哪种具体图表。

重构后类图如图 2-4 所示。

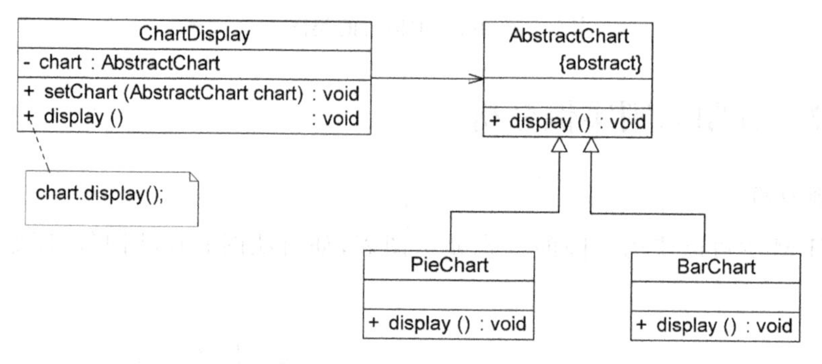

图 2-4 重构后的类图

在图 2-4 中，我们引入了抽象图表类 AbstractChart，且 ChartDisplay 针对抽象图表类进行编程，并通过 setChart()方法由客户端来设置实例化的具体图表对象，在 ChartDisplay 的 display()方法中调用 chart 对象的 display()方法显示图表。如果需要增加一种新的图表，如折线图 LineChart，只需要将 LineChart 也作为 AbstractChart 的子类，在客户端中向 ChartDisplay 注入一个 LineChart 对象即可，无须修改现有类库的源代码。

在实际开发时，客户端也可以针对抽象的 AbstractChart 编程，而将具体的图表类类名存储在配置文件(如 XML 文件)中，通过 DOM 和反射等技术来读取配置文件并反射生成对象，无须修改客户端代码，只要修改配置文件即可实现更换具体图表类，完全符合开闭原则。

2.2.3 里氏代换原则实例分析

1. 实例说明

在某 CRM 系统中客户(Customer)可以分为 VIP 客户(VIPCustomer)和普通客户(CommonCustomer)两类，系统需要提供一个发送 E-mail 的功能，原始设计方案如图 2-5 所示。

在对系统进行进一步分析后发现，无论是普通客户还是 VIP 客户，发送邮件的过程都是相同的，也就是说两个 send()方法中的代码重复，而且在本系统中还将增加新类型的客

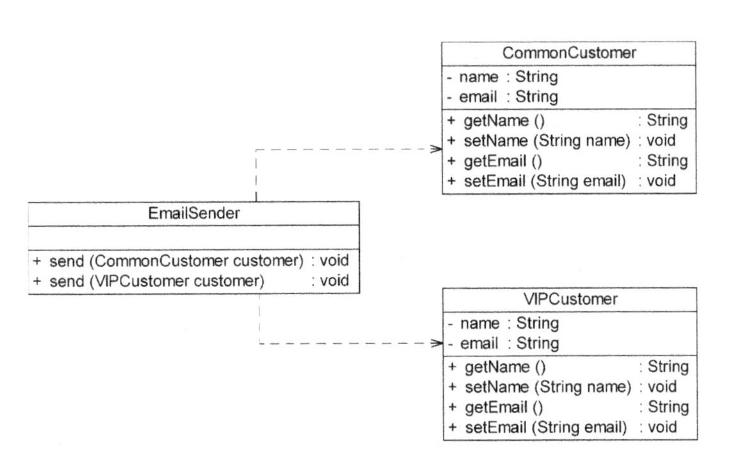

图 2-5 原始类图

户。为了让系统具有更好的扩展性,同时减少代码重复,使用里氏代换原则对其进行重构。

2. 实例解析

在本实例中,可以考虑增加一个新的抽象客户类Customer,而将CommonCustomer和VIPCustomer类作为其子类,邮件发送类EmailSender针对抽象客户类Customer编程,根据里氏代换原则,能够接受基类对象的地方必然能够接受子类对象,因此将EmailSender中的send()方法的参数类型改为Customer,如果需要增加新类型的客户,只需将其作为Customer类的子类即可,重构后的类图如图2-6所示。

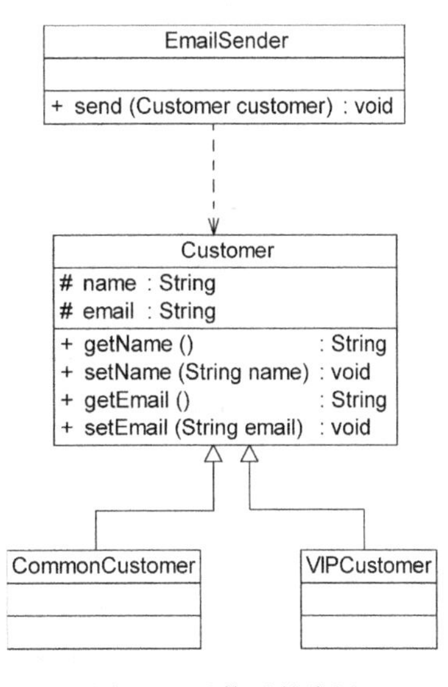

图 2-6 重构后的类图

里氏代换原则是实现开闭原则的重要方式之一。本实例中,在传递参数时使用基类对象,除此以外,在定义成员变量、定义局部变量、确定方法返回类型时都可以使用里氏代换原则,首先针对基类编程,在具体实现或程序运行时再确定具体子类。

2.2.4 依赖倒转原则实例分析

1. 实例说明

在某CRM系统中需要将存储在各种文件格式(如TXT文件或Excel文件)中的客户信息转存到数据库中,因此需要进行数据格式转换。在客户数据操作类中将调用数据格式转换类的方法实现格式转换和数据库插入操作,原始设计方案如图2-7所示。

在编码实现时发现该设计方案存在非常严重的缺陷,由于每次转换数据时数据来源不一定相同,因此需要更换数据转换器,如需要将TXTDataConvertor改为ExcelDataConvertor,此时,需要修改CustomerDAO的源代码,而且在引入并使用新的数据转换器时也不得不修改CustomerDAO的源代码,系统扩展性较差,违反了开闭原则,现使用依赖倒转原则对其进行重构。

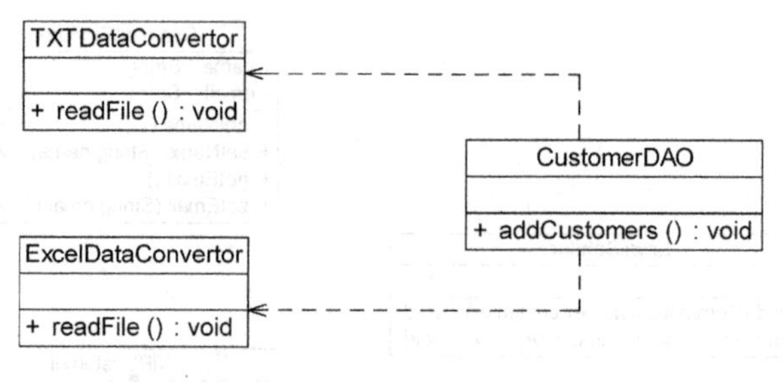

图 2-7 原始类图

2. 实例解析

在本实例中,由于 CustomerDAO 针对具体数据转换器类编程,因此在增加新的数据转换器或者更换数据转换器时都不得不修改 CustomerDAO 的源代码,可以通过引入抽象数据转换类解决该问题,此时 CustomerDAO 将针对抽象数据转换类编程,而可以将具体数据转换类类名存储在配置文件中,需要更改时无须修改源代码,只需修改配置文件即可,重构后的类图如图 2-8 所示。

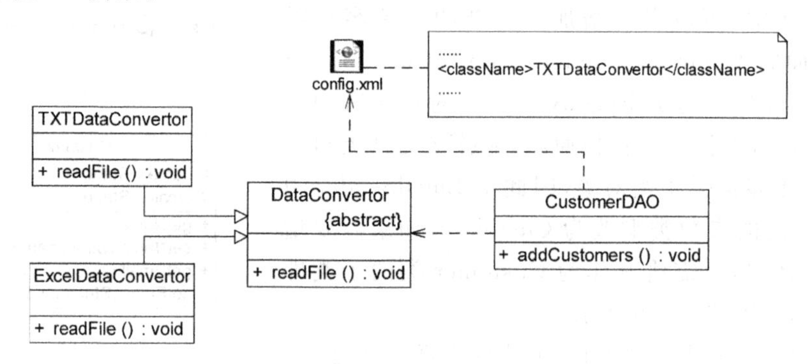

图 2-8 重构后的类图

大家可能发现开闭原则、里氏代换原则和依赖倒转原则的三个实例很相似,原因是它们之间的关系很紧密,在实现很多重构时通常需要同时使用这三个原则。开闭原则是目标,里氏代换原则是基础,依赖倒转原则是手段。它们相辅相成,相互补充,目标一致,只是分析问题时的角度不同而已。

2.2.5 接口隔离原则实例分析

1. 实例说明

在某 CRM 系统设计中,设计人员针对客户数据显示模块设计了如图 2-9 所示的接口,其中方法 readData()用于从文件中读取数据,方法 transformToXML()用于将数据转换成 XML 格式,方法 createChart()用于创建图表,方法 displayChart()用于显示图表,方法 createReport()用于创建文字报表,方法 displayReport()用于显示文字报表。

在实际使用过程中发现该接口很不灵活,存在较大的设计缺陷,例如如果一个具体的数据显示类无须进行数据转换(源文件本身就是 XML 格式),但由于实现了该接口,将不得不实现其中声明的 transformToXML()方法(至少需要提供一个空实现);如果需要创建和显

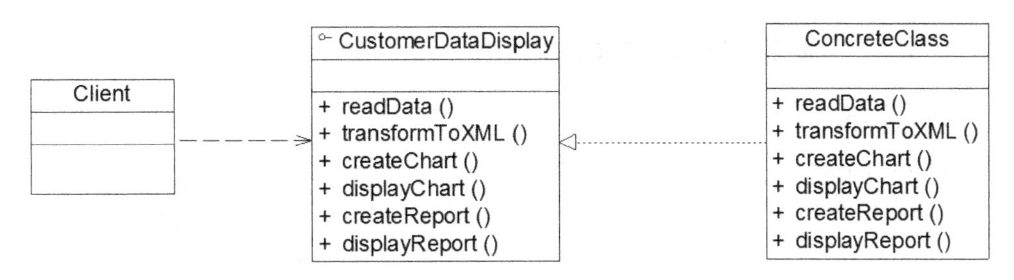

图 2-9 原始类图

示图表，除了实现与图表相关的方法外，还需要实现创建和显示文字报表的方法，否则程序编译时将报错。现使用接口隔离原则对其进行重构。

2. 实例解析

在本实例中，由于在接口 CustomerDataDisplay 中定义了太多方法，即该接口承担了太多职责，一方面导致该接口的实现类很庞大，在不同的实现类中都不得不实现接口中定义的所有方法，灵活性较差，如果出现大量的空方法，将导致系统中产生大量的无用代码，影响代码质量；另一方面由于客户端针对大接口编程，将在一定程度上破坏程序的封装性，客户端看到了不应该看到的方法，没有为客户端定制接口。因此需要将该接口按照接口隔离原则和单一职责原则进行重构，将其中的一些方法封装在不同的小接口中，确保每一个接口使用起来都较为方便，并都承担某一单一角色，每个接口中只包含一个客户端（如模块或类）所需的方法即可。

通过使用接口隔离原则，本实例重构后的类图如图 2-10 所示。

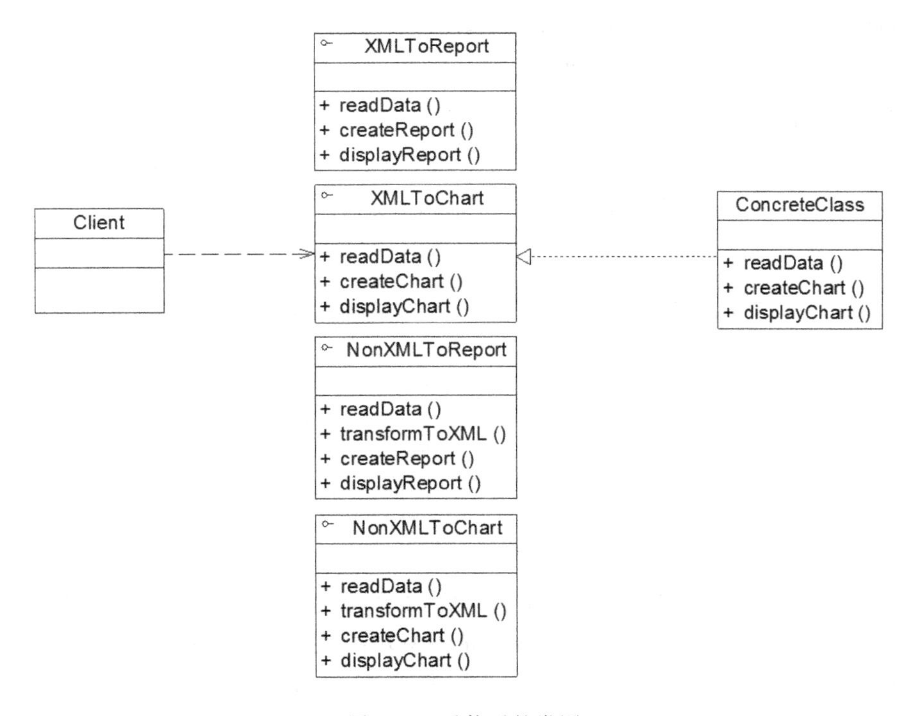

图 2-10 重构后的类图

2.2.6 合成复用原则实例分析

1. 实例说明

在初期的CRM系统设计中,由于客户数量不多,系统采用MySQL作为数据库,与数据库操作有关的类如CustomerDAO类等都需要连接数据库,连接数据库的方法getConnection()封装在DBUtil类中,由于需要重用DBUtil类的getConnection()方法,设计人员将CustomerDAO作为DBUtil类的子类,原始设计方案如图2-11所示。

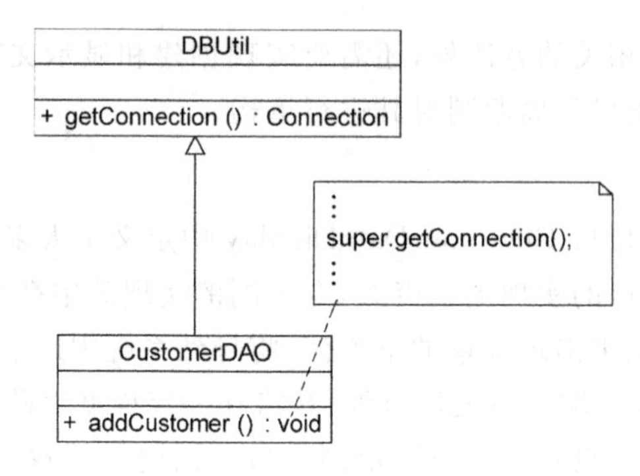

图2-11 原始类图

随着客户数量的增加,系统决定升级为Oracle数据库,因此需要增加一个新的OracleDBUtil类来连接Oracle数据库,由于在原始设计方案中CustomerDAO和DBUtil之间是继承关系,因此在更换数据库连接方式时需要修改CustomerDAO类的源代码,将CustomerDAO作为OracleDBUtil的子类,这将违反开闭原则。

现使用合成复用原则对其进行重构。

2. 实例解析

根据合成复用原则,在实现复用时应该多用关联,少用继承。因此在本实例中可以使用关联复用来取代继承复用,重构后的类图如图2-12所示。

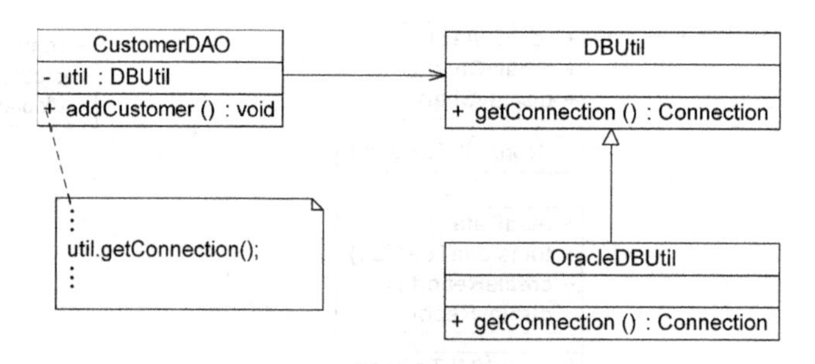

图2-12 重构后的类图

在图2-12中,CustomerDAO和DBUtil之间的关系由继承关系变为关联关系,采用依赖注入的方式将DBUtil对象注入CustomerDAO中,可以使用构造注入,也可以使用Setter注入。如果需要对DBUtil的功能进行扩展,可以通过其子类来实现,如通过子类OracleDBUtil来连接Oracle数据库。由于CustomerDAO针对DBUtil编程,根据里氏代换原则,DBUtil子类的对象可以覆盖DBUtil对象,只需在CustomerDAO中注入子类对象即可使用子类所扩展的方法。例如在 CustomerDAO 中注入 OracleDBUtil 对象，则可实现 Oracle 数据库连接，原有代码无须进行修改，而且还可以很灵活地增加新的数据库连接方式。

2.2.7　迪米特法则实例分析

1. 实例说明

在某 CRM 系统客户信息管理界面中，界面组件之间存在较为复杂的交互关系，如果删除一个客户，则将从客户列表（List）中删掉对应的项，对应的统计标签（Label）中显示的客户信息数将减 1，且客户选择组合框（ComboBox）中客户名称也将减少一个；如果增加一个客户信息，则客户列表中将增加一个客户，且组合框中也将增加一项，统计标签中客户信息数将加 1，界面效果如图 2-13 所示。

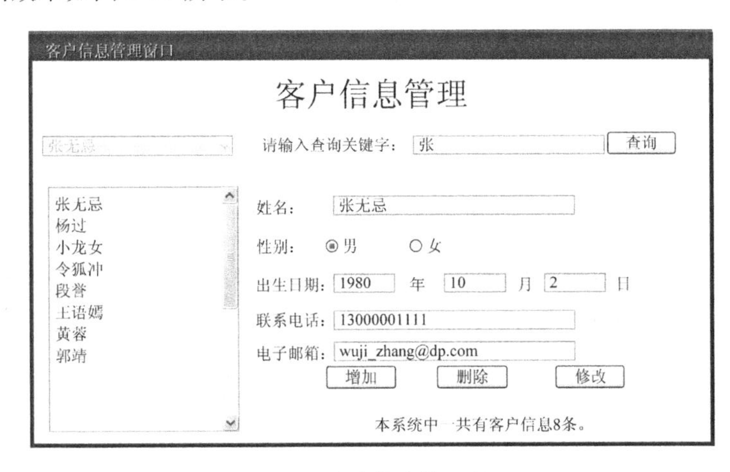

图 2-13　客户信息管理界面

界面组件之间的关系如图 2-14 所示。

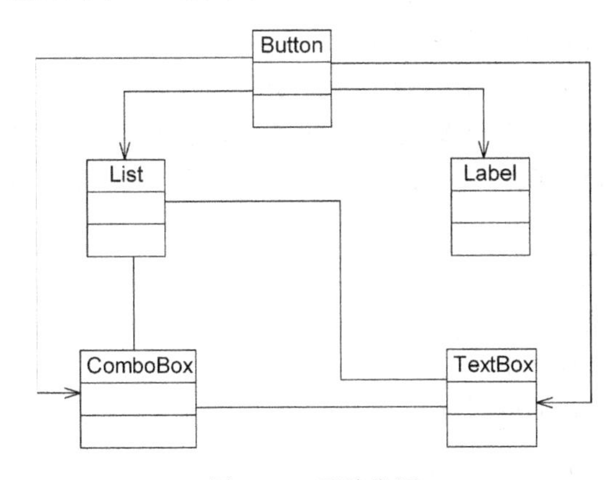

图 2-14　原始类图

在图 2-14 中，由于界面组件之间的引用关系复杂，导致在该窗口中增加新的界面组件时需要修改与之交互的其他组件的源代码，系统扩展性较差，不便于增加和删除新组件。

现使用迪米特法则对其进行重构。

2. 实例解析

在本实例中，可以通过引入一个专门用于控制界面组件交互的中间类(Mediator)来降低界面组件之间的耦合度。引入中间类之后，界面组件之间不发生直接引用，将请求先转发给中间类，再由中间类来完成对其他组件的调用。当需要增加或删除新的组件时，只需修改中间类即可，无须修改新增组件或既有组件的源代码，重构后的类图如图 2-15 所示。

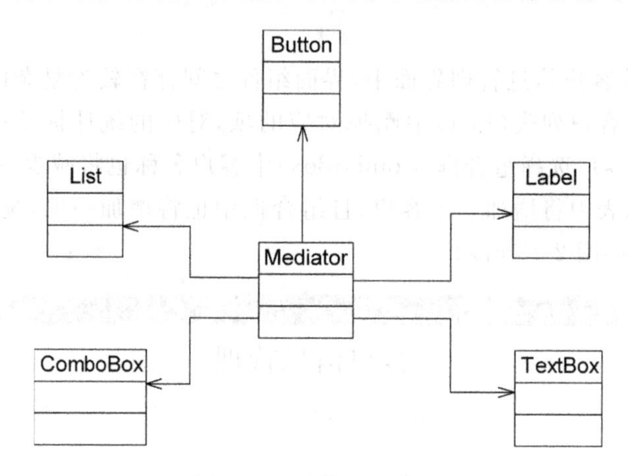

图 2-15 重构后的类图

读者可在 2.3 节综合题(3)中从代码层次使用迪米特法则对系统进行重构，这样可对本实例有更加深入的理解和认识。

2.3 实训练习

1. 选择题

(1) 关于单一职责原则，以下叙述错误的是(　　)。

A. 一个类只负责一个功能领域中的相应职责

B. 就一个类而言，应该有且仅有一个引起它变化的原因

C. 一个类承担的职责越多，越容易复用，被复用的可能性越大

D. 一个类承担的职责过多时需要将职责进行分离，将不同的职责封装在不同的类中

(2) 实现开闭原则的关键在于(　　)。

A. 分离类的职责

B. 对系统进行抽象化

C. 一个类尽可能少地与其他类发生相互作用

D. 多用关联关系，少用继承关系

(3) 某系统通过使用配置文件，可以在不修改源代码的情况下更换数据库驱动程序，该系统满足(　　)。

A. 里氏代换原则

B. 接口隔离原则

C. 单一职责原则

D. 开闭原则

(4) 已知 ClassA 是 ClassB 的父类，在 ClassC 中定义了 ClassA 类型的对象 obj，且提供了方法 setClassA(ClassA obj)用于给 obj 对象赋值，以下叙述有误的是(　　)。

A. 可以在 setClassA()方法中传递一个 ClassB 类型的对象

B. 如果在类 ClassA 中定义了方法 method1()，在类 ClassB 中覆盖了该方法，当 setClassA()方法参数传递的是 ClassB 类型的对象时，在 ClassC 中调用 obj 的 method1()方法时将执行 ClassB 的 method1()方法

C. 可以在 ClassC 中定义一个新的方法 setClassA(ClassB obj)，它与原有方法 setClassA(ClassA obj)构成一组重载方法

D. 如果在 ClassB 中定义了 ClassA 没有的新方法 method2()，当 setClassA()方法参数传递的是 ClassB 类型的对象时，在 ClassC 中可以调用 obj 对象的 method2()方法

(5) 下面关于面向对象设计的描述正确的是(　　)。

A. 针对接口编程，而不是针对实现编程

B. 针对实现编程，而不是针对接口编程

C. 接口与实现不可分割

D. 优先使用继承而非组合

(6) 面向对象分析与设计中的(①)是指一个模块在扩展性方面应该是开放的，而在更改性方面应该是封闭的；而(②)是指子类应当可以替换父类并出现在父类能够出现的任何地方。

① A. 开闭原则　　B. 里氏代换原则
C. 依赖倒转原则　　D. 单一职责原则

② A. 开闭原则　　B. 里氏代换原则
C. 依赖倒转原则　　D. 单一职责原则

(7) 以下关于面向对象设计的叙述中，错误的是(　　)。

A. 高层模块不应该依赖于底层模块

B. 抽象不应该依赖于细节

C. 细节可以依赖于抽象

D. 高层模块无法不依赖于底层模块

(8) 开闭原则是面向对象的可复用设计的基石。开闭原则是指一个软件实体应当对(①)开放，对(②)关闭；里氏代换原则是指任何(③)可以出现的地方，(④)一定可以出现；依赖倒转原则就是要依赖于(⑤)，而不要依赖于(⑥)，或者说要针对接口编程，不要针对实现编程。

① A. 修改　　B. 扩展　　C. 分析　　D. 设计

② A. 修改　　B. 扩展　　C. 分析　　D. 设计

③ A. 变量　　B. 常量　　C. 基类对象　　D. 子类对象

④ A. 变量　　B. 常量　　C. 基类对象　　D. 子类对象

⑤ A. 程序设计语言　　B. 建模语言　　C. 实现　　D. 抽象

⑥ A. 程序设计语言　　B. 建模语言　　C. 实现　　D. 抽象

(9) 关于继承复用和合成复用,以下叙述错误的是(　　)。

A. 继承复用实现简单,子类可以继承父类的部分方法和属性,并且可以选择性覆盖父类的方法

B. 继承复用会破坏系统的封装性,会将基类的实现细节暴露给子类

C. 合成复用将已有对象纳入新对象中,使之成为新对象的一部分,新对象可以调用已有对象的方法,从而实现行为的复用

D. 合成复用又称为"白箱"复用,与继承复用相比,其耦合度更高,成员对象的变化对容器对象影响较大,而且合成复用不能在程序运行时动态实现

(10) 如果一个方法能够接受一个基类对象作为其参数,必然可以接受一个子类对象。该陈述是(　　)的定义。

A. 依赖倒转原则　　B. 里氏代换原则

C. 合成复用原则　　D. 接口隔离原则

(11) 类图(　　)完全符合依赖倒转原则。

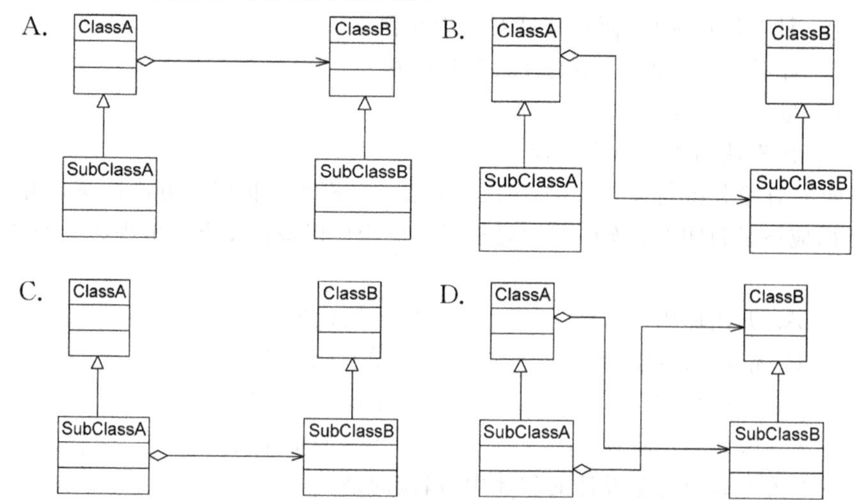

(12) 在某 MIS 系统设计中,提供了一个专门用于连接数据库的类 DBConnection,该类包含了用于连接数据库的方法,系统提供 DAO(数据访问对象)类负责对数据库进行增删改查等操作,在操作数据库之前需要先连接数据库,因此需要重用 DBConnection 中的连接方法。为了确保系统具有良好的可扩展性和可维护性,类 DBConnection 和 DAO 之间的关系以(　　)最为合适。

A. 关联关系　　B. 依赖关系

C. 继承关系　　D. 实现关系

(13) 关于接口隔离原则,以下叙述有误的是(　　)。

A. 在系统设计时,客户端不应该依赖那些它不需要的接口

B. 当一个接口太大时,需要将它分割成一些更细小的接口,使用该接口的客户端类仅需知道与之相关的方法即可

C. 接口应该尽量细化,同时接口中的方法应该尽可能少,理想情况是在每个接口中只定义一个方法,该接口使用起来最为方便

D. 一个接口只代表一个角色,每个角色都有它特定的一个接口

(14) 在系统设计中应用迪米特法则,以下叙述有误的是(　　)。

A. 在类的划分上,应该尽量创建松耦合的类,类的耦合度越低,复用越容易

B. 如果两个类之间不必彼此直接通信,那么这两个类就不应当发生直接的相互作用

C. 在对其他类的引用上,一个对象对其他对象的引用应当降到最低

D. 在类的设计上,只要有可能,一个类型应该尽量设计成抽象类或接口,且成员变量和成员函数的访问权限最好设置为公开的(public)

(15) 一个软件实体应当尽可能少地与其他软件实体发生相互作用,这样,当一个模块修改时,就会尽量少地影响其他模块,扩展会相对容易。这是(　　)的定义。

A. 迪米特法则　　　　B. 接口隔离原则

C. 里氏代换原则　　　　D. 合成复用原则

(16) (　　)不是迪米特法则的重构方案实例。

A. 为了防止界面组件之间产生复杂的引用关系,提供一个中央控制器来负责控制界面组件间的相互引用

B. 由于不能直接访问一个远程对象,在本地创建一个远程对象的代理,通过代理对象来间接访问远程对象

C. 为了降低多层系统的耦合度,提高类的可扩展性和复用性,在界面表示层和业务逻辑层之间增加控制层,由控制层来转发表示层对业务逻辑的调用

D. 为了提高可扩展性,在系统中增加抽象业务逻辑层,客户类针对抽象业务逻辑层编程,而将具体业务逻辑类类名存储在配置文件中

2. 综合题

(1) 在某绘图软件中提供了多种大小不同的画笔(Pen),并且可以给画笔指定不同颜色,某设计人员针对画笔的结构设计了如图 2-16 所示的类图。

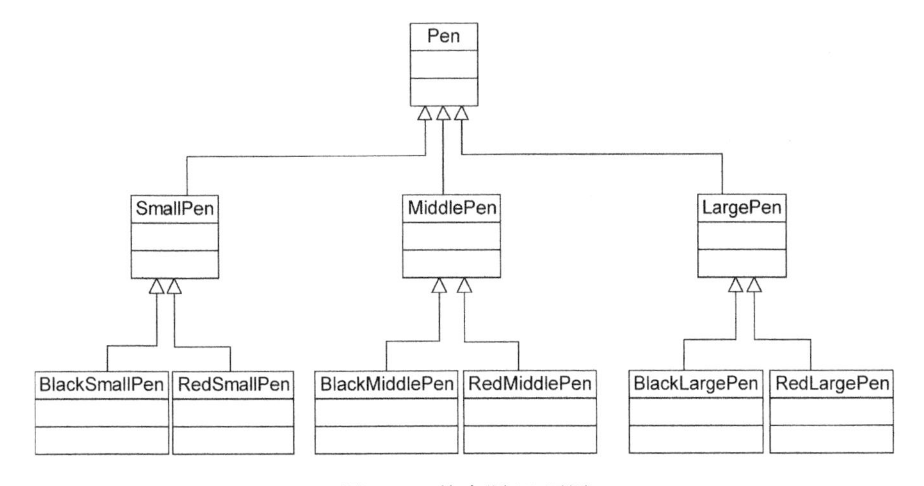

图 2-16　综合题(1)用图

通过仔细分析,设计人员发现该类图存在非常严重的问题,如果需要增加一种新的大小的笔或者增加一种新的颜色,都需要增加很多子类,如增加一种绿色,则对应每一种大小的

笔都需要增加一支绿色笔，系统中类的个数急剧增加。

试根据依赖倒转原则和合成复用原则对该设计方案进行重构，使得增加新的大小的笔和增加新的颜色都较为方便。

(2) 结合面向对象设计原则分析：正方形是否是长方形的子类？

(3) 在某图形界面中存在如下代码片段，组件类之间相互产生较为复杂的引用关系：

```
class Button                                //按钮类
{
    private List list;
    private ComboBox cb;
    private TextBox tb;
    private Label label;
    …
    public void change()
    {
        list.update();
        cb.update();
        tb.update();
        label.update();
    }
    public void update()
    {
        …
    }
    …
}
class List                                  //列表框类
{
    private ComboBox cb;
    private TextBox tb;
    …
    public void change()
    {
        cb.update();
        tb.update();
    }
    public void update()
    {
        …
    }
    …
}
class ComboBox                              //组合框类
{
    private List list;
    private TextBox tb;
    …
    public void change()
```

```
    {
        list.update();
        tb.update();
    }
    public void update()
    {
    ...
    }
    ...
}
class TextBox                    //文本框类
{
    private List list;
    private ComboBox cb;
    ...
    public void change()
    {
        list.update();
        cb.update();
    }
    public void update()
    {
    ...
    }
    ...
}
class Label                      //文本标签类
{
    ...
    public void update()
    {
    ...
    }
    ...
}
```

如果在上述系统中增加一个新的组件类，则必须修改与之交互的其他组件类的源代码，将会导致多个类的源代码需要修改。

现根据迪米特法则对上述代码进行重构，以降低组件之间的耦合度。

(4) 在某图形库 API 中提供了多种矢量图模板，用户可以基于这些矢量图创建不同的显示图形，图形库设计人员设计的初始类图如图 2-17 所示。

在该图形库中，每个图形类(如 Circle、Triangle 等)的 init()方法用于初始化所创建的图形，setColor()方法用于给图形设置边框颜色，fill()方法用于给图形设置填充颜色，setSize()方法用于设置图形的大小，display()方法用于显示图形。

客户类(Client)在使用该图形库时发现存在如下问题：

① 由于在创建窗口时每次只需要使用图形库中的一种图形，因此在更换图形时需要修

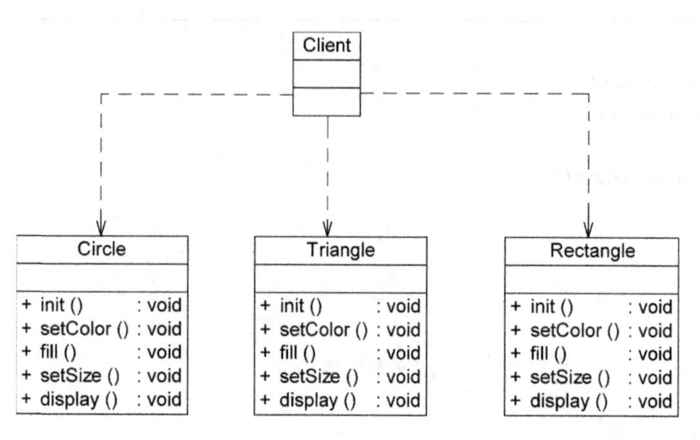

图 2-17 综合题(4)用图

改客户类源代码；

② 在图形库中增加并使用新的图形时需要修改客户类源代码；

③ 客户类在每次使用图形对象之前需要先创建图形对象，有些图形的创建过程较为复杂，导致客户类代码冗长且难以维护。

现需要根据面向对象设计原则对该系统进行重构，要求如下：

① 隔离图形的创建和使用，将图形的创建过程封装在专门的类中，客户类在使用图形时无须直接创建图形对象，甚至不需要关心具体图形类类名；

② 客户类能够方便地更换图形或使用新增图形，无须针对具体图形类编程，符合开闭原则。

第3章

创建型模式实训

随着面向对象技术的发展和广泛应用，设计模式不再是一个新兴名词，它已逐步成为系统架构人员、设计人员、分析人员以及程序开发人员所需掌握的基本技能之一。设计模式已广泛应用于面向对象系统的设计和开发，成为面向对象领域的一个重要组成部分。设计模式通常可以分为三类：创建型模式、结构型模式和行为型模式。

创建型模式关注对象的创建过程，是一类最常见的设计模式，在软件开发中应用非常广泛。创建型模式将对象的创建和使用分离，在使用对象时无须关心对象的创建细节，从而降低系统的耦合度，让设计方案更易于修改和扩展。

3.1 知识讲解

在GoF设计模式中包含5种创建型模式，分别是工厂方法模式(Factory Method Pattern)、抽象工厂模式(Abstract Factory Pattern)、建造者模式(Builder Pattern)、原型模式(Prototype Pattern)和单例模式(Singleton Pattern)。作为工厂模式的最简单形式，简单工厂模式(Simple Factory Pattern)也是创建型模式必不可少的成员。

3.1.1 设计模式

设计模式(Design Pattern)是前人经验的总结，它使人们可以方便地复用成功的设计和体系结构。当人们在特定的环境下遇到特定类型的问题时，可以采用他人已使用过的一些成功的解决方案，一方面降低了分析、设计和实现的难度，另一方面可以使得系统具有更好的可重用性和灵活性。

1. 模式的起源和定义

模式起源于建筑业而非软件业，模式之父——美国加利福尼亚大学环境结构中心研究所所长Christopher Alexander博士用了约20年的时间，对舒适型住宅和周边环境进行了大量的调查和资料收集工作，发现人们对舒适型住宅和城市环境存在着共同的认知规律。

他把这些规律归纳为 253 个模式,对每一个模式都从 Context(模式可适用的前提条件)、Theme 或 Problem(在特定条件下要解决的目标问题)和 Solution(对目标问题的求解方案)三个方面进行描述,并给出了从用户需求分析到建筑环境结构设计直至经典实例的过程模型。Alexander 给出模式的经典定义如下:每个模式都描述了一个在实际环境中不断出现的问题,然后描述了该问题的解决方案的核心,通过这种方式,可以无数次地使用那些已有的解决方案,无须再重复相同的工作。即模式是在特定环境中解决问题的一种方案(A pattern is a solution to a problem in a context)。

2. 软件模式与设计模式

软件模式是将"模式"的一般概念用于软件开发领域,即软件开发的总体指导思路或参照样板。最早将模式引入软件领域的是 1991 年至 1992 年以"四人组"(Gang of Four,简称 GoF,分别是 Erich Gamma,Richard Helm,Ralph Johnson,John Vlissides)自称的四位著名软件工程学者,他们在 1994 年归纳发表了 23 种设计模式,旨在用模式来统一沟通面向对象方法在分析、设计和实现之间的鸿沟。1995 年,"四人组"出版了《设计模式——可复用面向对象软件的基础》一书,这本书成为设计模式的经典书籍。

软件模式包括设计模式、体系结构模式、分析模式、过程模式等,软件生存期的各个阶段都存在着被认同的模式。软件模式是对软件开发这一特定"问题"的"解法"的某种统一表示,它和 Alexander 所描述的模式定义完全相同,即软件模式等于特定环境下的问题及其解法。

在软件模式领域,目前研究最为深入的是设计模式。设计模式是一套被反复使用、多数人知晓的、经过分类编目的、代码设计经验的总结,使用设计模式的目的是提高代码的可重用性,让代码更容易被他人理解,并让代码具有更好的可靠性。毫无疑问,这些设计模式已经在前人的系统中得以证实并广泛使用,它使代码编制真正实现工程化,将已证实的技术表述成设计模式也会使新系统开发者更加容易理解其设计思路。每一种设计模式都是一种或多种面向对象设计原则的体现。

在设计模式领域,狭义的设计模式就是指 GoF 的 23 种经典模式,不过设计模式不限于这 23 种,随着软件开发技术的发展,越来越多的新模式不断诞生并得以广泛应用。

3. 设计模式关键元素

设计模式包含模式名称、问题、目的、解决方案、效果、实例代码和相关设计模式等基本要素,其中的关键元素包括以下 4 个方面。

(1) 模式名称(Pattern Name)

给模式取一个助记名,用一两个词来描述模式待解决的问题、解决方案和使用效果,以便更好地理解模式并方便设计人员及开发人员之间的交流。

(2) 问题(Problem)

描述应该在何时使用模式,即在解决何种问题时可使用该模式。在问题部分有时会包括使用模式必须满足的一系列先决条件。

(3) 解决方案(Solution)

描述设计的组成成分、它们之间的相互关系及各自的职责和协作方式。模式就像一个模板,可应用于多种不同场合,所以解决方案并不描述一个特定而具体的设计或实现,而是提供一个问题的抽象描述和具有一般意义的元素组合(类或对象组合)。

(4) 效果(Consequences)

描述模式应用的效果以及使用模式时应权衡的问题,就是模式的优缺点。没有一种解决方案是完美的,每种设计模式都具有自己的优点,但也存在一些缺陷,它们对于评价设计选择和理解使用模式的代价及好处具有重要意义。模式效果有助于选择合适的模式,它不仅包括时间和空间的权衡,还包括对系统的灵活性、扩充性或可移植性的影响。

4. 设计模式分类

常用的设计模式分类方式有以下两种。

(1) 根据模式的目的和用途,设计模式可分为创建型模式(Creational Pattern)、结构型模式(Structural Pattern)和行为型模式(Behavioral Pattern)三种。创建型模式主要用于创建对象;结构型模式主要用于处理类或对象的组合;行为型模式主要用于描述类或对象的交互以及职责的分配。

(2) 根据模式的处理范围,设计模式可分为类模式和对象模式。类模式处理类和子类之间的关系,这些关系通过继承建立,在编译时刻就被确定下来,属于静态关系;对象模式处理对象间的关系,这些关系在运行时时刻变化,更具动态性。

5. 设计模式优点

设计模式融合了众多专家的经验,并以一种标准的形式供广大开发人员所用,它提供了一种通用的语言以方便开发人员之间的沟通和交流,使得重用成功的设计更加容易,并避免那些导致不可重用的设计方案。模式是一种指导,在一个良好的指导下,有助于做出一个优良的设计方案,达到事半功倍的效果,而且会得到解决问题的最佳办法。设计模式使得设计更易于修改,并提升设计文档的水平,使得设计更通俗易懂。

3.1.2 创建型模式概述

创建型模式(Creational Pattern)对类的实例化过程即对象的创建过程进行了抽象,能够使软件模块做到与对象的创建和组织无关。创建型模式隐藏了对象的创建细节,通过隐藏对象如何被创建和组合在一起达到使整个系统独立的目的。在掌握创建型模式时,需要回答以下三个问题:创建什么(What)、由谁创建(Who)和何时创建(When)。

创建型模式包括 6 种,其定义和使用频率如表 3-1 所示。

表 3-1　创建型模式

模式名称	定　　义	使用频率
简单工厂模式(Simple Factory Pattern)	定义一个类,根据参数的不同返回不同类的实例,这些类具有公共的父类和一些公共的方法。简单工厂模式不属于 GoF 设计模式,它是最简单的工厂模式	★★★★☆
工厂方法模式(Factory Method Pattern)	定义一个用于创建对象的接口,让子类决定将哪一个类实例化。工厂方法模式使一个类的实例化延迟到其子类	★★★★★

续表

模式名称	定　义	使用频率
抽象工厂模式(Abstract Factory Pattern)	提供一个创建一系列相关或相互依赖对象的接口,而无须指定它们具体的类	★★★★★
建造者模式(Builder Pattern)	将一个复杂对象的构建与它的表示分离,使得同样的构建过程可以创建不同的表示	★★☆☆☆
原型模式(Prototype Pattern)	用原型实例指定创建对象的种类,并且通过拷贝这个原型来创建新的对象	★★★☆☆
单例模式(Singleton Pattern)	保证一个类仅有一个实例,并提供一个访问它的全局访问点	★★★★☆

3.1.3 简单工厂模式

简单工厂模式并不是 GoF 23 个设计模式中的一员,但是一般将它作为学习设计模式的起点。简单工厂模式又称为静态工厂方法模式(Static Factory Method Pattern),属于类创建型模式。在简单工厂模式中,可以根据参数的不同返回不同的类的实例。简单工厂模式专门定义一个类来负责创建其他类的实例,这个类称为工厂类,被创建的实例通常都具有共同的父类。简单工厂模式结构如图 3-1 所示。

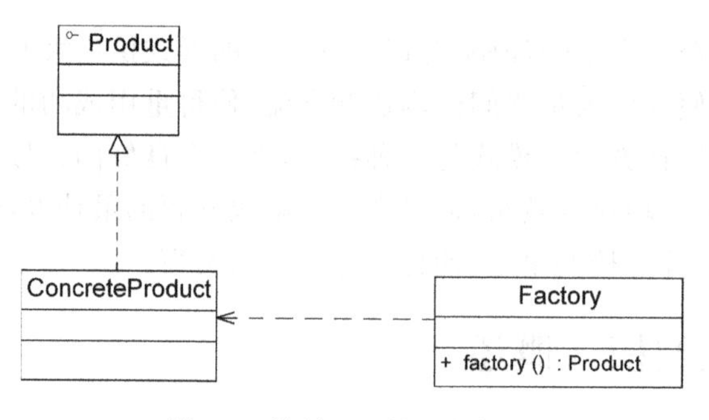

图 3-1　简单工厂模式结构图

在模式结构图中,Factory 表示工厂类,它是整个模式的核心,负责实现创建所有实例的内部逻辑。工厂类可以被外界直接调用,创建所需的产品对象。工厂类中有一个负责生产对象的静态工厂方法,系统可根据工厂方法所传入的参数,动态决定应该创建出哪一个产品类的实例。工厂方法是静态的,而且必须有返回类型,其返回类型为抽象产品类型,即 Product 类型;Product 表示抽象产品角色,它是简单工厂模式所创建的所有对象的父类,负责定义所有实例所共有的公共接口;ConcreteProduct 表示具体产品角色,它是简单工厂模式的创建目标,所有创建的对象都是充当这个角色的某个具体类的实例。一个系统中一般存在多个 ConcreteProduct 类,每种具体产品对应一个 ConcreteProduct 类。

在简单工厂模式中,工厂类包含必要的判断逻辑,决定在什么时候创建哪一个产品类的实例,客户端可以免除直接创建产品对象的责任,而仅仅“消费”产品,简单工厂模式通过这种方式实现了对责任的划分。但是由于工厂类集中了所有产品创建逻辑,一旦不能正常工作,整个系统都要受到影响;同时系统扩展较为困难,一旦添加新产品就不得不修改工厂逻辑,违反了开闭原则,并造成工厂逻辑过于复杂。正因为简单工厂模式存在种种问题,一般只将它作为学习其他工厂模式的入门，当然在一些并不复杂的环境下也可以直接使用简单工厂模式。

3.1.4 工厂方法模式

工厂方法模式也称为工厂模式，又称为虚拟构造器(Virtual Constructor)模式或多态模式，属于类创建型模式。在工厂方法模式中，父类负责定义创建对象的公共接口，而子类则负责生成具体的对象，这样做的目的是将类的实例化操作延迟到子类中完成，即由子类来决定究竟应该实例化(创建)哪一个类，工厂方法模式结构如图 3-2 所示。

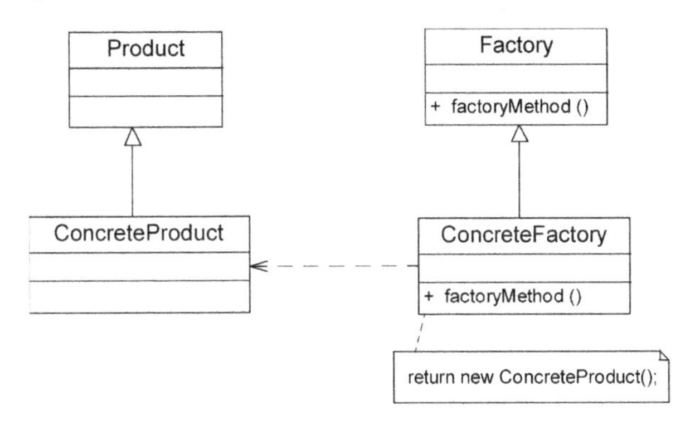

图 3-2 工厂方法模式结构图

在模式结构图中，Product 表示抽象产品，它定义了产品的接口；ConcreteProduct 表示具体产品，它实现抽象产品的接口；Factory 表示抽象工厂，它声明了工厂方法(Factory Method)，返回一个产品；ConcreteFactory 表示具体工厂，它实现工厂方法，由客户端调用，返回一个产品的实例。

在工厂方法模式中，工厂方法用来创建客户所需要的产品，同时还向客户隐藏了哪种具体产品类将被实例化这一细节。工厂方法模式的核心是抽象工厂类 Factory，各种具体工厂类继承抽象工厂类并实现在抽象工厂类中定义的工厂方法，从而使得客户只需要关心抽象产品和抽象工厂，完全不用理会返回的是哪一种具体产品，也不用关心它是如何被具体工厂创建的。在系统中加入新产品时，无须修改抽象工厂和抽象产品提供的接口，无须修改客户端，也无须修改其他具体工厂和具体产品，而只要添加一个具体工厂和具体产品即可，这样，系统的可扩展性也就变得非常好，符合开闭原则。但是在添加新产品时，需要编写新的具体产品类，而且还要提供与之对应的具体工厂类，难免会增加系统类的个数，增加系统的开销。

3.1.5 抽象工厂模式

抽象工厂模式是所有形式的工厂模式中最为抽象和最具一般性的一种形态。抽象工厂模式提供了一个创建一系列相关或相互依赖对象的接口，而无须指定它们具体的类。抽象工厂模式又称为 Kit 模式，属于对象创建型模式。在抽象工厂模式中，引入了产品等级结构和产品族的概念，产品等级结构是指抽象产品与具体产品所构成的继承层次关系，产品族(Product Family)是同一个工厂所生产的一系列产品，即位于不同产品等级结构且功能相关联的产品组成的家族，抽象工厂模式结构如图 3-3 所示。

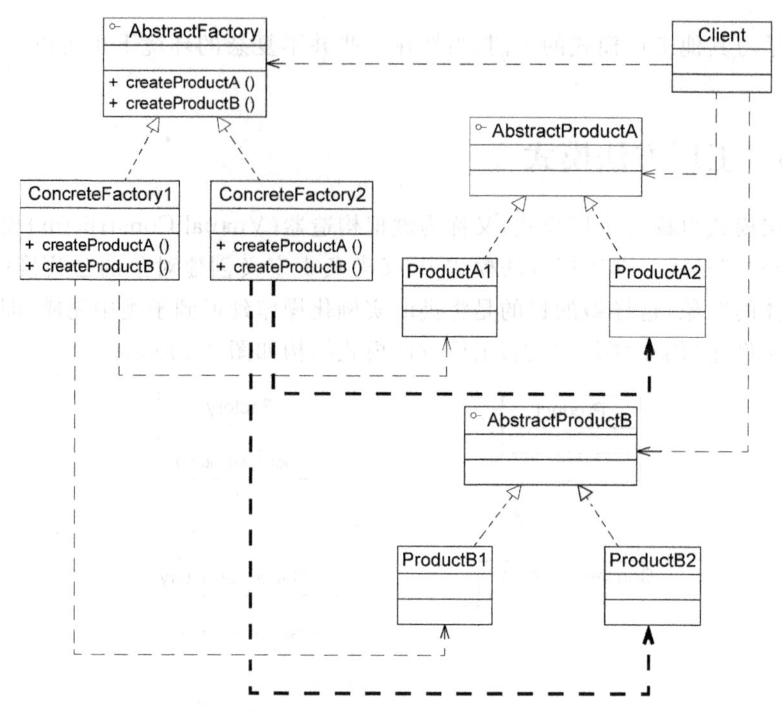

图 3-3　抽象工厂模式结构图

在模式结构图中，AbstractFactory 表示抽象工厂，用于声明创建抽象产品的方法，即工厂方法；ConcreteFactory1 和 ConcreteFactory2 表示具体工厂，它们实现抽象工厂声明的抽象工厂方法用于创建具体产品；AbstractProductA 和 AbstractProductB 表示抽象产品，它们为每一种产品声明接口；ProductA1、ProductA2、ProductB1、ProductB2 表示具体产品，它们定义具体工厂创建的具体产品对象类型，实现产品接口；Client 表示客户类，即客户应用程序，它针对抽象工厂和抽象产品编程。

抽象工厂模式是所有工厂模式最一般的形式，当抽象工厂模式退化到只有一个产品等级结构时，即变成了工厂方法模式；当工厂方法模式的工厂类只有一个，且工厂方法为静态方法时，则变成了简单工厂模式。与工厂方法模式类似，抽象工厂模式隔离了具体类的生成，使得客户类并不需要知道什么样的对象被创建。由于这种隔离，更换一个具体工厂就变得相对容易。所有的具体工厂都实现了抽象工厂中定义的那些公共接口，因此只需改变具体工厂的实例，就可以在某种程度上改变整个软件系统的行为。另外，应用抽象工厂模式可以实现高内聚低耦合的设计目的，因此抽象工厂模式得到了广泛的应用。使用抽象工厂模式的最大好处之一是当一个产品族中的多个对象被设计成一起工作时，它能够保证客户端始终只使用同一个产品族中的对象，这对于那些需要根据当前环境来决定其行为的软件系统来说，是一种非常实用的设计模式。

通过对抽象工厂模式结构进行分析可知，在抽象工厂模式中，增加新的产品族很容易，只需要增加一个新的具体工厂类，并在相应的产品等级结构中增加对应的具体产品类，但是在该模式中，增加新的产品等级结构很困难，需要修改抽象工厂接口和已有的具体工厂类。抽象工厂模式的这个特点称为开闭原则的倾斜性，即它以一种倾斜的方式支持增加新的产品，它为新产品族的增加提供方便，而不能为新的产品等级结构的增加提供这样的方便。

3.1.6　建造者模式

建造者模式(Builder Pattern)强调将一个复杂对象的构建过程与它的表示分离,使得同样的构建过程可以创建不同的表示。建造者模式描述如何一步一步地创建一个复杂的对象,它允许用户只通过指定复杂对象的类型和内容就可以构建它们,用户不需要知道内部的具体构建细节。建造者模式属于对象创建型模式,建造者模式结构如图 3-4 所示。

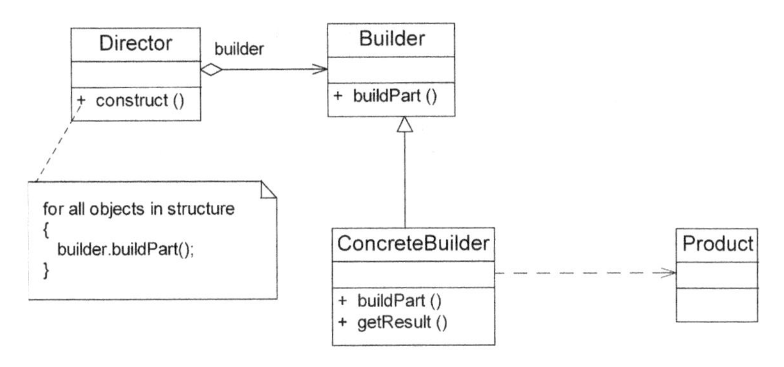

图 3-4　建造者模式结构图

在模式结构图中,Builder 表示抽象建造者,它为创建一个 Product 对象的各个部件指定抽象接口;ConcreteBuilder 表示具体建造者,它实现了 Builder 接口,用于构造和装配产品的各个部件,在其中定义并明确它所创建的产品,并提供返回产品的接口;Director 表示指挥者,它用于构建一个实现 Builder 接口的对象;Product 表示产品角色,它是被构建的复杂对象,具体建造者创建该产品的内部表示并定义它的装配过程。

建造者模式与抽象工厂模式很相似,但是 Builder 返回一个完整的产品,而 AbstractFactory 返回一系列相关的产品;在 AbstractFactory 中,客户生成自己要用的对象,而在 Builder 中,客户指导 Director 类如何去生成对象,或是如何合成一些对象,侧重于一步步构造一个复杂对象,然后将结果返回。如果抽象工厂模式是一个汽车配件生产厂,那么建造者模式是一个汽车组装厂,通过对配件的组装返回一台完整的汽车。建造者模式将复杂对象的构建与对象的表现分离开来,这样使得同样的构建过程可以创建出不同的表现对象。

使用建造者模式时,客户端不必知道产品内部组成的细节;每一个 Builder 都相对独立,而与其他的 Builder 无关;同样是生成产品,工厂模式是生产某一类产品,而建造者模式则是将产品的零件按某种生产流程组装起来,它可以指定生成顺序;建造者模式将一个复杂对象的创建职责进行了分配,它把构造过程放到指挥者方法中,装配过程放在具体建造者类中。建造者模式的产品之间一般具有共通点,但如果产品之间的差异性很大,就需要借助工厂方法模式或者抽象工厂模式。另外,如果产品的内部变化复杂,Builder 的每一个子类都需要对应到不同的产品去执行构建操作,这就需要定义很多个具体建造类来实现这种变化,将导致系统类个数的增加。

3.1.7　原型模式

在系统开发过程中,有时候有些对象需要被频繁创建,原型模式(Prototype Pattern)通过给出一个原型对象来指明所要创建的对象的类型,然后通过复制这个原型对象的办法创建出更多同类型的对象。原型模式是一种对象创建型模式,用原型实例指定创建对象的种类,并且通过拷贝这些原型创建新的对象。原型模式允许一个对象再创建另外一个可定制的对象,无须知道任何创建的细节。其工作原理是:通过将一个原型对象传给那个要发动创建的对象,这个要发动创建的对象通过请求原型对象复制原型自己来实现创建过程,原型模式结构如图 3-5 所示。

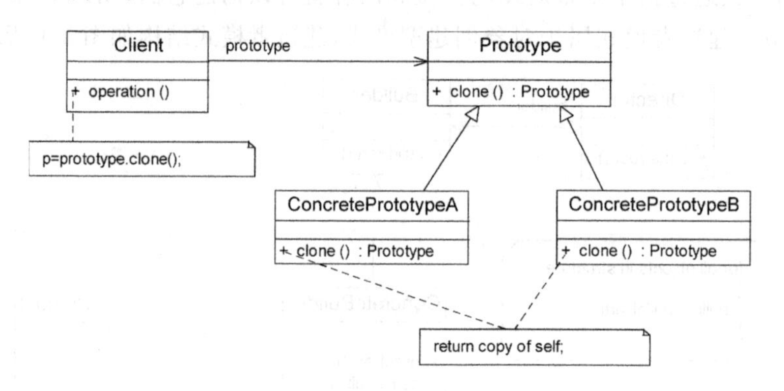

图 3-5 原型模式结构图

在模式结构图中,Prototype 表示抽象原型类,它定义具有克隆自己的方法的接口;ConcretePrototypeA 和 ConcretePrototypeB 表示具体原型类,它们实现具体的克隆方法;Client 表示客户类,它让一个原型对象克隆自身从而创建一个新的对象。

原型模式又可分为两种,分别为浅克隆和深克隆。浅克隆仅仅复制所考虑的对象,而不复制它所引用的对象,也就是其中的成员对象并不复制。在深克隆中,除了对象本身被复制外,对象包含的引用也被复制,即成员对象也将被复制。

原型模式允许动态增加或减少产品类,由于创建产品类实例的方法是产品类内部所具有的,因此增加新产品对整个结构没有影响,新产品只需继承抽象原型类并实现自身的克隆方法即可;原型模式提供了简化的创建结构,在工厂方法模式中常常需要有一个与产品类等级结构相同的工厂等级结构,而原型模式无须这样;对于创建多个相同的复杂结构对象,原型模式简化了创建步骤,在第一次创建成功后可以非常方便地复制出多个相同的对象。原型模式的最主要缺点就是每一个类必须配备一个克隆方法,在对已有系统进行改造时难度较大,而且在实现深克隆时需要编写较为复杂的代码。

3.1.8 单例模式

单例模式(Singleton Pattern)确保某一个类只有一个实例,而且自行实例化并向整个系统提供这个实例,这个类称为单例类,它提供全局访问方法。单例模式的要点有三个:一是某个类只能有一个实例;二是它必须自行创建这个实例;三是它必须自行向整个系统提供这个实例。单例模式是一种对象创建型模式,单例模式结构如图 3-6 所示。

在模式结构图中,Singleton 表示单例类,它提供了一个 getInstance()方法,让客户可以使用它的唯一实例,其内部实现确保只能生成一个实例。

当一个系统要求一个类只有一个实例时可使用单例模式,单例模式为系统提供了对唯一实例的受控访问,并且可以对单例模式进行扩展获得可变数目的实例,即多例模式,可以

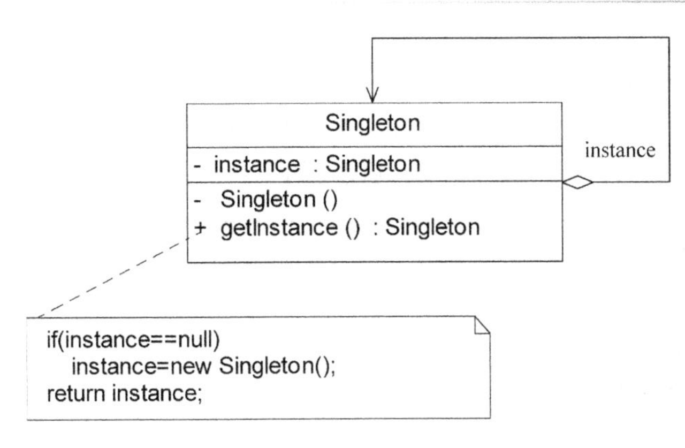

图 3-6 单例模式结构图

用与单例控制相似的方法来获得指定个数的实例。单例模式包括懒汉式单例和饿汉式单例两种实现方式，其中懒汉式单例是在第一次调用工厂方法 getInstance()时创建单例对象，而饿汉式单例是在类加载时创建单例对象，即在声明静态单例对象时实例化单例类，图 3-6 所示结构图为懒汉式单例。

3.2 实训实例

下面结合应用实例来学习如何在软件开发中使用创建型设计模式。

3.2.1 简单工厂模式实例之图形工厂

1. 实例说明

使用简单工厂模式设计一个可以创建不同几何形状(Shape)的绘图工具类，如可创建圆形(Circle)、矩形(Rectangle)和三角形(Triangle)对象，每个几何图形均具有绘制 draw()和擦除 erase()两个方法，要求在绘制不支持的几何图形时，抛出一个 UnsupportedShapeException 异常，绘制类图并编程实现。

2. 实例类图

本实例类图如图 3-7 所示。

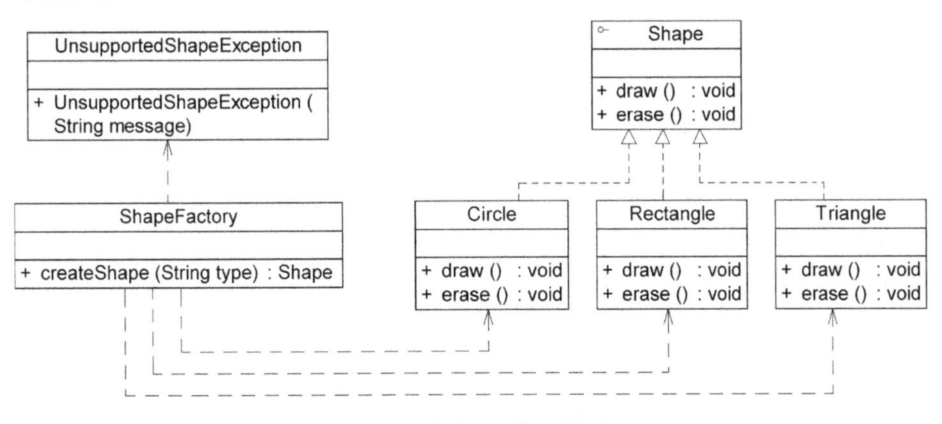

图 3-7 图形工厂实例类图

3. 实例代码

在本实例中，Shape 接口充当抽象产品，其子类 Circle、Rectangle 和 Triangle 等充当具体产品，ShapeFactory 充当工厂类。本实例代码如下：

```
//形状接口：抽象产品
interface Shape
{
    public void draw();
    public void erase();
}

//圆形类：具体产品
class Circle implements Shape
{
    public void draw()
    {
        System.out.println("绘制圆形");
    }
    public void erase()
    {
        System.out.println("删除圆形");
    }
}

//矩形类：具体产品
class Rectangle implements Shape
{
    public void draw()
    {
        System.out.println("绘制矩形");
    }
    public void erase()
    {
        System.out.println("删除矩形");
    }
}

//三角形类：具体产品
class Triangle implements Shape
{
    public void draw()
    {
        System.out.println("绘制三角形");
    }
    public void erase()
    {
        System.out.println("删除三角形");
    }
```

```
}

//形状工厂类：工厂
class ShapeFactory
{
    //静态工厂方法
    public static Shape createShape(String type) throws UnsupportedShapeException
    {
        if(type.equalsIgnoreCase("c"))
        {
            return new Circle();
        }
        else if(type.equalsIgnoreCase("r"))
        {
            return new Rectangle();
        }
        else if(type.equalsIgnoreCase("t"))
        {
            return new Triangle();
        }
        else
        {
            throw new UnsupportedShapeException("不支持该形状！");
        }
    }
}

//自定义异常类
class UnsupportedShapeException extends Exception
{
    public UnsupportedShapeException(String message)
    {
        super(message);
    }
}
```

客户端测试类代码如下：

```
//客户端测试类
class Client
{
    public static void main(String args[])
    {
        try
        {
            Shape shape;
            shape = ShapeFactory.createShape("r");
            shape.draw();
```

```
            shape.erase();
        }
        catch(UnsupportedShapeException e)
        {
            System.out.println(e.getMessage());
        }
    }
}
```

运行结果如下：

```
绘制矩形
删除矩形
```

如果将静态方法 createShape()中的参数改为 a，则将抛出异常，输出“不支持该形状”。如果需要更换产品，只需改变静态工厂方法中的参数即可，不同的参数对应不同的产品；如果需要增加新的具体产品，则需要修改工厂中的静态工厂方法，因此增加新产品时将违背开闭原则。

3.2.2 工厂方法模式实例之日志记录器

1. 实例说明

某系统日志记录器要求支持多种日志记录方式，如文件日志记录(FileLog)、数据库日志记录(DatabaseLog)等，且用户可以根据要求动态选择日志记录方式，现使用工厂方法模式设计该系统。

2. 实例类图

本实例类图如图 3-8 所示。

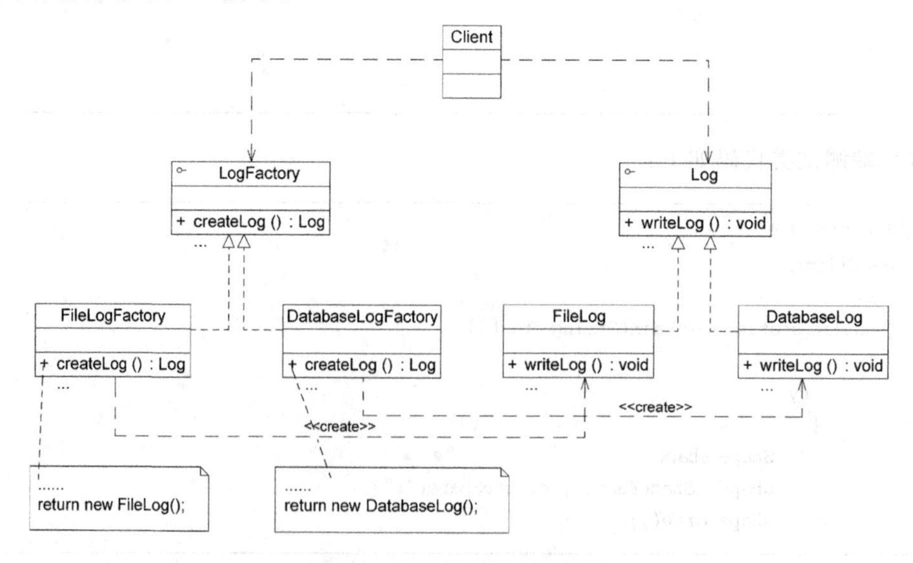

图 3-8 日志记录器实例类图

3. 实例代码

在本实例中，Log接口充当抽象产品，其子类FileLog和DatabaseLog充当具体产品，LogFactory接口充当抽象工厂，其子类FileLogFactory和DatabaseLogFactory充当具体工厂。本实例代码如下：

```
//日志记录器接口：抽象产品
interface Log
{
    public void writeLog();
}

//文件日志记录器：具体产品
class FileLog implements Log
{
    public void writeLog()
    {
        System.out.println("文件日志记录。");
    }
}

//数据库日志记录器：具体产品
class DatabaseLog implements Log
{
    public void writeLog()
    {
        System.out.println("数据库日志记录。");
    }
}

//日志记录器工厂接口：抽象工厂
interface LogFactory
{
    public Log createLog();
}

//文件日志记录器工厂类：具体工厂
class FileLogFactory implements LogFactory
{
    public Log createLog()
    {
        return new FileLog();
    }
}

//数据库日志记录器工厂类：具体工厂
class DatabaseLogFactory implements LogFactory
{
    public Log createLog()
```

```
        {
            return new DatabaseLog();
        }
    }
```

客户端测试类代码如下：

```
//客户端测试类
class Client
{
    public static void main(String args[])
    {
        LogFactory factory;
        Log log;
        factory = new FileLogFactory();
        log = factory.createLog();
        log.writeLog();
    }
}
```

运行结果如下：

```
文件日志记录。
```

在本实例中，可以将具体工厂类的类名存储在配置文件(如 XML 文件)中，再通过 DOM 和反射机制来生成工厂对象，增加新的具体产品只需对应增加新的具体工厂即可，如果需要更换产品，只需修改配置文件中的具体工厂类类名，无须修改源代码，符合开闭原则。

3.2.3 抽象工厂模式实例之数据库操作工厂

1. 实例说明

某系统为了改进数据库操作的性能，自定义数据库连接对象 Connection 和语句对象 Statement，可针对不同类型的数据库提供不同的连接对象和语句对象，如提供 Oracle 或 MySQL 专用连接类和语句类，而且用户可以通过配置文件等方式根据实际需要动态更换系统数据库。使用抽象工厂模式设计该系统。

2. 实例类图

本实例类图如图 3-9 所示。

3. 实例代码

在本实例中，接口 DBFactory 充当抽象工厂，其子类 OracleFactory 和 MySQLFactory 充当具体工厂，接口 Connection 和 Statement 充当抽象产品，其子类 OracleConnection、MySQLConnection 和 OracleStatement、MySQLStatement 充当具体产品。本实例代码如下：

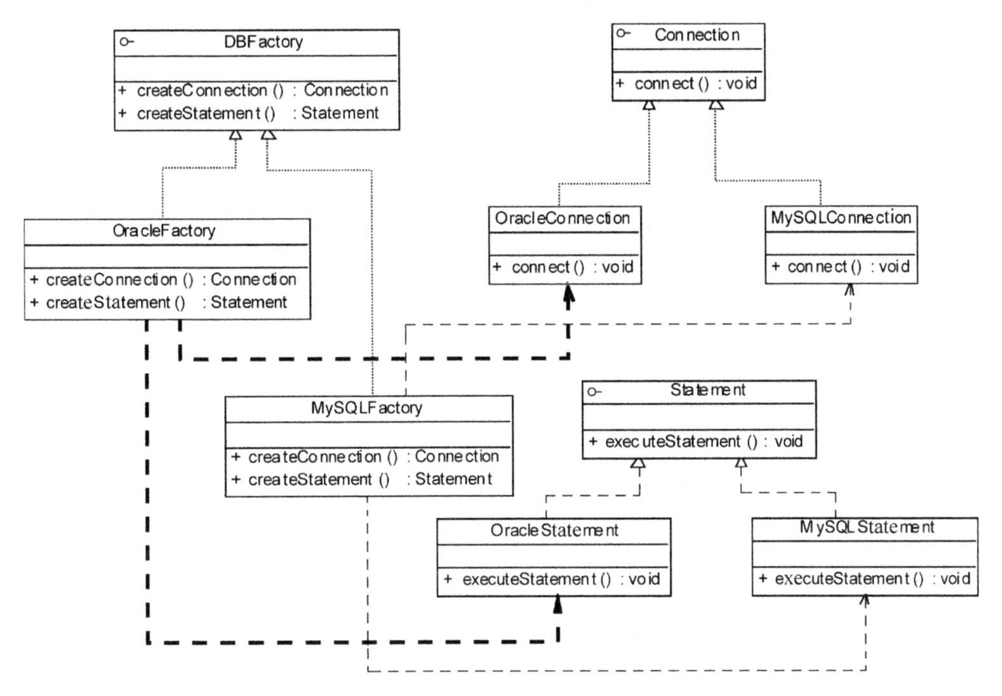

图 3-9　数据库操作工厂实例类图

```
//数据库连接接口：抽象产品
interface Connection
{
    public void connect();
}

//Oracle 数据库连接类：具体产品
class OracleConnection implements Connection
{
    public void connect()
    {
        System.out.println("连接 Oracle 数据库。");
    }
}

//MySQL 数据库连接类：具体产品
class MySQLConnection implements Connection
{
    public void connect()
    {
        System.out.println("连接 MySQL 数据库。");
    }
}

//数据库语句接口：抽象产品
```

```
interface Statement
{
    public void executeStatement();
}

//Oracle 数据库语句类：具体产品
class OracleStatement implements Statement
{
    public void executeStatement()
    {
        System.out.println("执行 Oracle 数据库语句。");
    }
}

//MySQL 数据库语句类：具体产品
class MySQLStatement implements Statement
{
    public void executeStatement()
    {
        System.out.println("执行 MySQL 数据库语句。");
    }
}

//数据库工厂接口：抽象工厂
interface DBFactory
{
    public Connection createConnection();
    public Statement createStatement();
}

//Oracle 数据库工厂：具体工厂
class OracleFactory implements DBFactory
{
    public Connection createConnection()
    {
        return new OracleConnection();
    }

    public Statement createStatement()
    {
        return new OracleStatement();
    }
}

//MySQL 数据库工厂：具体工厂
class MySQLFactory implements DBFactory
{
    public Connection createConnection()
    {
```

```
            return new MySQLConnection();
        }

        public Statement createStatement()
        {
            return new MySQLStatement();
        }
    }
```

客户端测试类代码如下：

```
    //客户端测试类
    class Client
    {
        public static void main(String args[])
        {
            DBFactory factory;
            Connection connection;
            Statement statement;
            factory = new OracleFactory();
            connection = factory.createConnection();
            statement = factory.createStatement();
            connection.connect();
            statement.executeStatement();
        }
    }
```

运行结果如下：

```
连接 Oracle 数据库。
执行 Oracle 数据库语句。
```

与工厂方法模式一样，在本实例中，可以将具体工厂类的类名存储在配置文件(如 XML 文件)中，再通过 DOM 和反射机制来生成工厂对象。在增加新的具体产品族时只需对应增加新的具体工厂即可，如果需要更换一个产品族，只需修改配置文件中的具体工厂类类名，无须修改源代码，符合开闭原则。但是如果要增加新的产品等级结构，每个工厂要生产一个新的类型的对象，则需要修改抽象工厂接口和所有的具体工厂类，从这个角度来看，抽象工厂模式违背了开闭原则。因此在使用抽象工厂模式时需要仔细分析所有的产品结构，避免在设计完成之后修改源代码，特别是抽象层的代码。

3.2.4 建造者模式实例之游戏人物角色

1. 实例说明

某游戏软件中人物角色包括多种类型，不同类型的人物角色，其性别、脸型、服装、发型等外部特性有所差异，使用建造者模式创建人物角色对象，要求绘制类图并编程实现。

2. 实例类图

本实例类图如图 3-10 所示。

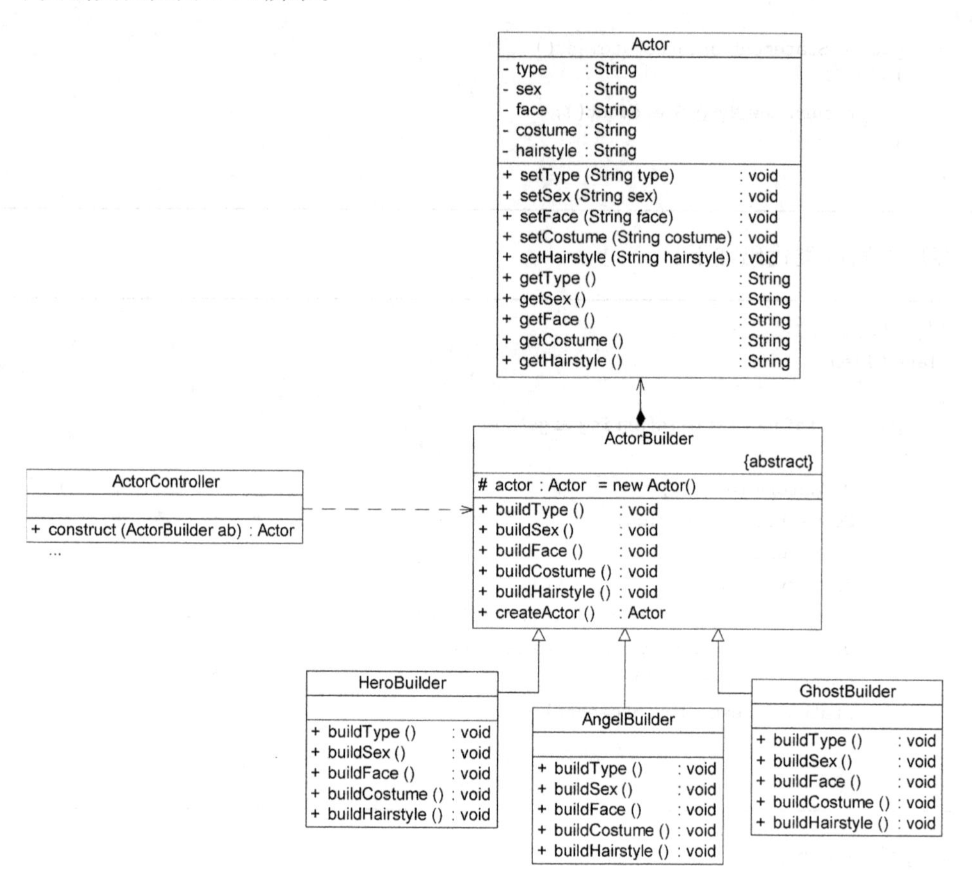

图 3-10 游戏人物角色实例类图

3. 实例代码

在本实例中，ActorController 充当指挥者，ActorBuilder 充当抽象建造者，HeroBuilder、AngelBuilder 和 GhostBuilder 充当具体建造者，Actor 充当复合产品。本实例代码如下：

```
//Actor 角色类: 复合产品
class Actor
{
    private String type;
    private String sex;
    private String face;
    private String costume;
    private String hairstyle;

    public void setType(String type) {
        this.type = type;
    }
```

```
    public void setSex(String sex) {
        this.sex = sex;
    }

    public void setFace(String face) {
        this.face = face;
    }

    public void setCostume(String costume) {
        this.costume = costume;
    }

    public void setHairstyle(String hairstyle) {
        this.hairstyle = hairstyle;
    }

    public String getType() {
        return (this.type);
    }

    public String getSex() {
        return (this.sex);
    }

    public String getFace() {
        return (this.face);
    }

    public String getCostume() {
        return (this.costume);
    }

    public String getHairstyle() {
        return (this.hairstyle);
    }
}

//角色建造器：抽象建造者
abstract class ActorBuilder
{
    protected Actor actor = new Actor();

    public abstract void buildType();
    public abstract void buildSex();
    public abstract void buildFace();
    public abstract void buildCostume();
    public abstract void buildHairstyle();
```

```
    public Actor createActor()
    {
        return actor;
    }
}

//英雄角色建造器：具体建造者
class HeroBuilder extends ActorBuilder
{
    public void buildType()
    {
        actor.setType("英雄");
    }
    public void buildSex()
    {
        actor.setSex("男");
    }
    public void buildFace()
    {
        actor.setFace("英俊");
    }
    public void buildCostume()
    {
        actor.setCostume("盔甲");
    }
    public void buildHairstyle()
    {
        actor.setHairstyle("飘逸");
    }
}

//天使角色建造器：具体建造者
class AngelBuilder extends ActorBuilder
{
    public void buildType()
    {
        actor.setType("天使");
    }
    public void buildSex()
    {
        actor.setSex("女");
    }
    public void buildFace()
    {
        actor.setFace("漂亮");
    }
    public void buildCostume()
```

```
    {
        actor.setCostume("白裙");
    }
    public void buildHairstyle()
    {
        actor.setHairstyle("披肩长发");
    }
}

//魔鬼角色建造器：具体建造者
class GhostBuilder extends ActorBuilder
{
    public void buildType()
    {
        actor.setType("魔鬼");
    }
    public void buildSex()
    {
        actor.setSex("妖");
    }
    public void buildFace()
    {
        actor.setFace("丑陋");
    }
    public void buildCostume()
    {
        actor.setCostume("黑衣");
    }
    public void buildHairstyle()
    {
        actor.setHairstyle("光头");
    }
}
//Actor 角色创建控制器：指挥者
class ActorController
{
    public Actor construct(ActorBuilder ab)
    {
        Actor actor;
        ab.buildType();
        ab.buildSex();
        ab.buildFace();
        ab.buildCostume();
        ab.buildHairstyle();
        actor = ab.createActor();
        return actor;
    }
}
```

客户端测试类代码如下：

```
//客户端测试类
class Client
{
    public static void main(String args[])
    {
        ActorController ac = new ActorController();
        ActorBuilder ab;
        ab = new AngelBuilder();
        Actor angel;
        angel = ac.construct(ab);
        String type = angel.getType();
        System.out.println(type + "的外观：");
        System.out.println("性别：" + angel.getSex());
        System.out.println("面容：" + angel.getFace());
        System.out.println("服装：" + angel.getCostume());
        System.out.println("发型：" + angel.getHairstyle());
    }
}
```

运行结果如下：

```
天使的外观：
性别：女
面容：漂亮
服装：白裙
发型：披肩长发
```

在建造者模式中，客户端只需实例化指挥者类即可，指挥者类针对抽象建造者编程，客户端根据需要传入具体建造者对象，具体建造者将一步一步构造一个完整的产品。相同的构造过程可以创建不同的产品，在本实例中，通过选择不同的具体建造者类，可以返回不同的角色。为了提高系统的可扩展性，可将具体建造者类类名存储在配置文件中。

3.2.5 原型模式实例之快速创建工作周报

1. 实例说明

在某 OA 系统中，用户可以创建工作周报，由于某些岗位每周工作存在重复性，因此可以通过复制原有工作周报并进行局部修改来快速新建工作周报。现使用原型模式来实现该功能，绘制类图并编程实现。

2. 实例类图

本实例类图如图 3-11 所示。

3. 实例代码

在本实例中，WeeklyLog 充当具体原型类，Object 类充当抽象原型类，clone()方法为原

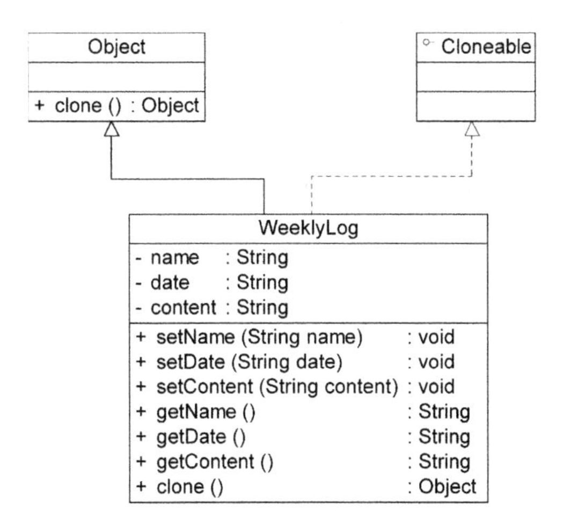

图 3-11 快速创建工作周报实例类图

型方法。本实例代码如下所示：

```
//工作周报：具体原型类
class WeeklyLog implements Cloneable
{
    private String name;
    private String date;
    private String content;
    public void setName(String name) {
        this.name = name;
    }
    public void setDate(String date) {
        this.date = date;
    }
    public void setContent(String content) {
        this.content = content;
    }
    public String getName() {
        return (this.name);
    }
    public String getDate() {
        return (this.date);
    }
    public String getContent() {
        return (this.content);
    }
    //克隆方法 clone(),此处使用 Java 语言提供的浅克隆机制
    public Object clone()
    {
        Object obj = null;
        try
        {
            obj = super.clone();
```

```
            return obj;
        }
        catch(CloneNotSupportedException e)
        {
            System.out.println("不能复制!");
            return null;
        }
    }
}
```

客户端测试类代码如下:

```
//客户端测试类
class Client
{
    public static void main(String args[])
    {
        WeeklyLog log_previous = new WeeklyLog();
        log_previous.setName("张三");
        log_previous.setDate("2017 年第 12 周");
        log_previous.setContent("这周工作很忙,每天加班!");

        System.out.println(" **** 周报 **** ");
        System.out.println(log_previous.getDate());
        System.out.println(log_previous.getName());
        System.out.println(log_previous.getContent());
        System.out.println(" -------------------------------- ");

        WeeklyLog log_now;
        log_now = (WeeklyLog)log_previous.clone();
        log_now.setDate("2017 年第 13 周");
        System.out.println(" **** 周报 **** ");
        System.out.println(log_now.getDate());
        System.out.println(log_now.getName());
        System.out.println(log_now.getContent());
    }
}
```

运行结果如下:

```
 **** 周报 ****
2017 年第 12 周
张三
这周工作很忙,每天加班!
 --------------------------------
 **** 周报 ****
2017 年第 13 周
```

```
张三
这周工作很忙,每天加班!
```

在本实例中使用了 Java 语言内置的浅克隆机制,通过继承 Object 类的 clone()方法实现对象的复制,原始对象和克隆得到的对象在内存中是两个完全不同的对象,通过已创建的工作周报可以快速创建新的周报,然后再根据需要修改周报,无须再从头开始创建。原型模式为工作流系统中任务单的快速生成提供了一种解决方案。

3.2.6 单例模式实例之多文档窗口

1. 实例说明

使用单例模式设计一个多文档窗口(注:在 Java AWT/Swing 开发中可使用 JDesktopPane 和 JInternalFrame 来实现),要求在主窗体中某个内部子窗体只能实例化一次,即只能弹出一个相同的子窗体,如图 3-12 所示。

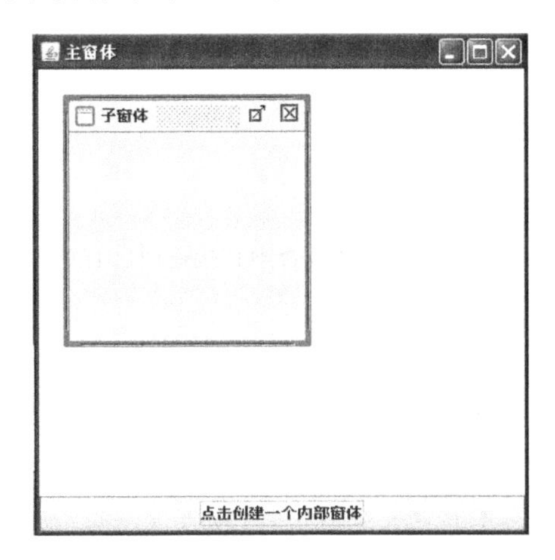

图 3-12 多文档窗口示意图

2. 实例类图

本实例类图如图 3-13 所示。

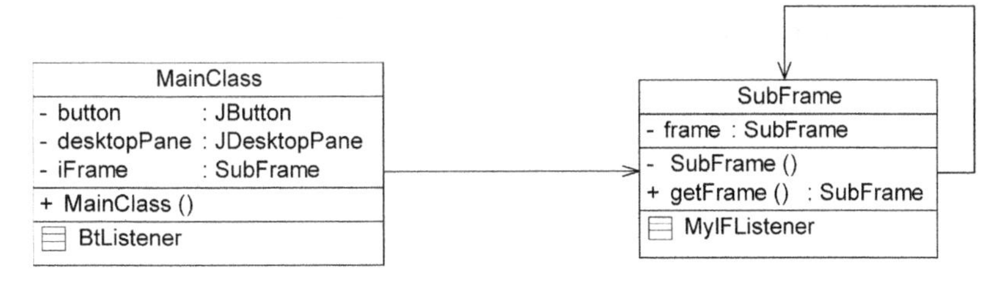

图 3-13 多文档窗口实例类图

3. 实例代码

在本实例中,SubFrame 类充当单例类,在其中定义了静态工厂方法 getFrame()。本实例代码如下:

```
import java.awt.*;
import java.awt.event.*;
import javax.swing.*;
import javax.swing.event.*;

//子窗口：单例类
class SubFrame extends JInternalFrame
{
    private static SubFrame frame;                                   //静态实例

    //私有构造函数
    private SubFrame()
    {
        super("子窗体", true, true, true, false);
        this.setLocation(20,20);                                     //设置内部窗体位置
        this.setSize(200,200);                                       //设置内部窗体大小
        this.addInternalFrameListener(new MyIFListener());           //监听窗体事件
        this.setVisible(true);
    }

    //工厂方法,返回窗体实例
    public static SubFrame getFrame()
    {
        //如果窗体对象为空,则创建窗体,否则直接返回已有窗体
        if(frame == null)
        {
            frame = new SubFrame();
        }
        return frame;
    }

    //事件监听器
    class MyIFListener extends InternalFrameAdapter
    {
        //子窗体关闭时,将窗体对象设为null
        public void internalFrameClosing(InternalFrameEvent e)
        {
            if(frame != null)
            {
                frame = null;
            }
        }
    }
}

//客户端测试类
class MainClass extends JFrame
{
    private JButton button;
```

```
    private JDesktopPane desktopPane;
    private SubFrame iFrame = null;

    public MainClass()
    {
        super("主窗体");
        Container c = this.getContentPane();
        c.setLayout(new BorderLayout());

        button = new JButton("单击创建一个内部窗体");
        button.addActionListener(new BtListener());
        c.add(button, BorderLayout.SOUTH);

        desktopPane = new JDesktopPane();      //创建 DesktopPane
        c.add(desktopPane);

        this.setDefaultCloseOperation(JFrame.EXIT_ON_CLOSE);
        this.setLocationRelativeTo(null);
        this.setSize(400,400);
        this.show();
    }

    //事件监听器
    class BtListener implements ActionListener
    {
        public void actionPerformed(ActionEvent e)
        {
            if(iFrame != null)
            {
                desktopPane.remove(iFrame);
            }
            iFrame = SubFrame.getFrame();
            desktopPane.add(iFrame);
        }
    }

    public static void main(String[] args)
    {
        new MainClass();
    }
}
```

在本实例中，SubFrame 类是 JInternalFrame 类的子类，在 SubFrame 类中定义了一个静态的 SubFrame 类型的实例变量，在静态工厂方法 getFrame()中创建了 SubFrame 对象并将其返回。在 MainClass 类中使用了该单例类，确保子窗口在当前应用程序中只有唯一实例，即只能弹出一个子窗口。

3.3 实训练习

1. 选择题

(1) 在面向对象软件开发过程中,采用设计模式(　　)。

A. 允许在非面向对象程序设计语言中使用面向对象的概念

B. 以复用成功的设计和体系结构

C. 以减少设计过程创建的实例对象的个数

D. 以保证程序的运行速度达到最优值

(2) 设计模式具有(　　)的优点。

A. 适应需求变化　　B. 程序易于理解

C. 减少开发过程中的代码开发工作量　　D. 简化软件系统的设计

(3) 在进行面向对象设计时,采用设计模式能够(　　)。

A. 复用相似问题的相同解决方案

B. 改善代码的平台可移植性

C. 改善代码的可理解性

D. 增强软件的易安装性

(4) 以下关于简单工厂模式的叙述错误的是(　　)。

A. 简单工厂模式可以根据参数的不同返回不同的类的实例

B. 简单工厂模式专门定义一个类来负责创建其他类的实例,被创建的实例通常都具有共同的父类

C. 简单工厂模式可以减少系统中类的个数,简化系统的设计,使得系统更易于理解

D. 系统的扩展困难,一旦添加新的产品就不得不修改工厂逻辑,违背了开闭原则

(5) 在简单工厂模式中,如果需要增加新的具体产品,必须修改(　　)的源代码。

A. 抽象产品类　　B. 其他具体产品类

C. 工厂类　　D. 客户类

(6) 关于Java语言实现简单工厂模式中的静态工厂方法,以下叙述错误的是(　　)。

A. 工厂子类可以继承父类非私有的静态方法

B. 工厂子类可以覆盖父类的静态方法

C. 工厂子类的静态工厂方法可以在运行时覆盖由工厂父类声明的工厂对象的静态工厂方法

D. 静态工厂方法支持重载

(7) 以下代码使用了(　　)模式。

```
abstract class ExchangeMethod
{
    public abstract void process();
```

```
}

class DigitalCurrency extends ExchangeMethod
{
  public void process()
  {…}
}

class CreditCard extends ExchangeMethod
{
    public void process()
    {…}
}
 ⋮
class Factory
{
    public static ExchangeMethod createProduct(String type)
    {
      switch(type)
      {
        case "DigitalCurrency":
        return new DigitalCurrency(); break;
        case "CreditCard":
        return new CreditCard(); break;
         ⋮
    }
  }
}
```

A. Simple Factory　　B. Factory Method

C. Abstract Factory　　D. 未用任何设计模式

(8) 图 3-14 是(　　)模式的结构图。

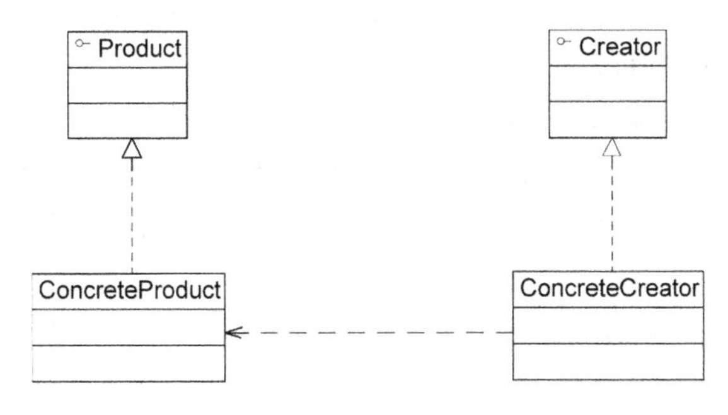

图 3-14　选择题(8)用图

A. Abstract Factory　　B. Factory Method

C. Command　　D. Chain of Responsibility

(9) 以下关于工厂方法模式的叙述错误的是(　　)。

A. 在工厂方法模式中引入了抽象工厂类,而具体产品的创建延迟到具体工厂中

实现

B. 工厂方法模式添加新的产品对象很容易,无须对原有系统进行修改,符合开闭原则

C. 工厂方法模式存在的问题是在添加新产品时,需要编写新的具体产品类,而且还要提供与之对应的具体工厂类,随着类个数的增加,会给系统带来一些额外开销

D. 工厂方法模式是所有形式的工厂模式中最为抽象和最具一般性的一种形态,工厂方法模式退化后可以演变成抽象工厂模式

(10) 某银行系统采用工厂模式描述其不同账户之间的关系,设计出的类图如图 3-15 所示。其中与工厂模式中的 Creator 角色相对应的类是(①);与 Product 角色相对应的类是(②)。

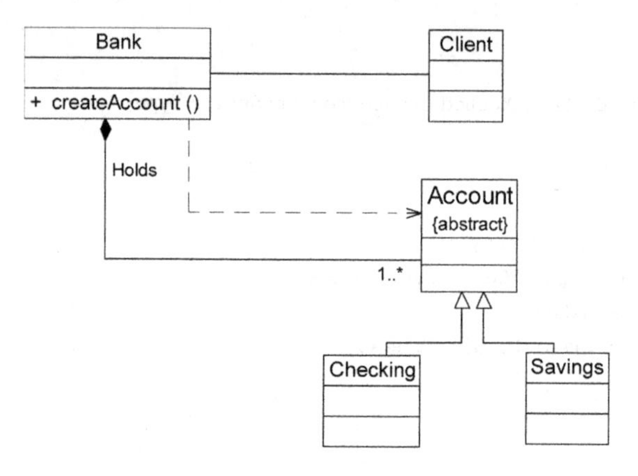

图 3-15 选择题(10)用图

① A. Bank B. Account C. Checking D. Savings

② A. Bank B. Account C. Checking D. Savings

(11) 以下选项( )可作为工厂方法模式的应用实例。

A. 曲线图创建器生成曲线图,柱状图创建器生成柱状图

B. 通过复制已有邮件对象创建新的邮件对象

C. 在网络上传输大图片时,先传输对应的文字描述,再传输真实的图片

D. 在多个界面组件类之间添加一个控制类来协调它们之间的相互调用关系

(12) 不同品牌的手机应该由不同的公司制造,苹果公司生产苹果手机,三星公司生产三星手机,该场景蕴含了( )设计模式。

A. Simple Factory B. Factory Method

C. Abstract Factory D. Builder

(13) 以下关于抽象工厂模式的叙述错误的是( )。

A. 抽象工厂模式提供了一个创建一系列相关或相互依赖对象的接口,而无须指定它们具体的类

B. 当系统中有多于一个产品族时可以考虑使用抽象工厂模式

C. 当一个工厂等级结构可以创建出分属于不同产品等级结构的一个产品族中的

所有对象时，抽象工厂模式比工厂方法模式更为简单、更有效率

D. 抽象工厂模式符合开闭原则，增加新的产品族和新的产品等级结构都很方便

(14) 关于抽象工厂模式的叙述，以下错误的一项是(　　)。

A. 抽象工厂模式提供了创建一系列相关或相互依赖的对象的接口，而无须指定这些对象所属的具体类

B. 抽象工厂模式可应用于一个系统要由多个产品系列中的一个来配置的时候

C. 抽象工厂模式可应用于强调一系列相关产品对象的设计以便进行联合使用的时候

D. 抽象工厂模式可应用于希望使用已经存在的类，但其接口不符合需求的时候

(15) 关于抽象工厂模式中的产品族和产品等级结构叙述错误的是(　　)。

A. 产品等级结构是从不同的产品族中任意选取产品组成的层次结构

B. 产品族是指位于不同产品等级结构、功能相关的产品组成的家族

C. 一个具体工厂可以创建出分属于不同产品等级结构的一个产品族中的所有对象

D. 工厂方法模式对应一个产品等级结构，而抽象工厂模式则需要面对多个产品等级结构

(16) 某公司欲开发一个图表显示系统，在该系统中，曲线图生成器可以创建曲线图、曲线图图例和曲线图数据标签，柱状图生成器可以创建柱状图、柱状图图例和柱状图数据标签。用户要求可以很方便地增加新的类型的图形，系统需具备较好的可扩展能力。针对这种需求，公司采用(　　)最为恰当。

A. 桥接模式　　B. 适配器模式

C. 策略模式　　D. 抽象工厂模式

(17) 关于工厂模式的陈述，以下有误的一项是(　　)。

A. 工厂模式隔离产品的创建和使用

B. 在工厂类中封装产品对象的创建细节，客户类无须关心这些细节

C. 工厂方法模式中的工厂方法可以改为静态方法

D. 工厂方法模式中抽象工厂声明的工厂方法返回抽象产品类型，不能返回具体产品类型

(18) 关于建造者模式中的 Director 类描述错误的是(　　)。

A. Director 类隔离了客户类及生产过程

B. 在建造者模式中，客户类通过 Director 逐步构造一个复杂对象

C. Director 类构建一个抽象建造者 Builder 子类的对象

D. Director 与抽象工厂模式中的工厂类类似，负责返回一个产品族中的所有产品

(19) 以下关于建造者模式的叙述错误的是(　　)。

A. 建造者模式将一个复杂对象的构建与它的表示分离，使得同样的构建过程可以创建不同的表示

B. 建造者模式允许用户可以只通过指定复杂对象的类型和内容就可以创建它们，而不需要知道内部的具体构建细节

C. 当需要生成的产品对象有复杂的内部结构时可以考虑使用建造者模式

D. 在建造者模式中,各个具体的建造者相互之间有较强的依赖关系,可通过指挥者类组装成一个完整的产品对象返回给客户

(20) 当需要创建的产品具有复杂的内部结构时,为了逐步构造完整的对象,并使得对象的创建更具弹性,可以使用(　　)。

A. 抽象工厂模式　　　　B. 原型模式

C. 建造者模式　　　　D. 单例模式

(21) 以下关于原型模式的叙述错误的是(　　)。

A. 原型模式通过给出一个原型对象来指明所要创建的对象的类型,然后用复制这个原型对象的办法创建出更多同类型的对象

B. 浅克隆仅仅复制所考虑的对象,而不复制它所引用的对象,也就是其中的成员对象并不复制

C. 在原型模式中实现深克隆时通常需要编写较为复杂的代码

D. 在原型模式中不需要为每一个类配备一个克隆方法,因此对于原型模式的扩展很灵活,对于已有类的改造也较为容易

(22) 以下关于 Java 语言中 clone()方法的使用错误的是(　　)。

A. 对于任何对象 x,都有 x. clone()==x

B. 对于任何对象 x,都有 x. clone(). getClass()==x. clone(). getClass()

C. 在子类的 clone()方法中可以通过调用 super. clone()来实现自我复制

D. 支持浅克隆的类必须实现 Cloneable 接口,否则将抛出 CloneNotSupportedException 异常

(23) 某公司欲开发一个即时聊天软件,用户在聊天过程中可以与多位好友同时聊天,在私聊时将产生多个聊天窗口,在创建聊天窗口时为了提高效率,要求根据第一个窗口快速创建其他窗口。针对这种需求,采用(　　)最为恰当。

A. 享元模式　　　　B. 单例模式

C. 原型模式　　　　D. 组合模式

(24) 在(　　)时可使用单例模式。

A. 隔离菜单项对象的创建和使用

B. 防止一个资源管理器窗口被实例化多次

C. 使用一个已有的查找算法而不想修改既有代码

D. 不能创建子类,需要扩展一个数据过滤类

(25) 以下关于单例模式的描述,正确的是(　　)。

A. 它描述了只有一个方法的类的集合

B. 它能够保证一个类只产生一个唯一的实例

C. 它描述了只有一个属性的类的集合

D. 它能够保证一个类的方法只能被一个唯一的类调用

(26) (　　)限制了创建类的实例数量。

A. 原型模式　　　　B. 建造者模式

C. 策略模式　　　　D. 单例模式

(27) 以下( )不是单例模式的要点。

A. 某个类只能有一个实例　　B. 单例类不能被继承

C. 必须自行创建单个实例　　D. 必须自行向整个系统提供这个单例

(28) 某软件公司开发了一组加密类,在使用这些加密类时欲采用简单工厂模式进行设计,为了减少类的个数,将工厂类和抽象加密类合并,基本 UML 类图如图 3-16 所示。

以下陈述错误的是( )。

A. 在类图中,Cipher 类既充当抽象产品类,又充当工厂类

B. 工厂方法 createCipher()的返回类型为 Cipher

C. 工厂方法 createCipher()应定义为静态方法

D. Cipher 类中的 encrypt()方法必须为抽象方法

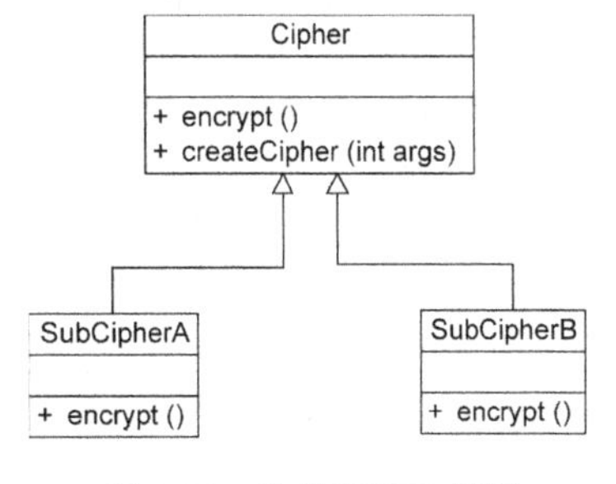

图 3-16 选择题(28)用图

(29) ( )设计模式提供了一个创建一系列相关或相互依赖对象的接口,而无须指定它们具体的类。

A. Adapter(适配器)　　B. Singleton(单例)

C. Abstract Factory(抽象工厂)　　D. Template Method(模板方法)

(30) ( )设计模式将一个复杂对象的构建与它的表示分离,使同样的构建过程可以创建不同的表示。

A. Builder(建造者)　　B. Factory Method(工厂方法)

C. Prototype(原型)　　D. Facade(外观)

2. 填空题

(1) 某系统提供一个简单计算器,具有简单的加法和减法功能,系统可以根据用户的选择实例化相应的操作类。现使用简单工厂模式设计该系统,类图如图 3-17 所示。

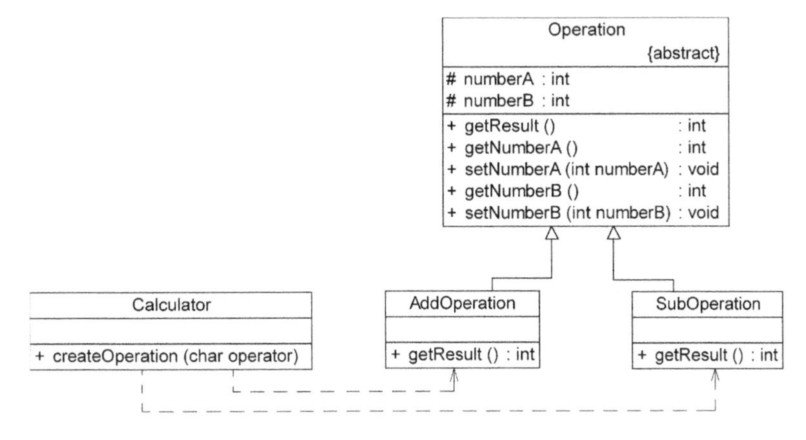

图 3-17 填空题(1)用图

在图 3-17 中,Operation 是抽象类,其中定义了抽象方法 getResult(),其子类 AddOperation 用于实现加法操作,SubOperation 用于实现减法操作。Calculator 是简单工

厂类,工厂方法为 createOperation(),该方法接收一个 char 类型的字符参数,如果传入的参数为"+",工厂方法返回一个 AddOperation 类型的对象,如果传入的参数为"-",则返回一个 SubOperation 类型的对象。

Java 代码如下:

```
abstract class Operation
{
    protected int numberA;
    protected int numberB;
    //numberA 和 numberB 的 Setter 方法和 Getter 方法省略
    public ____①____ int getResult();
}

class AddOperation extends Operation
{
    public int getResult()
    {
        return numberA + numberB;
    }
}

class SubOperation extends Operation
{
    public int getResult()
    {
        return numberA - numberB;
    }
}

class Calculator
{
    public ____②____ createOperation(char operator)
    {
        Operation op = null;
        ____③____
        {
            case '+':
                op = ____④____;
                break;
            case '-':
                op = ____⑤____;
                break;
        }
        ____⑥____;
    }
}

class Test
```

```
{
    public static void main(String args[])
    {
        int result;
        Operation op1 = Calculator.createOperation( '+ ');
        op1.setNumberA(20);
        op1.setNumberB(10);
        result = ____⑦____;
        System.out.println(result);
    }
}
```

(2) 某软件公司欲开发一个数据格式转换工具，可以将不同数据源如TXT文件、数据库、Excel表格中的数据转换成XML格式。为了让系统具有更好的扩展性，在未来支持新类型的数据源，开发人员使用工厂方法模式设计该转换工具的核心类。在工厂类中封装了具体转换类的初始化和创建过程，客户端只需使用工厂类即可获得具体的转换类对象，再调用其相应方法实现数据转换操作，其类图如图3-18所示。

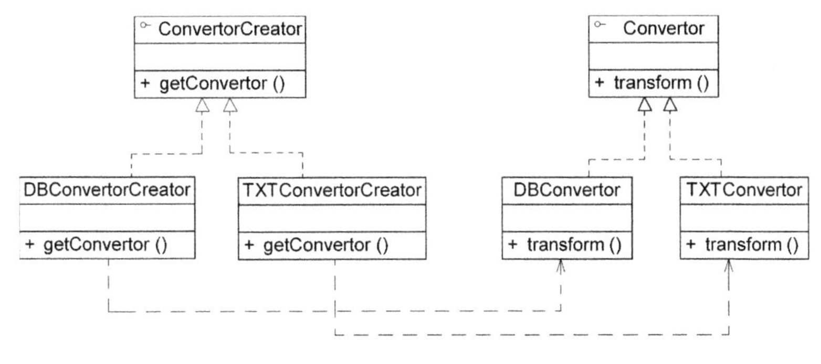

图3-18　填空题(2)用图

在图3-18中，ConvertorCreator是抽象工厂接口，它声明了工厂方法getConvertor()，在其子类中实现该方法，用于创建具体的转换对象；Convertor是抽象产品接口，它声明了抽象数据转换方法transform()，在其子类中实现该方法，用于完成具体的数据转换操作。类DBConvertor和TXTConvertor分别用于将数据库中的数据和TXT文件中的数据转换为XML格式。

Java代码如下：

```
interface ConvertorCreator
{
        ________①________;
}

interface Convertor
{
        public String transform();
```

```
}

class DBConvertorCreator implements ConvertorCreator
{
        public Convertor getConvertor()
        {
        _______②_______;
        }
}

class TXTConvertorCreator implements ConvertorCreator
{
        public Convertor getConvertor()
        {
        _______③_______;
        }
}

class DBConvertor implements Convertor
{
        public String transform()
        {
          //实现代码省略
        }
}

class TXTConvertor implements Convertor
{
        public String transform()
        {
          //实现代码省略
        }
}

class Test
{
        public static void main(String args[])
        {
          ConvertorCreator creator;
          _______④_______;
          creator = new DBConvertorCreator();
          convertor = _______⑤_______;
          convertor.transform();
    }
}
```

如果需要针对一种新的数据源进行数据转换，该系统至少需要增加____⑥____个类。工厂方法模式体现了以下面向对象设计原则中的____⑦____(多选)。

A. 开闭原则　　B. 依赖倒转原则　　C. 接口隔离原则　　D. 单一职责原则

E. 合成复用原则

(3) 某手机游戏软件公司欲推出一款新的游戏软件，该软件能够支持 Symbian、

Android 和 Windows Mobile 等多个主流的手机操作系统平台，针对不同的手机操作系统，该游戏软件提供了不同的游戏操作控制类和游戏界面控制类，并提供相应的工厂类来封装这些类的初始化。软件要求具有较好的扩展性以支持新的操作系统平台，为了满足上述需求，采用抽象工厂模式进行设计所得类图如图 3-19 所示。

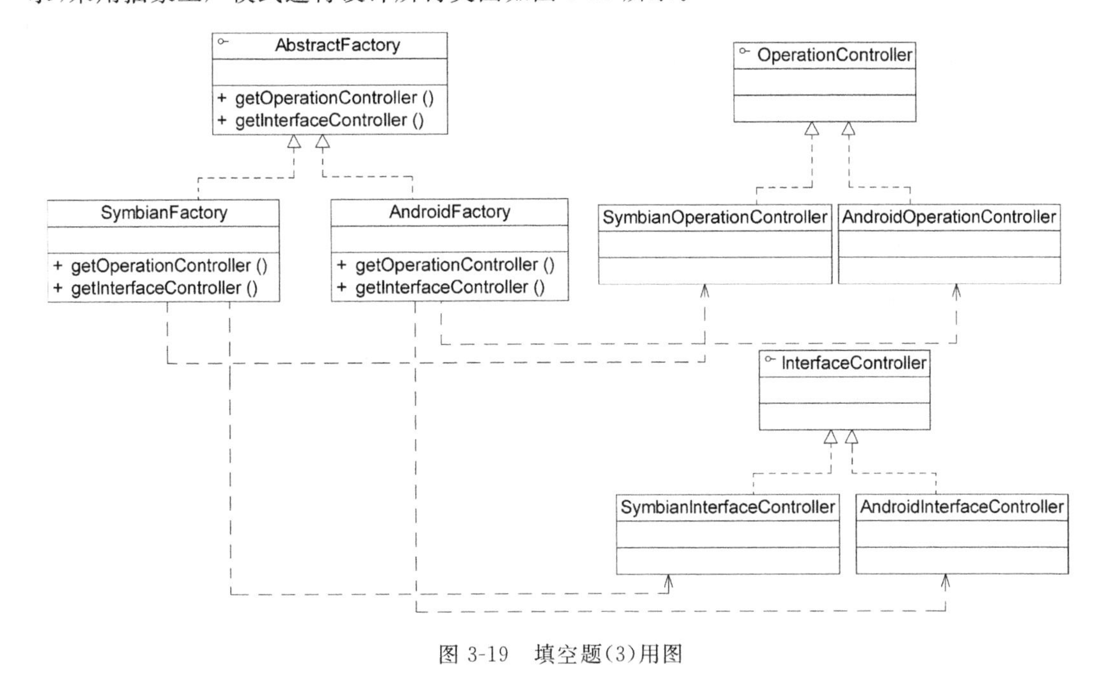

图 3-19 填空题(3)用图

在该设计方案中，具体工厂类如 SymbianFactory 用于创建 Symbian 操作系统平台下的游戏操作控制类 SymbianOperationController 和游戏界面控制类 SymbianInterfaceController，再通过它们的业务方法来实现对游戏软件的初始化和运行控制。

Java 代码如下：

```
interface AbstractFactory
{
    public OperationController getOperationController();
    public InterfaceController getInterfaceController();
}

interface OperationController
{
    public void init();
    //其他方法声明省略
}

interface InterfaceController
{
    public void init();
    //其他方法声明省略
}

class SymbianFactory implements AbstractFactory
```

```
{
    public OperationController getOperationController()
    {
    _________①_________;
    }

    public InterfaceController getInterfaceController()
    {
    _________②_________;
    }
}

class AndroidFactory _________③_________
{
    public OperationController getOperationController()
    {
        return new AndroidOperationController();
    }

    public InterfaceController getInterfaceController()
    {
        return new AndroidInterfaceController();
    }
}

class SymbianOperationController _________④_________
{
    public void init() {
        //实现代码省略
    }
    //其他方法声明省略
}

class AndroidOperationController _________⑤_________
{
    public void init() {
        //实现代码省略
    }
    //其他方法声明省略
}

class SymbianInterfaceController implements InterfaceController
{
    public void init() {
        //实现代码省略
    }
    //其他方法声明省略
}

class AndroidInterfaceController implements InterfaceController
{
    public void init() {
```

```
            //实现代码省略
        }
        //其他方法声明省略
    }

    class Test
    {
        public static void main(String args[])
        {
            AbstractFactory af;
            ______⑥______ oc;
            ______⑦______ ic;
            af = new SymbianFactory();
            oc = ______⑧______;
            ic = ______⑨______;
            oc.init();
            ic.init();
        }
    }
```

在上述设计方案中怎样增加对 Windows Mobile 操作系统的支持？需对该设计方案进行哪些调整？简单说明实现过程。

（4）某软件公司欲开发一个音频和视频播放软件，为了给用户使用提供方便，该播放软件提供了多种界面显示模式，如完整模式、精简模式、记忆模式、网络模式等。在不同的显示模式下主界面的组成元素有所差异，如在完整模式下将显示菜单、播放列表、主窗口、控制条等，在精简模式下只显示主窗口和控制条，而在记忆模式下将显示主窗口、控制条、收藏列表等。现使用建造者模式设计该软件，所得类图如图 3-20 所示。

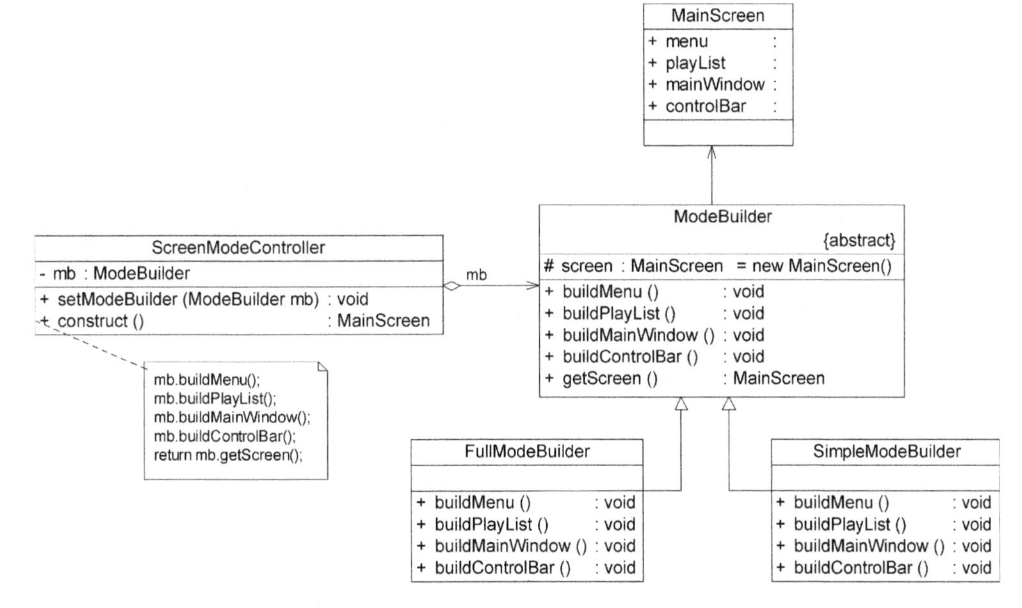

图 3-20 填空题(4)用图

在该设计方案中，MainScreen是播放器的主界面，它是一个复合对象，包括菜单、播放列表、主窗口和控制条等成员。ModeBuilder是一个抽象类，定义了一组抽象方法buildXXX()用于逐步构造一个完整的MainScreen对象，getScreen()是工厂方法，用于返回一个构造好的MainScreen对象。ScreenModeController充当指挥者，用于指导复合对象的创建，其中construct()方法封装了具体创建流程，并向客户类返回完整的产品对象。

Java代码如下：

```
class MainScreen
{
    public String menu;
    public String playList;
    public String mainWindow;
    public String controlBar;
}

_______①_______ class ModeBuilder
{
    protected MainScreen screen = new MainScreen();
    public abstract void buildMenu();
    public abstract void buildPlayList();
    public abstract void buildMainWindow();
    public abstract void buildControlBar();
    public MainScreen getScreen()
    {_______②_______; }
}

class FullModeBuilder extends ModeBuilder
{
    public void buildMenu() { //实现代码省略     }
    public void buildPlayList() { //实现代码省略 }
    public void buildMainWindow() { //实现代码省略 }
    public void buildControlBar() { //实现代码省略 }
}

class SimpleModeBuilder extends ModeBuilder
{
    public void buildMenu() { //实现代码省略}
    public void buildPlayList() { //实现代码省略 }
    public void buildMainWindow() { //实现代码省略 }
    public void buildControlBar() { //实现代码省略 }
}

class ScreenModeController
{
    private ModeBuilder mb;
    public void setModeBuilder(_______③_______)
    {
        this.mb = mb;
```

```
    }
    public MainScreen construct()
    {
        MainScreen ms;
        mb.buildMenu();
        mb.buildPlayList();
        mb.buildMainWindow();
        mb.buildControlBar();
        ms = ______④______;
        return ms;
    }
}

class Test
{
    public static void main(String args[])
    {
        ScreenModeController smc = ______⑤______;
        ModeBuilder mb;
        mb = new FullModeBuilder();  //构造完整模式界面
        MainScreen screen;
        smc.setModeBuilder(______⑥______);
        screen = ______⑦______;
        System.out.println(screen.menu);
        //其他代码省略
    }
}
```

(5) 某数据处理软件需要增加一个图表复制功能，在图表对象中包含一个数据集对象，用于封装待显示的数据，可以通过界面的“复制”按钮将该图表复制一份，复制后可以得到新的图表对象，用户可以修改新图表的编号、颜色和数据。现使用原型模式设计该软件，所得类图如图 3-21 所示。

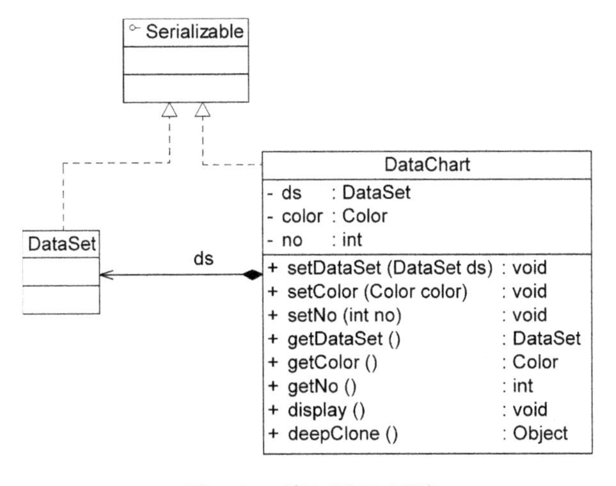

图 3-21 填空题(5)用图

在该设计方案中，DataChart类包含一个DataSet对象，在复制DataChart对象的同时将复制DataSet对象，因此需要使用深克隆技术，可使用流来实现深克隆。

Java代码如下：

```
import java.io.*;
class DataSet implements Serializable
{  //具体实现代码省略  }

class Color implements Serializable
{  //具体实现代码省略  }

class DataChart implements Serializable
{
    private DataSet ds = new DataSet();
    private Color color = new Color();
    private int no;
    //成员属性的Getter方法和Setter方法省略
    public void display() {
        //具体实现代码省略
    }
    //使用流实现深克隆,复制容器的同时复制成员
    public ______①______ deepClone ( ) throws IOException, ClassNotFoundException,
OptionalDataException
    {
        //将对象写入流中
        ByteArrayOutputStream bao = new ByteArrayOutputStream();
        ObjectOutputStream oos = new ______②______;
        oos.writeObject(______③______);
        //将对象从流中取出
        ByteArrayInputStream bis = new ByteArrayInputStream(bao.toByteArray());
        ObjectInputStream ois = new ______④______;
        return(______⑤______);
    }
}

class Test
{
    public static void main(String args[])
    {
        DataChart chart1,chart2 = null;
        chart1 = new DataChart();

        try{
            chart2 = (DataChart)chart1.deepClone();
        }
        catch(Exception e){
            e.printStackTrace();
        }
```

```
            System.out.println(chart1 == chart2);
            System.out.println(chart1.getDs() == chart2.getDs());
            System.out.println(chart1.getNo() == chart2.getNo());
        }
    }
```

编译并运行上述代码，输出结果为：____⑥____、____⑦____、____⑧____。

在本实例中，DataChart 类和 DataSet 类需要实现 Serializable 接口的原因是____⑨____。

(6) 为了避免监控数据显示不一致并节省系统资源，在某监控系统的设计方案中提供了一个主控中心类，该主控中心类使用单例模式进行设计，类图如图 3-22 所示。

在图 3-22 中，主控中心类 MainControllerCenter 是单例类，它包含一系列成员对象并可以初始化、显示和销毁成员对象，对应的方法分别为 init()、load()和 destroy()，此外还提供了静态工厂方法 getInstance()用于创建 MainControllerCenter 类型的单例对象。

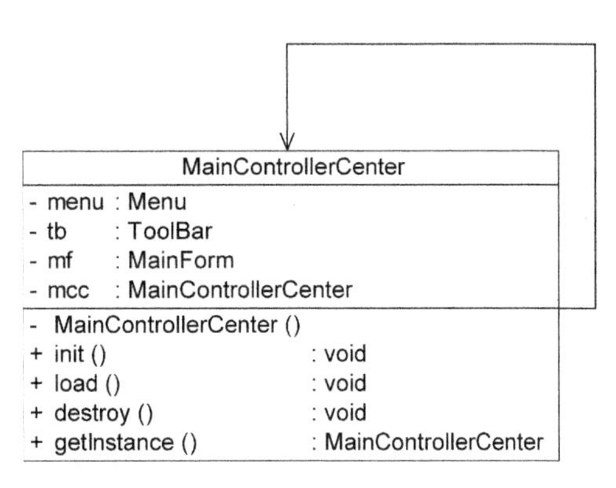

图 3-22 填空题(6)用图

Java 代码如下：

```
class MainControllerCenter
{
    private Menu menu;                    //主控中心菜单
    private ToolBar tb;                   //主控中心工具栏
    private MainForm mf;                  //主控中心主窗口
    private ____①____ MainControllerCenter mcc;

    ____②____ MainControllerCenter{
    }

    public void init()
    {
        menu = new Menu();
        tb = new ToolBar();
        mf = new MainForm();
    }

    public void load()
    {
        menu.display();
        tb.display();
        mf.display();
```

```
        }

        public void destroy()
        {
            menu.destroy();
            tb.destroy();
            mf.destroy();
        }

        public static MainControllerCenter getInstance()
        {
            if(mcc == null)
            {
            _______③_______;
            }
            return mcc;
        }
    }

    class Test
    {
        public static void main(String args[])
        {
            MainControllerCenter mcc1,mcc2;
            mcc1 = MainControllerCenter.getInstance();
            mcc2 = MainControllerCenter.getInstance();
            System.out.println(mcc1 == mcc2);
        }
    }
    //其他代码省略
```

编译并运行上述代码,输出结果为____④____。

在本实例中,使用了____⑤____(填写懒汉式或饿汉式)单例模式,其主要优点是____⑥____,主要缺点是____⑦____。

3. 综合题

(1) 使用简单工厂模式模拟女娲(Nvwa)造人(Person),如果传入参数 M,则返回一个 Man 对象,如果传入参数 W,则返回一个 Woman 对象,用 Java 语言模拟实现该场景。现需要增加一个新的 Robot 类,如果传入参数 R,则返回一个 Robot 对象,对代码进行修改并注意"女娲"的变化。

(2) 现需要设计一个程序来读取多种不同类型的图片格式,针对每一种图片格式都设计一个图片读取器(ImageReader),如 GIF 图片读取器(GifReader)用于读取 GIF 格式的图片、JPEG 图片读取器(JpgReader)用于读取 JPEG 格式的图片。图片读取器对象通过图片读取器工厂 ImageReaderFactory 来创建,ImageReaderFactory 是一个抽象类,用于定义创建图片读取器的工厂方法,其子类 GifReaderFactory 和 JpgReaderFactory 用于创建具体的图片读取器对象。使用工厂方法模式实现该程序的设计。

(3) 计算机包含内存(RAM)、CPU 等硬件设备，根据下面的“产品等级结构-产品族”示意图(见图 3-23)，使用抽象工厂模式实现计算机设备创建过程并绘制相应的类图。

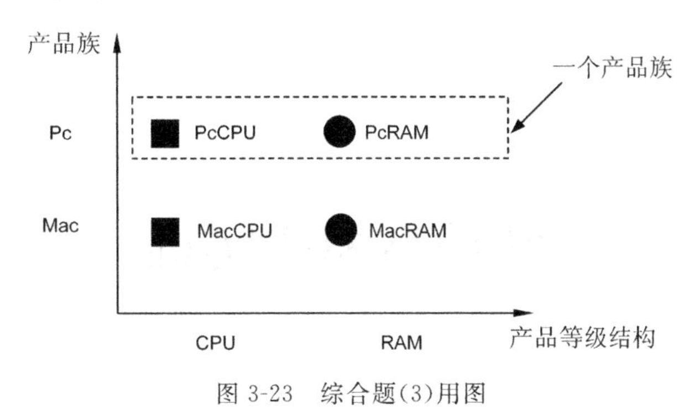

图 3-23　综合题(3)用图

(4) 计算机组装工厂可以将 CPU、内存、硬盘、主机、显示器等硬件设备组装在一起构成一台完整的计算机，且构成的计算机可以是笔记本，也可以是台式机，还可以是不提供显示器的服务器主机。对于用户而言，无须关心计算机的组成设备和组装过程，工厂返回给用户的是完整的计算机对象。使用建造者模式实现计算机组装过程，要求绘制类图并编程实现。

(5) 设计一个客户类 Customer，其中客户地址存储在地址类 Address 中，用浅克隆和深克隆分别实现 Customer 对象的复制并比较这两种克隆方式的异同，绘制类图并编程实现。

(6) 使用单例模式的思想实现多例模式，确保系统中某个类的对象只能存在有限个，如两个或三个，设计并编写代码实现一个多例类。

第4章

结构型模式实训

在面向对象软件系统中，每个类都承担了一定的职责，它们可以相互协作，实现一些复杂的功能。结构型模式关注如何将现有类或对象组织在一起形成更加强大的结构。不同的结构型模式从不同的角度来组合类或对象，它们在尽可能满足各种面向对象设计原则的同时为类或对象的组合提供一系列巧妙的解决方案。

4.1 知识讲解

在 GoF 设计模式中，结构型模式包括 7 种，按照英文字母排序，分别是适配器模式(Adapter Pattern)、桥接模式(Bridge Pattern)、组合模式(Composite Pattern)、装饰模式(Decorator Pattern)、外观模式(Facade Pattern)、享元模式(Flyweight Pattern)和代理模式(Proxy Pattern)。

4.1.1 结构型模式概述

结构型模式(Structural Pattern)描述如何将类或者对象结合在一起形成更大的结构。结构型模式可以描述两种不同的东西：类与类的实例(即对象)。根据这一点，结构型模式可以分为类结构型模式和对象结构型模式。类结构型模式关心类的组合，可以由多个类组合成一个更大的系统，在类结构型模式中一般只存在继承关系和实现关系；而对象结构型模式关心类与对象的组合，通过关联关系在一个类中定义另一个类的实例作为成员对象，再调用所定义的成员对象的方法。根据“合成复用原则”，在系统中尽量使用关联关系来替代继承关系，因此大部分结构型模式都是对象结构型模式。

结构型模式包括以下 7 个，其定义和使用频率如表 4-1 所示。

4.1.2 适配器模式

适配器模式(Adapter Pattern)将一个接口转换成客户希望的另一个接口，从而使接口不兼容的那些类可以一起工作，其别名为包装器(Wrapper)。适配器模式既可以作为类结构型模式，也可以作为对象结构型模式。类适配器模式结构如图 4-1 所示，对象适配器模式结构如图 4-2 所示。

表 4-1 结构型模式

模式名称	定义	使用频率
适配器模式(Adapter Pattern)	将一个类的接口转换成用户希望的另一个接口，使得原本由于接口不兼容而不能一起工作的那些类可以一起工作	★★★★☆
桥接模式(Bridge Pattern)	将抽象部分与实现部分分离，使它们都可以独立地变化	★★★☆☆
组合模式(Composite Pattern)	将对象组合成树型结构以表示"部分-整体"的层次结构。它使得客户对单个对象和复合对象的使用具有一致性	★★★★☆
装饰模式(Decorator Pattern)	动态地给一个对象添加一些额外的职责，就扩展功能而言，它比生成子类的方式更为灵活	★★★☆☆
外观模式(Facade Pattern)	子系统中的一组接口提供一个一致的界面，定义一个高层接口，这个接口使得这一子系统更加容易使用	★★★★★
享元模式(Flyweight Pattern)	运用共享技术有效地支持大量细粒度的对象	★☆☆☆☆
代理模式(Proxy Pattern)	为其他对象提供一个代理以控制对这个对象的访问	★★★★☆

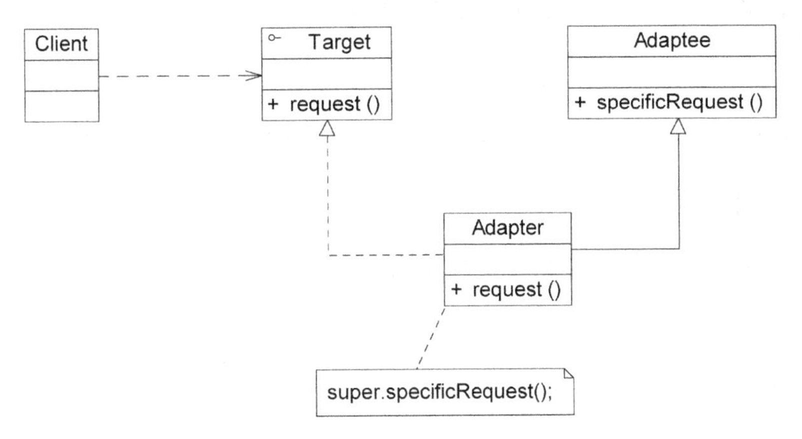

图 4-1 类适配器模式结构图

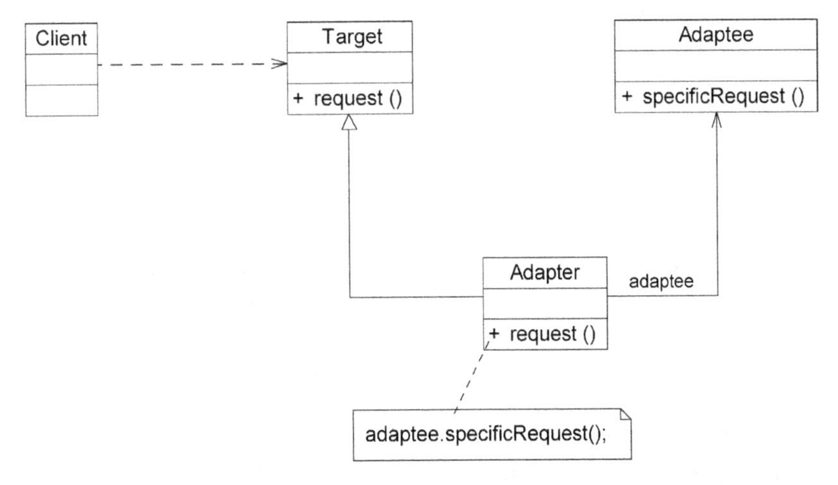

图 4-2 对象适配器模式结构图

在模式结构图中,Target 表示抽象目标类,它表示客户端需要使用的特定领域的接口,该接口不能随意改动; Adapter 表示适配器类,它是适配器模式的核心,用于调用另一个接口,它作为一个转换器,对 Adaptee 接口和 Target 接口进行适配,如果是类适配器,Adapter 实现了 Target 接口,并继承了 Adaptee 类,在实现 Target 接口的 request()方法时可以直接调用从 Adaptee 类继承过来的 specificRequest()方法; 如果是对象适配器,Adapter 继承了 Target 类且与 Adaptee 是关联关系,即在 Adapter 中定义了 Adaptee 对象,从而可调用在 Adaptee 中已实现的方法; Adaptee 表示适配者类(被适配),用于定义一个已经存在的接口,这个接口需要被适配; Client 表示客户类,用于与符合 Target 接口的对象进行协同。

适配器模式可以将一个类的接口和另一个类的接口匹配起来,使用的前提是不能或不想修改原来的适配者接口(Adaptee)和目标接口(Target)。

在类适配器模式中,通过使用一个具体类把适配者适配到目标接口中,这样一来,适配者以及适配者的子类都使用该适配器类进行适配就不可行,不能同时适配多个适配者; 由于适配器类是适配者类的子类,因此在适配器类中可以置换一些适配者的方法; 当有多个适配者时可以创建多个适配器类,从不同的路线达到目标类。

在对象适配器中,一个适配器可以把多个不同的适配者适配到同一个目标,同一个适配器可以把适配者类和它的子类都适配到目标接口; 与类适配器模式相比,要想置换适配者类的方法就不容易,如果一定要置换掉适配者类的一个或多个方法,就只好先做一个适配者类的子类,将适配者类的方法置换掉,然后再把适配者类的子类当成真正的适配者进行适配; 虽然要想置换适配者类的方法并不容易,但是要想增加一些新的方法则很方便。

4.1.3 桥接模式

桥接模式(Bridge Pattern)的用意是"将抽象化(Abstraction)与实现化(Implementation)解耦,使得二者可以独立地变化"。桥接模式将抽象部分与它的实现部分分离,使它们都可以独立地变化。它是一种对象结构型模式,又称为柄体(Handle and Body)模式或接口(Interface)模式,桥接模式结构如图 4-3 所示。

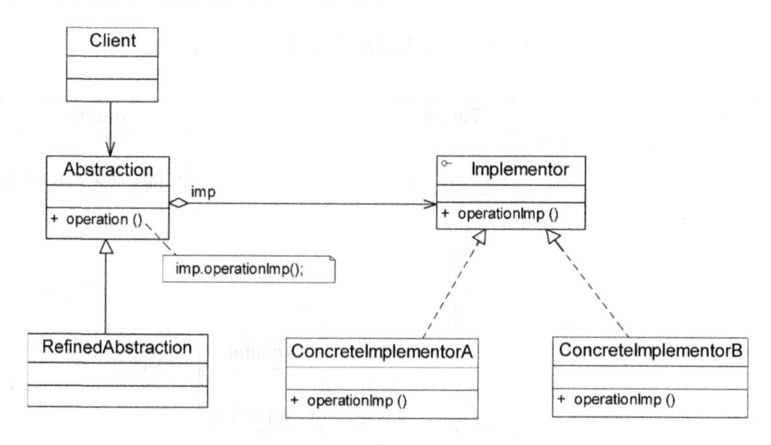

图 4-3 桥接模式结构图

在模式结构图中,Abstraction 表示抽象类,它定义了抽象类的接口,并维护一个抽象实现类 Implementor 的对象; RefinedAbstraction 表示扩充的抽象类,它扩充由 Abstraction

定义的接口；Implementor 表示抽象实现类接口，它用于定义实现类的接口，这个接口不一定要与 Abstraction 的接口完全一致，事实上这两个接口可以完全不同，一般来说，Implementor 接口仅提供基本操作，而 Abstraction 定义的接口可能会做更多更复杂的操作；ConcreteImplementorA 和 ConcreteImplementorB 表示具体实现类，它实现 Implementor 的接口中定义的方法。

如果存在两个独立变化的维度，如在多个操作系统（假设为 M 个）支持多种图片文件格式（假设为 N 个）的跨平台图片查看器，使用多继承方式需要设计 $M\times N$ 个类，而使用桥接模式只需要设计 $M+N$ 个类，随着系统规模的扩大，桥接模式将极大减少系统类的总个数。

桥接模式使用“对象间的组合关系”解耦了抽象和实现之间固有的绑定关系，使得抽象和实现可以沿着各自的维度来变化，所谓抽象和实现沿着各自维度的变化，即“子类化”它们，得到各个子类之后，便可以任意组合它们，从而获得多维度组合对象；桥接模式类似于多继承方案，但是多继承方案往往违背了类的单一职责原则（即一个类只有一个变化的原因），其复用性比较差，桥接模式是比多继承方案更好的解决方法；桥接模式一般应用于“两个非常强的变化维度”，有时候即使有两个变化的维度，但是某个方向的变化维度并不剧烈——换言之，两个变化不会导致纵横交错的结果时并不一定要使用桥接模式。桥接模式提高了系统的可扩充性，其实现细节对客户透明，可以对用户隐藏实现细节。

4.1.4 组合模式

在组合模式（Composite Pattern）中通过组合多个对象形成树型结构以表示“整体-部分”的结构层次。组合模式对单个对象（即叶子对象）和组合对象（即容器对象）的使用具有一致性，组合模式又可以称为“部分-整体”（Part-Whole）模式，属于对象结构型模式，它将对象组织到树型结构中，可以用来描述整体与部分的关系，组合模式结构如图 4-4 所示。

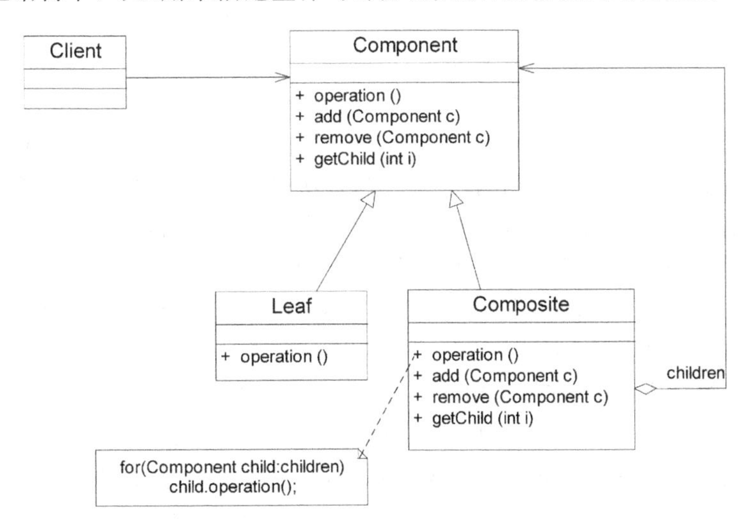

图 4-4 组合模式结构图

在模式结构图中，Component 表示抽象构件，它可以是接口或抽象类，为叶子构件和容器构件对象声明接口，在该角色中可以包含所有子类共有行为的声明和实现，在抽象构件中还定义了访问及管理子构件的方法，如增加子构件、删除子构件、获取子构件等；Leaf表示叶子构件，在组合中表示叶子节点对象，叶子节点没有子节点，它实现抽象构件接口声明的基本行为；Composite表示容器构件，它定义包含子节点(可以是叶子节点或容器节点)的构件的行为，并存储子节点(叶子节点或容器节点)，它实现抽象构件接口中定义的操作叶子构件的行为；Client表示客户类，它通过Component接口控制组合构件中的对象。

组合模式比较容易理解，它对应于树型结构图。组合体内这些对象都有共同接口，当组合体中一个容器对象的方法被调用执行时，组合模式将遍历树型结构，寻找同样包含这个方法的成员对象并实现调用执行，可以用牵一动百来形容。如操作系统中的目录树，文件夹中可以有子文件夹也可以有文件，子文件夹中可以再有子文件夹也可以再有文件，在此，文件夹是容器构件，而文件就是叶子构件。

组合模式可以清楚地定义分层次的复杂对象，表示对象的全部或部分层次，使得增加新构件也更容易，因为它让客户忽略了层次的不同性，而它的结构又是动态的，提供了对象管理的灵活接口，组合模式对于树型结构的控制有着很好的功效；组合模式使得客户端调用简单，客户端可以一致地使用组合结构或其中单个对象，用户就不必关心自己处理的是单个对象还是整个组合结构，简化了客户端代码；组合模式中定义了包含叶子对象和容器对象的类层次结构，叶子对象可以被组合成更复杂的容器对象，而这个容器对象又可以被组合，这样不断地递归下去；客户代码中，任何用到叶子对象的地方都可以使用容器对象，客户端不必因为加入了新的对象构件而更改代码。但是组合模式的使用将使得系统设计变得更加抽象，对象的业务逻辑如果很复杂，则实现组合模式具有很大的挑战性，而且不是所有的方法都与叶子构件子类有关联；还有在增加新组件时可能会产生一些问题，那就是很难对容器中的组件进行限制，难以限制一个容器中只能有某些特定的构件，在使用组合模式时，不能依赖类型系统来施加这些约束，因为它们都来自于相同的抽象层，在这种情况下，必须通过在运行时进行类型检查来实现，对程序执行效率有一定的影响。

组合模式可分为透明组合模式和安全组合模式两种。

(1) 在透明组合模式中，抽象构件Component中声明了所有用于管理成员对象的方法，包括add()、remove()，以及getChild()等方法，这样做的好处是确保所有的构件类都有相同的接口。在客户端看来，叶子构件与容器构件所提供的方法是一致的，客户端可以相同地对待叶子和容器，透明组合模式的缺点是不够安全，因为叶子构件和容器构件在本质上是有区别的。叶子对象不可能有下一个层次的对象，即不可能包含成员对象，因此为其提供add()、remove()以及getChild()等方法是没有意义的，这在编译阶段不会出错，但在运行阶段如果调用这些方法可能会出错。

(2) 在安全组合模式中，在抽象构件Component中没有声明任何用于管理成员对象的方法，而是在Composite类中声明这些用于管理成员对象的方法。这种做法是安全的，因为根本不向叶子构件提供这些管理成员对象的方法，对于叶子构件，客户端不可能调用到这些方法。安全组合模式的缺点是不够透明，因为叶子构件和容器构件具有不同的方法，且容器构件中那些用于管理成员对象的方法没有在抽象构件类中定义，因此客户端不能完全针对抽象编程，不能一致地使用叶子构件和容器构件。

4.1.5 装饰模式

装饰模式(Decorator Pattern)可动态地给一个对象增加一些额外的职责(Responsibility),就增加对象功能来说,装饰模式比通过子类来实现更为灵活,其别名为包装器(Wrapper)。装饰模式是一种对象结构型模式,装饰模式结构如图4-5所示。

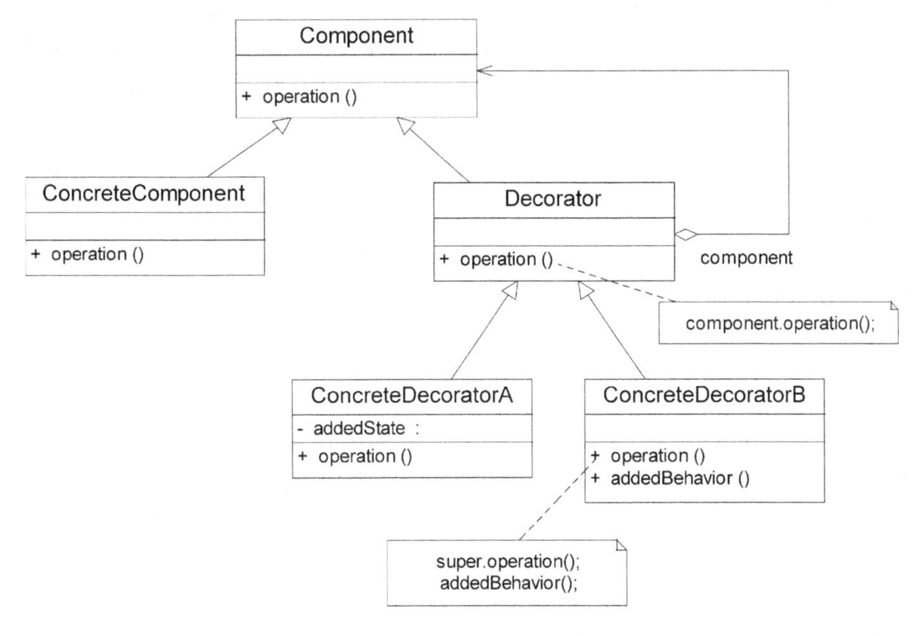

图4-5 装饰模式结构图

在模式结构图中,Component表示抽象组件,它是定义对象的接口,可以给这些对象动态增加职责(方法);ConcreteComponent表示具体组件,它定义具体的组件对象,装饰器可以给它增加额外的职责(方法);Decorator表示抽象装饰类,它维护一个指向抽象组件的指针,并定义一组与抽象组件接口一致的方法;ConcreteDecorator表示具体装饰类,它负责向组件添加新的职责。

装饰模式比继承更加灵活,它以对客户透明的方式动态地给一个对象附加更多的责任。装饰模式可以在不需要创造更多子类的情况下,对对象的功能加以扩展。关联关系和继承关系相比,前者的最主要优势是不会破坏封装,当类A与类C之间为关联关系时,类C封装实现,仅向类A提供接口;而当类A与类C之间为继承关系时,类C会向类A暴露部分实现细节。在软件开发阶段,关联关系虽然不会比继承关系减少编码量,但是到了软件维护阶段,由于关联关系使系统具有较好的松耦合性,因此使得系统更加容易维护。当然,关联关系的缺点是比继承关系要创建更多的对象。通过装饰模式,可以在不影响其他对象的情况下,以动态、透明的方式给单个对象添加职责;当需要动态地给一个对象增加功能,这些功能可以再动态地被撤销时可使用装饰模式;当不能采用生成子类的方法进行扩充时也可使用装饰模式。

装饰模式与继承关系的目的都是要扩展对象的功能,但是装饰模式可以提供比继承更多的灵活性;通过使用不同的具体装饰类以及这些装饰类的排列组合,可以创造出很多不同行为的组合；装饰模式比继承更加灵活机动，但也意味着装饰模式比继承更加易于出错；而且在采用装饰模式进行系统设计时往往会产生许多看上去类似的小对象，这些对象仅仅在它们相互连接的方式上有所不同，而不是它们的类或是它们的属性值有所不同，从而增大了系统的复杂度，导致排错也很困难。

装饰模式可分为透明装饰模式和半透明装饰模式两种：

(1) 在透明(Transparent)装饰模式中，要求客户端完全针对抽象编程，装饰模式的透明性要求客户端程序不应该声明具体构件类型和具体装饰类型，而应该全部声明为抽象构件类型。由于客户端是针对抽象构件编程，因此在具体装饰类中新增的方法客户端无法直接调用，这些方法对于客户端而言是不可见的。

(2) 在半透明(Semi-transparent)装饰模式中，允许用户在客户端声明具体装饰者类型的对象，调用在具体装饰者中新增的方法。对于具体构件使用抽象构件类型声明，但是对于具体装饰者使用具体装饰者类型声明，客户端可以透明对待具体构件但无法透明地对待装饰者，无法实现多次装饰。

4.1.6 外观模式

外观模式(Facade Pattern)中外部与一个子系统的通信通过一个统一的外观对象进行，为子系统中的一组接口提供一个一致的入口，外观模式定义了一个高层接口，这个接口使得这一子系统更加容易使用。外观模式属于对象结构型模式，外观模式结构如图 4-6 所示。

在模式结构图中，Facade 表示外观角色，客户端可以调用这个角色的方法，此角色知道相关的(一个或者多个)子系统的功能和责任，在正常情况下，将所有从客户端发来的请求委派到相应的子系统去，传递给相应的子系统对象处理；Subsystem 表示子系统角色，一个系统可以同时有一个或者多个子系统，每一个子系统都不只是一个单独的类，也可以是一个类的集合，它实现子系统的功能，每一个子系统都可以被客户端直接调用，或者被外观角色调用，它处理由外观类传过来的任务，子系统并不知道外观的存在，对于子系统而言，外观仅仅是另外一个客户端而已。

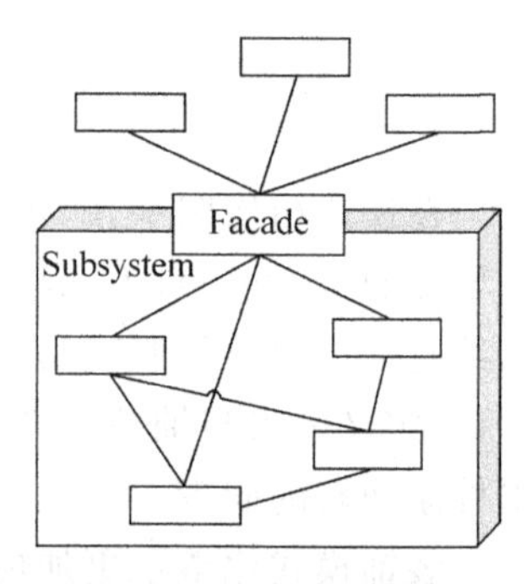

图 4-6 外观模式结构图

外观模式的外观类将客户端与子系统的内部复杂性分隔开，使得客户端只需要与外观对象打交道，而不需要与子系统内部的很多对象打交道。外观模式的目的在于减少系统的复杂程度，在面向对象软件系统中，类与类之间的关系越多，不能表示系统设计得越好，反而表示系统中类之间的耦合度太大，这样的系统在维护和修改时都缺乏灵活性。因为一个类的改动会导致多个类发生变化，而外观模式的引入很大程度上降低了类之间的通信和关系。当要为一个复杂子系统提供一个简单接口时可使用外观模式。

外观模式对客户屏蔽子系统组件，减少了客户处理的对象数目，使得子系统使用起来更加容易；它实现了子系统与客户之间的松耦合关系，这使得子系统的组件变化不会影响到它的客户，同时它降低了大型软件系统中的编译依赖性，简化了系统在不同平台之间的移植过程，因为编译一个子系统一般不需要编译所有其他的子系统。外观模式并不限制复杂应用使用子系统类；它并不增加任何系统功能，而仅仅是提供一些简单的接口。外观模式的主要缺陷在于它不能很好地限制客户使用子系统类，如果对客户访问子系统类做太多的限制将降低系统的可变性。

4.1.7 享元模式

面向对象的思想很好地解决了抽象性的问题，一般也不会出现太多性能上的问题，但是在某些情况下，对象的数量可能太多，从而增加了运行时间，那么如何去避免产生大量细粒度的对象，同时又不影响客户程序使用面向对象的方式进行操作呢？享元模式提供了一种此类问题的解决方案。享元模式(Flyweight Pattern)通过运用共享技术有效地支持大量细粒度的对象的复用。系统只使用少量的对象，而这些对象都很相似，状态变化很小，对象重复使用次数较多。享元模式是一种对象结构型模式，享元模式结构如图 4-7 所示。

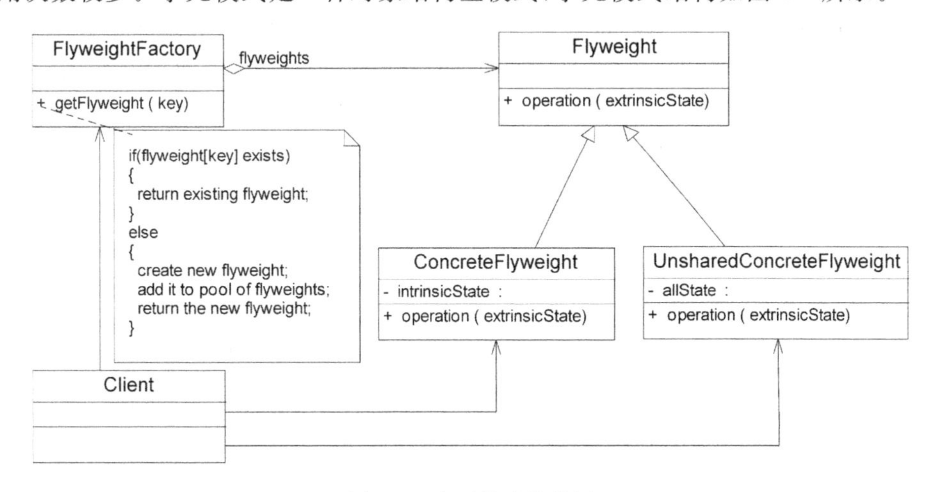

图 4-7 享元模式结构图

在模式结构图中，Flyweight 表示抽象享元类，它声明一个接口，通过它可以接收并作用于外部状态；ConcreteFlyweight 表示具体享元类，它实现了 Flyweight 接口，并为内部状态(如果有的话)增加存储空间，具体享元对象必须是可以共享的，它所存储的状态必须是内部的，即独立存在于享元对象所处环境；UnsharedConcreteFlyweight 表示非共享具体享元类，并不是所有的 Flyweight 的子类都需要被共享，Flyweight 的共享不是强制的，在某些 Flyweight 的层次结构中，UnsharedConcreteFlyweight 对象通常将 ConcreteFlyweight 对象作为子节点；FlyweightFactory 表示享元工厂类，通过它来创建并管理享元对象，并确保 Flyweight 的使用，当用户请求一个 Flyweight 时，FlyweightFactory 提供一个已创建的实例或者创建一个新实例(如果不存在)；Client 表示客户类，用于维持一个对 Flyweight 的引用，并可计算或存储一个或多个 Flyweight 的外部状态。

享元模式以共享的方式高效地支持大量的细粒度对象。享元对象能做到共享的关键是区分内部状态(Internal State)和外部状态(External State)。内部状态存储在享元对象内部并且不会随环境改变而改变，因此内部状态可以共享。外部状态是随环境改变而改变的、不可以共享的状态，享元对象的外部状态必须由客户端保存，并在享元对象被创建之后，需要使用的时候再传入到享元对象内部，外部状态之间是相互独立的。

一个系统存在大量相同或相似的对象，由于使用这些对象，造成耗费大量的内存，且这些对象的状态中的大部分都可以外部化，这些对象可以按照内部状态分成很多的组，当把外部状态从对象中剔除时，每一个组都可以用相对较少的共享对象代替，此时可以使用享元模式。享元模式的优点在于它大幅度地降低内存中对象的数量。但是，它做到这一点所付出的代价也是很高的，享元模式使得系统更加复杂。为了使对象可以共享，需要将一些状态外部化，这使得程序的逻辑复杂化；享元模式将享元对象的状态外部化，而读取外部状态使得运行时间稍微变长。

4.1.8 代理模式

在一些情况下，客户端不想或者不能够直接引用一个对象，而代理对象可以在客户端和目标对象之间起到中介的作用，去掉客户不能看到的内容和服务或者增添客户需要的额外服务。代理模式(Proxy Pattern)可给某一个对象提供一个代理，并由代理对象控制对原对象的引用。代理模式的英文叫作 Proxy 或 Surrogate。代理模式是一种对象结构型模式，代理模式结构如图 4-8 所示。

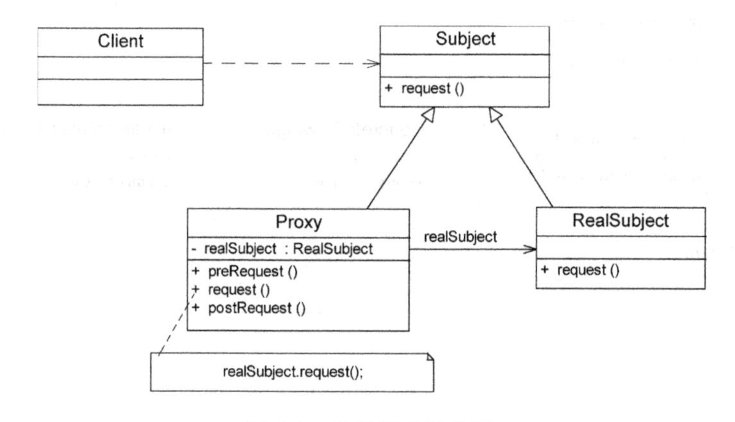

图 4-8 代理模式结构图

在模式结构图中，Subject 表示抽象主题角色，它声明了真实主题和代理主题的共同接口，这样一来在任何使用真实主题的地方都可以使用代理主题；Proxy 表示代理主题角色，代理主题角色内部含有对真实主题的引用，从而可以在任何时候操作真实主题对象，代理主题角色提供一个与真实主题角色相同的接口，以便可以在任何时候都可以替代真实主题，它可以控制真实主题的应用，负责在需要的时候创建真实主题对象和删除真实主题对象，代理角色通常在将客户端调用传递给真实的主题之前或之后，都要执行某个操作，而不是单纯地将调用传递给真实主题对象；RealSubject 表示真实主题角色，它定义了代理角色所代表的真实对象。

如果按照使用目的来划分，代理包括远程(Remote)代理、虚拟(Virtual)代理、Copy-on-Write 代理、保护(Protect)代理、缓冲(Cache)代理、防火墙(Firewall)代理、同步化(Synchronization)代理和智能引用(Smart Reference)代理等，简单说明如下。

(1) 远程代理：为一个位于不同的地址空间的对象提供一个本地的代理对象，这个不同的地址空间可以在同一台主机中，也可以在另一台主机中。远程代理又称为大使

(Ambassador)。

(2) 虚拟代理：如果需要创建一个资源消耗较大的对象，先创建一个消耗相对较小的对象，真实对象只在需要时才会被真正创建。

(3) Copy-on-Write 代理：它是虚拟代理的一种，把复制（克隆）操作延迟到只有在客户端真正需要时才执行。一般来说，对象的深克隆是一个开销较大的操作，Copy-on-Write 代理可以让这个操作延迟，只有对象被用到的时候才被克隆。

(4) 保护代理：控制对一个对象的访问，可以给不同的用户提供不同级别的使用权限。

(5) 缓冲代理：为某一个目标操作的结果提供临时的存储空间，以便多个客户端可以共享这些结果。

(6) 防火墙代理：保护目标不让恶意用户接近。

(7) 同步化代理：使几个用户能够同时使用一个对象而没有冲突。

(8) 智能引用代理：当一个对象被引用时，提供一些额外的操作，如将此对象被调用的次数记录下来等。

在这些种类的代理中，虚拟代理、远程代理和保护代理是最为常见的代理模式。不同的代理形式有不同的优缺点，它们应用于不同的场合。如当对象在远程机器上，要通过网络来生成和调用时速度可能会很慢，此时使用远程代理可以掩盖对象在网络上生成的过程，系统的速度会加快；对于大对象的加载（如大图片），虚拟代理可以让加载过程在后台执行，前台使用的代理对象会使得整体运行速度得到优化；保护代理可以验证对真实对象的引用权限。代理模式能够协调调用者和被调用者，能够在一定程度上降低系统的耦合度。代理模式的缺点是请求的处理速度会变慢，并且实现代理模式需要额外的工作，有些类型的代理模式（如远程代理）实现过程较为复杂。

4.2 实训实例

下面结合应用实例来学习如何在软件开发中使用结构型设计模式。

4.2.1 适配器模式实例之算法适配

1. 实例说明

现有一个接口 DataOperation 定义了排序方法 sort(int[]) 和查找方法 search(int[], int)，已知类 QuickSort 的 quickSort(int[])方法实现了快速排序算法，类 BinarySearch 的 binarySearch (int[], int)方法实现了二分查找算法。现使用适配器模式设计一个系统，在不修改源代码的情况下将类 QuickSort 和类 BinarySearch 的方法适配到 DataOperation 接口中。绘制类图并编程实现。

2. 实例类图

本实例类图如图 4-9 所示。

3. 实例代码

在本实例中，DataOperation 接口充当抽象目标，QuickSort 和 BinarySearch 类充当适

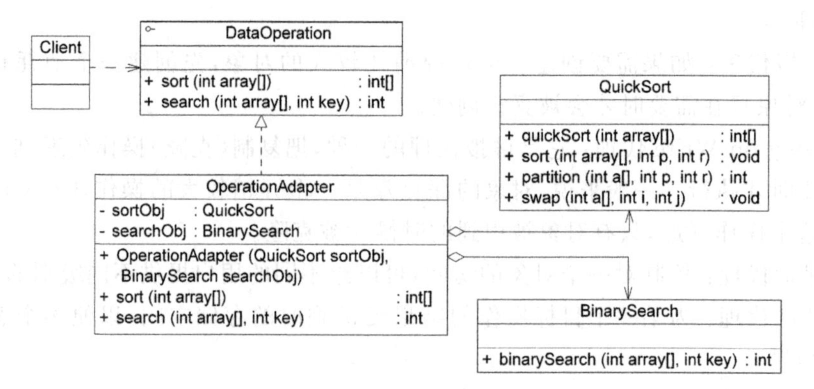

图 4-9 算法适配器实例类图

配者 Adaptee，OperationAdapter 充当适配器 Adapter。本实例代码如下：

```
//抽象数据操作类：目标接口
interface DataOperation
{
    public int[] sort(int array[]);
    public int search(int array[],int key);
}

//快速排序类：适配者
class QuickSort
{
    public int[] quickSort(int array[])
    {
        sort(array,0,array.length-1);
        return array;
    }
    public void sort(int array[],int p, int r)
    {
        int q=0;
        if(p<r)
        {
            q=partition(array,p,r);
            sort(array,p,q-1);
            sort(array,q+1,r);
        }
    }
    public int partition(int[] a, int p, int r)
    {
        int x=a[r];
        int j=p-1;
        for(int i=p;i<=r-1;i++)
        {
            if(a[i]<=x)
            {
```

```
                j++;
                swap(a,j,i);
            }
        }
        swap(a,j+1,r);
        return j+1;
    }
    public void swap(int[] a, int i, int j)
    {
        int t = a[i];
        a[i] = a[j];
        a[j] = t;
    }
}

//二分查找类：适配者
class BinarySearch
{
    public int binarySearch(int array[],int key)
    {
        int low = 0;
        int high = array.length - 1;
        while(low <= high)
        {
            int mid = (low + high) / 2;
            int midVal = array[mid];
            if(midVal < key)
            { low = mid +1; }
            else if(midVal > key)
            { high = mid -1; }
            else
            { return 1; //找到元素返回 1 }
        }
        return -1; //未找到元素返回 -1
    }
}

//操作适配器：适配器
class OperationAdapter implements DataOperation
{
    private QuickSort sortObj;
    private BinarySearch searchObj;
    public OperationAdapter(QuickSort sortObj,BinarySearch searchObj)
    {
        this.sortObj = sortObj;
        this.searchObj = searchObj;
    }
    public int[] sort(int array[])
    {
        return sortObj.quickSort(array);
    }
```

```
    public int search(int array[ ],int key)
    {
        return searchObj.binarySearch(array,key);
    }
}
```

客户端测试代码如下：

```
//客户端测试类
class Client
{
    public static void main(String args[ ])
    {
        DataOperation operation; //针对抽象目标接口编程
        QuickSort sortObj = new QuickSort();
        BinarySearch searchObj = new BinarySearch();
        operation = new OperationAdapter(sortObj,searchObj);
        int array[ ] = {13,24,15,36,26,17,68,34};
        int result[ ];
        int value;

        System.out.println("排序结果：");
        result = operation.sort(array);
        for(int i:array)
        {
            System.out.print(i + ",");
        }
        System.out.println();

        System.out.println("查找关键字 24：");
        value = operation.search(result,24);
        if(value !=-1)
        {
            System.out.println("找到关键字 24。");
        }
        else
        {
            System.out.println("没有找到关键字 24。");
        }

        System.out.println("查找关键字 25：");
        value = operation.search(result,25);
        if(value !=-1)
        {
            System.out.println("找到关键字 25。");
        }
        else
        {
            System.out.println("没有找到关键字 25。");
        }
    }
}
```

运行结果如下：

```
排序结果:
13,15,17,24,26,34,36,68,
查找关键字 24:
找到关键字 24。
查找关键字 25:
没有找到关键字 25。
```

由于在适配器类中需要适配两个适配者类，因此本实例使用了对象适配器，即OperationAdapter与QuickSort和BinarySearch之间是关联关系而不是继承关系。如果需要使用其他排序算法类和查找算法类，可以增加一个新的适配器类，使用新的适配器来适配新的算法，原有代码无须修改。通过引入配置文件和反射机制，可以在不修改源代码的情况下使用新的适配器。

4.2.2　桥接模式实例之跨平台视频播放器

1. 实例说明

如果需要开发一个跨平台视频播放器，可以在不同操作系统平台（如Windows、Linux、UNIX等）上播放多种格式的视频文件，如MPEG、RMVB、AVI、WMV等常见视频格式。现使用桥接模式设计该播放器。

2. 实例类图

本实例类图如图4-10所示。

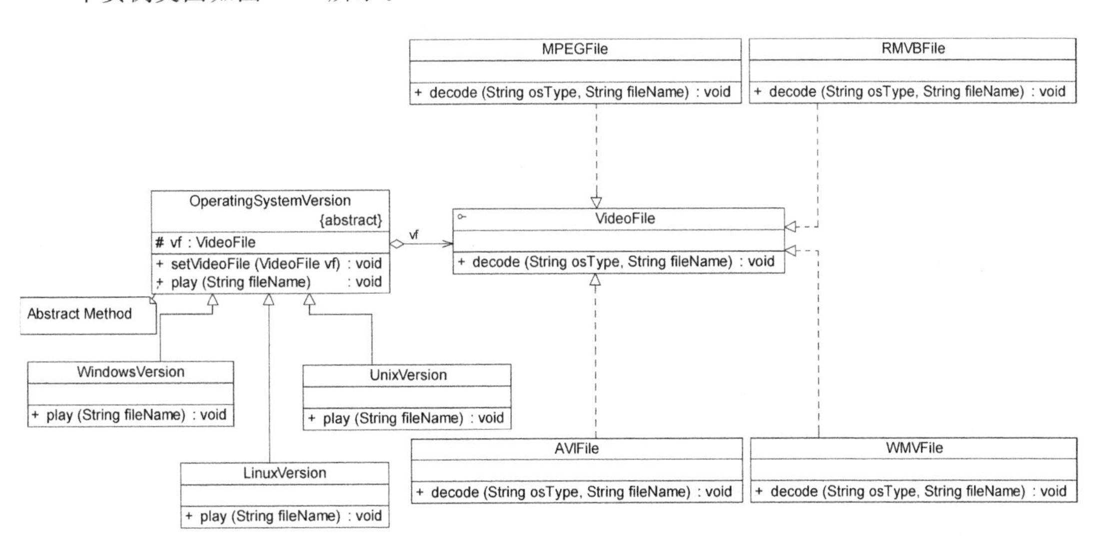

图4-10　跨平台视频播放器实例类图

3. 实例代码

在本实例中，OperationSystemVersion充当抽象类，其子类WindowsVersion、LinuxVersion和UnixVersion充当扩充抽象类；VideoFile充当抽象实现类，其子类

MPEGFile、RMVBFile、AVIFile 和 WMVFile 等充当具体实现类。本实例代码如下：

```
//抽象播放器类：抽象类
abstract class OperationSystemVersion
{
    protected VideoFile vf;
    public void setVideoFile(VideoFile vf)
    {
        this.vf = vf;
    }
    public abstract void play(String fileName);
}

//抽象视频文件类：抽象实现类
interface VideoFile
{
    public void decode(String osType, String fileName);
}

//MPEG 格式视频文件类：具体实现类
class MPEGFile implements VideoFile
{
    public void decode(String osType, String fileName)
    {
        System.out.println("格式为 MPEG 的视频文件" + fileName + "在" + osType + "平台
中解码播放。");
    }
}

//RMVB 格式视频文件类：具体实现类
class RMVBFile implements VideoFile
{
    public void decode(String osType, String fileName)
    {
        System.out.println("格式为 RMVB 的视频文件" + fileName + "在" + osType + "平台
中解码播放。");
    }
}

//AVI 格式视频文件类：具体实现类
class AVIFile implements VideoFile
{
    public void decode(String osType, String fileName)
    {
        System.out.println("格式为 AVI 的视频文件" + fileName + "在" + osType + "平台中
解码播放。");
    }
}
```

```
//WMV 格式视频文件类：具体实现类
class WMVFile implements VideoFile
{
    public void decode(String osType, String fileName)
    {
        System.out.println("格式为 WMV 的视频文件" + fileName + "在" + osType + "平台中
解码播放。");
    }
}

//Window 播放器类：扩充抽象类
class WindowsVersion extends OperationSystemVersion
{
    public void play(String fileName)
    {
        vf.decode("Windows",fileName);
    }
}

//Linux 播放器类：扩充抽象类
class LinuxVersion extends OperationSystemVersion
{
    public void play(String fileName)
    {
        vf.decode("Linux",fileName);
    }
}

//UNIX 播放器类：扩充抽象类
class UnixVersion extends OperationSystemVersion
{
    public void play(String fileName)
    {
        vf.decode("Unix",fileName);
    }
}
```

客户端测试代码如下：

```
//客户端测试类
class Client
{
    public static void main(String args[])
    {
        VideoFile file;
        OperationSystemVersion version;
        file = new RMVBFile();
        version = new WindowsVersion();
```

```
            version.setVideoFile(file);
            version.play("《让子弹飞》");
        }
    }
```

运行结果如下：

```
格式为 RMVB 的视频文件《让子弹飞》在 Windows 平台中解码播放。
```

在客户端代码中只需要修改具体视频格式文件类(如 RMVBFile)和具体播放器类(如 WindowsVersion),即可在不同的操作系统中播放不同格式的文件,可将具体类类名存储在配置文件中,从而实现在不修改源代码的基础上更换具体类,满足开闭原则的要求。

4.2.3 组合模式实例之杀毒软件

1. 实例说明

使用组合模式设计一个杀毒软件(AntiVirus)的框架,该软件既可以对某个文件夹(Folder)杀毒,也可以对某个指定的文件(File)进行杀毒,文件种类包括文本文件 TextFile、图片文件 ImageFile、视频文件 VideoFile,绘制类图并编程模拟实现。

2. 实例类图

本实例类图如图 4-11 所示。

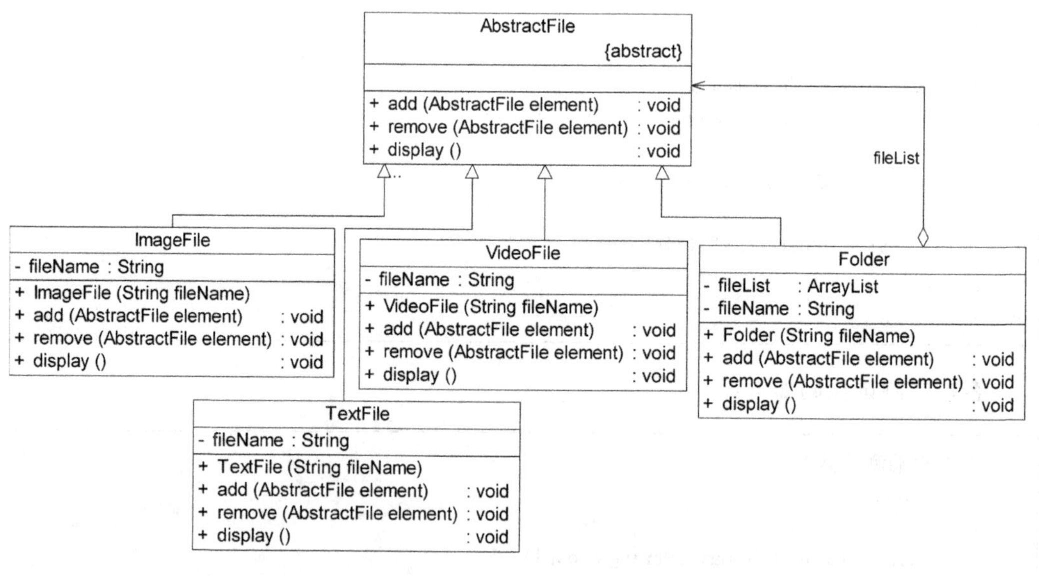

图 4-11 杀毒软件实例类图

3. 实例代码

在本实例中,AbstractFile 充当抽象构件类,Folder 充当容器构件类,ImageFile、TextFile 和 VideoFile 充当叶子构件类。实例代码如下：

```java
import java.util.*;

//抽象文件类：抽象构件
abstract class AbstractFile
{
    public abstract void add(AbstractFile element);
    public abstract void remove(AbstractFile element);
    public abstract void display();
}

//文件夹类：容器构件
class Folder extends AbstractFile
{
    private ArrayList fileList = new ArrayList();
    private String fileName;
    public Folder(String fileName)
    {
        this.fileName = fileName;
    }
    public void add(AbstractFile element)
    {
        fileList.add(element);
    }
    public void remove(AbstractFile element)
    {
        fileList.remove(element);
    }
    public void display()
    {
        System.out.println("文件夹 - " + fileName + " - 包含如下资料：");
        for(Object obj : fileList)
        {
            ((AbstractFile)obj).display();
        }
    }
}

//图片文件类：叶子构件
class ImageFile extends AbstractFile
{
    private String fileName;
    public ImageFile(String fileName)
    {
        this.fileName = fileName;
    }
    public void add(AbstractFile element)
    {
        System.out.println("对不起,不支持该方法!");
    }
```

```
    public void remove(AbstractFile element)
    {
        System.out.println("对不起,不支持该方法!");
    }
    public void display()
    {
        System.out.println("浏览图片文件: " + fileName);
    }
}

//文本文件类: 叶子构件
class TextFile extends AbstractFile
{
    private String fileName;
    public TextFile(String fileName)
    {
        this.fileName = fileName;
    }
    public void add(AbstractFile element)
    {
        System.out.println("对不起,不支持该方法!");
    }
    public void remove(AbstractFile element)
    {
        System.out.println("对不起,不支持该方法!");
    }
    public void display()
    {
        System.out.println("浏览文本文件: " + fileName);
    }
}

//视频文件类: 叶子构件
class VideoFile extends AbstractFile
{
    private String fileName;
    public VideoFile(String fileName)
    {
        this.fileName = fileName;
    }
    public void add(AbstractFile element)
    {
        System.out.println("对不起,不支持该方法!");
    }
    public void remove(AbstractFile element)
    {
        System.out.println("对不起,不支持该方法!");
    }
    public void display()
```

```
    {
        System.out.println("浏览视频文件: " + fileName);
    }
}
```

客户端测试代码如下：

```
//客户端测试类
class Client
{
    public static void main(String args[])
    {
        AbstractFile file1,file2,file3,file4,file5,folder1,folder2,folder3;
        file1 = new ImageFile("房子.gif");
        file2 = new ImageFile("美女.jpg");
        file3 = new TextFile("设计模式.txt");
        file4 = new TextFile("Java 程序设计.doc");
        file5 = new VideoFile("非诚勿扰.rmvb");
        folder1 = new Folder("最新图片");
        folder1.add(file1);
        folder1.add(file2);
        folder2 = new Folder("学习资料");
        folder2.add(file3);
        folder2.add(file4);
        folder3 = new Folder("个人资料");
        folder3.add(file5);
        folder3.add(folder1);
        folder3.add(folder2);
        folder3.display();
    }
}
```

运行结果如下：

```
文件夹 - 个人资料 - 包含如下资料:
浏览视频文件: 非诚勿扰.rmvb
文件夹 - 最新图片 - 包含如下资料:
浏览图片文件: 房子.gif
浏览图片文件: 美女.jpg
文件夹 - 学习资料 - 包含如下资料:
浏览文本文件: 设计模式.txt
浏览文本文件: Java 程序设计.doc
```

本实例使用了透明组合模式，在抽象构件类中定义了所有方法，包括用于管理子构件的方法，如 add()方法和 remove()方法，因此在 ImageFile 等叶子构件类中实现这些方法时必须进行相应的异常处理或错误提示。在容器构件类 Folder 的 display()方法中将递归调用其成员对象的 display()方法，从而实现对整个树形结构的遍历。

4.2.4 装饰模式实例之界面显示构件库

1. 实例说明

某软件公司基于面向对象技术开发了一套图形界面显示构件库 VisualComponent。在使用该库构建某图形界面时,用户要求为界面定制一些特效显示效果,如带滚动条的窗体或透明窗体等。现使用装饰模式设计该构件库,绘制类图并编程模拟实现。

2. 实例类图

本实例类图如图 4-12 所示。

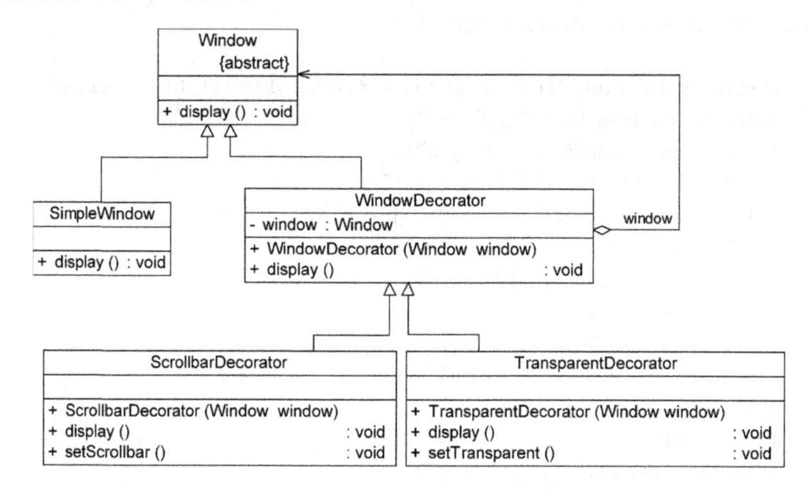

图 4-12 界面显示构件库实例类图

3. 实例代码

在本实例中,Window 充当抽象构件类,其子类 SimpleWindow 充当具体构件类,Window 类的另一个子类 WindowDecorator 充当抽象装饰者类,WindowDecorator 的子类 ScrollbarDecorator 和 TransparentDecorator 充当具体装饰者类,本实例代码如下:

```
//抽象窗体类:抽象构件类
abstract class Window
{
    public abstract void display();
}

//简单窗体类:具体构件类
class SimpleWindow extends Window
{
    public void display()
    {
        System.out.println("显示窗体!");
    }
}
```

```
//窗体装饰类：抽象装饰者类
class WindowDecorator extends Window
{
    private Window window;
    public WindowDecorator(Window window)
    {
        this.window = window;
    }
    public void display()
    {
        window.display();
    }
}

//滚动条窗体装饰类：具体装饰者类
class ScrollbarDecorator extends WindowDecorator
{
    public ScrollbarDecorator(Window window)
    {
        super(window);
    }
    public void display()
    {
        this.setScrollbar();
        super.display();
    }
    public void setScrollbar()
    {
        System.out.println("给窗体增加滚动条!");
    }
}

//透明窗体装饰类：具体装饰者类
class TransparentDecorator extends WindowDecorator
{
    public TransparentDecorator(Window window)
    {
        super(window);
    }
    public void display()
    {
        this.setTransparent();
        super.display();
    }
    public void setTransparent()
    {
        System.out.println("将窗体设置为透明窗体!");
    }
}
```

客户端测试代码如下：

```
//客户端测试类
class Client
{
    public static void main(String args[])
    {
        Window windowS,windowSB,windowT;
        windowS = new SimpleWindow();
        windowSB = new ScrollbarDecorator(windowS);
        windowT = new TransparentDecorator(windowSB);
        windowT.display();
    }
}
```

运行结果如下：

```
将窗体设置为透明窗体!
给窗体增加滚动条!
显示窗体!
```

本例使用的是透明装饰模式，抽象类 Window 的所有子类都实现了 display()方法，且在具体装饰者类(如 ScrollbarDecorator)的 display()方法中调用了新增加的业务方法，对于客户端而言，无论是最简单的窗体类还是装饰过的窗体类都可以使用 Window 类来进行类型定义，因此对于客户端来说都是透明的。通过引入配置文件，可以很方便地增加或更换具体构件类和具体装饰者类，无须修改源代码，符合开闭原则。在透明装饰模式中，可以对一个对象进行多次装饰，从而使其具有更加强大的功能。

4.2.5 外观模式实例之文件加密

1. 实例说明

某系统需要提供一个文件加密模块，加密流程包括三个操作，分别是读取源文件、加密、保存加密之后的文件。读取文件和保存文件使用流来实现，这三个操作相对独立，其业务代码封装在三个不同的类中。现在需要提供一个统一的加密外观类，用户可以直接使用该加密外观类完成文件的读取、加密和保存三个操作，而不需要与每一个类进行交互，使用外观模式设计该加密模块，要求编程模拟实现。

2. 实例类图

本实例类图如图 4-13 所示。

3. 实例代码

在本实例中，EncryptFacade 充当外观类，FileReader、CipherMachine 和 FileWriter 充当子系统类。本实例代码如下：

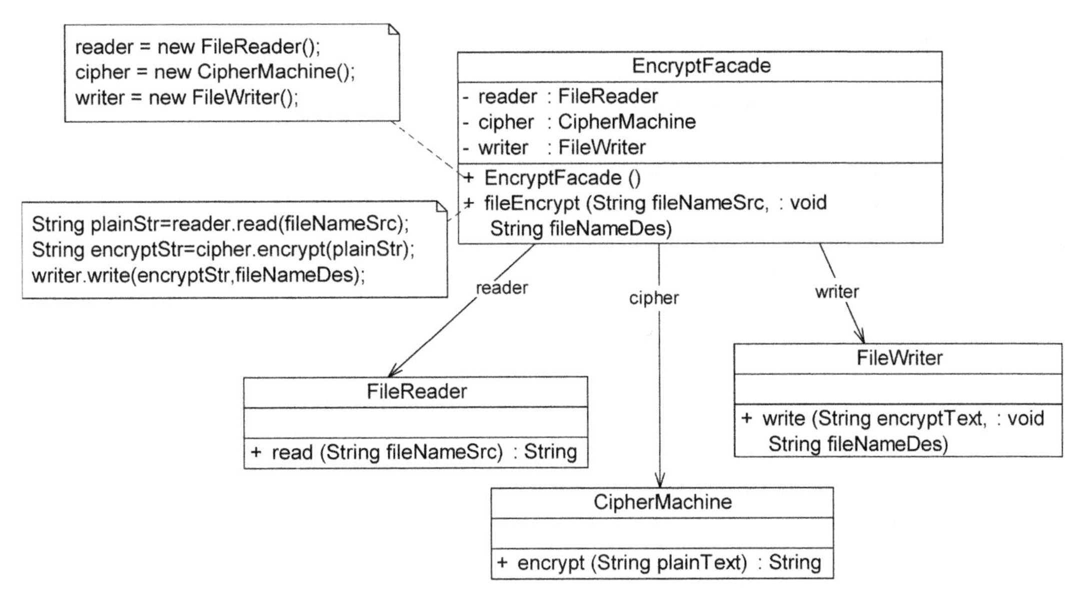

图 4-13 文件加密实例类图

```
import java.io.FileInputStream;
import java.io.FileOutputStream;
import java.io.FileNotFoundException;
import java.io.IOException;

//加密外观类：外观类
class EncryptFacade
{
    private FileReader reader;
    private CipherMachine cipher;
    private FileWriter writer;

    public EncryptFacade()
    {
        reader = new FileReader();
        cipher = new CipherMachine();
        writer = new FileWriter();
    }

    public void fileEncrypt(String fileNameSrc, String fileNameDes)
    {
        String plainStr = reader.read(fileNameSrc);
        String encryptStr = cipher.encrypt(plainStr);
        writer.write(encryptStr,fileNameDes);
    }
}

//文件读取类：子系统类
```

```
class FileReader
{
    public String read(String fileNameSrc)
    {
        System.out.println("读取文件,获取明文。");
        StringBuffer sb = new StringBuffer();
        try{
            FileInputStream inFS = new FileInputStream(fileNameSrc);
            int data;
            while((data = inFS.read())!=-1)
            {
                sb = sb.append((char)data);
            }
            inFS.close();
        }
        catch(FileNotFoundException e)
        {
                System.out.println("文件不存在!");
        }
        catch(IOException e)
        {
                System.out.println("文件操作错误!");
        }
        return sb.toString();
    }
}

//数据加密类:子系统类
class CipherMachine
{
    public String encrypt(String plainText)
    {
        System.out.println("数据加密,将明文转换为密文。");
        String es = "";
        for(int i = 0;i<plainText.length();i++)
        {
            String c = String.valueOf(plainText.charAt(i) % 7);
            es += c;
        }
        return es;
    }
}

//文件保存类:子系统类
class FileWriter
{
    public void write(String encryptStr,String fileNameDes)
    {
        System.out.println("保存密文,写入文件。");
```

```
        try{
            FileOutputStream outFS = new FileOutputStream(fileNameDes);
            outFS.write(encryptStr.getBytes());
            outFS.close();
        }
        catch(FileNotFoundException e)
        {
            System.out.println("文件不存在!");
        }
        catch(IOException e)
        {
            System.out.println("文件操作错误!");
        }
    }
}
```

客户端测试代码如下：

```
//客户端测试类
class Client
{
    public static void main(String args[])
    {
        EncryptFacade ef = new EncryptFacade();
        ef.fileEncrypt("facade/src.txt","facade/des.txt");
    }
}
```

运行结果如下：

```
读取文件,获取明文。
数据加密,将明文转换为密文。
保存密文,写入文件。
```

在本实例中，对 facade 文件夹下的文件 src. txt 中的数据进行加密，该文件内容为“Hello world!”，加密之后将密文保存到 facade 文件夹下的另一个文件 des. txt 中，程序运行后保存在文件中的密文为“233364062325”。在加密类 CipherMachine 中，采用求模运算对明文进行加密，将明文中的每一个字符除以一个整数（本例中为 7，可以由用户设置）后取余数作为密文。

4.2.6　享元模式实例之围棋棋子

1. 实例说明

使用享元模式设计一个围棋软件，在系统中只存在一个白棋对象和一个黑棋对象，但是它们可以在棋盘的不同位置显示多次。要求使用简单工厂模式和单例模式实现享元工厂类的设计。

2. 实例类图

本实例类图如图 4-14 所示。

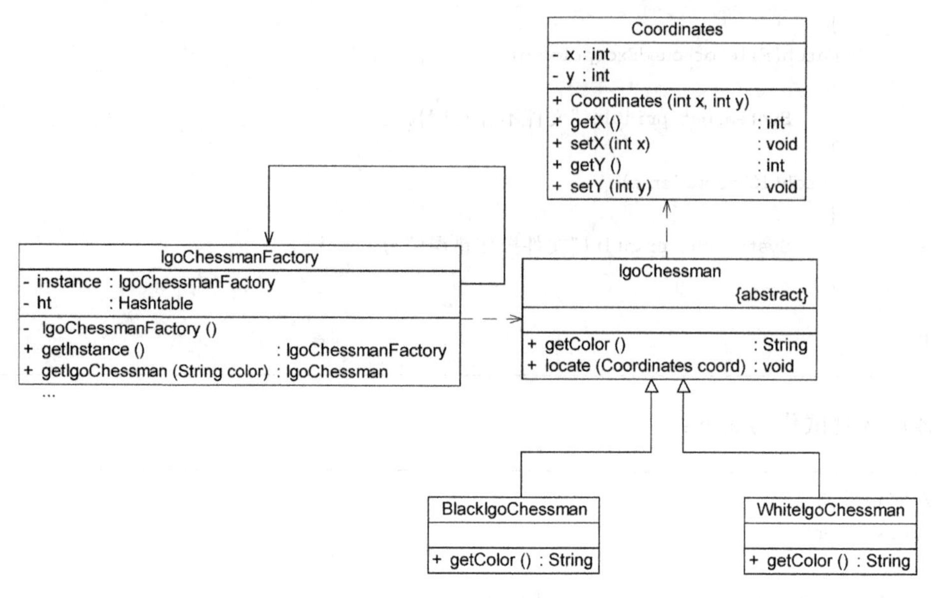

图 4-14 围棋棋子实例类图

3. 实例代码

在本实例中，Coordinates 充当外部状态类，IgoChessman 充当抽象享元类，其子类 BlackIgoChessman 和 WhiteIgoChessman 充当具体享元类，IgoChessmanFactory 充当享元工厂类，它是一个单例类。本实例代码如下：

```
import java.util.*;

//坐标类：外部状态类
class Coordinates
{
    private int x;
    private int y;
    public Coordinates(int x,int y)
    {
        this.x = x;
        this.y = y;
    }
    public int getX()
    {
        return this.x;
    }
    public void setX(int x)
    {
```

```
        this.x = x;
    }
    public int getY()
    {
        return this.y;
    }
    public void setY(int y)
    {
        this.y = y;
    }
}

//围棋棋子类：抽象享元类
abstract class IgoChessman
{
    public abstract String getColor();
    public void locate(Coordinates coord)
    {
        System.out.println("棋子颜色：" + this.getColor() + ",棋子位置：" + coord.getX() +
"," + coord.getY() );
    }
}

//黑色棋子类：具体享元类
class BlackIgoChessman extends IgoChessman
{
    public String getColor()
    {
        return "黑色";
    }
}

//白色棋子类：具体享元类
class WhiteIgoChessman extends IgoChessman
{
    public String getColor()
    {
        return "白色";
    }
}

//围棋棋子工厂类：享元工厂类
class IgoChessmanFactory
{
    private static IgoChessmanFactory instance = new IgoChessmanFactory();
    private static Hashtable ht;

    private IgoChessmanFactory()
    {
```

```
        ht = new Hashtable();
        IgoChessman black,white;
        black = new BlackIgoChessman();
        ht.put("b",black);
        white = new WhiteIgoChessman();
        ht.put("w",white);
    }

    public static IgoChessmanFactory getInstance()
    {
        return instance;
    }

    public static IgoChessman getIgoChessman(String color)
    {
        return (IgoChessman)ht.get(color);
    }
}
```

客户端测试代码如下：

```
//客户端测试类
class Client
{
    public static void main(String args[])
    {
        IgoChessman black1,black2,black3,white1,white2;
        IgoChessmanFactory factory;
        factory = IgoChessmanFactory.getInstance();
        black1 = factory.getIgoChessman("b");
        black2 = factory.getIgoChessman("b");
        black3 = factory.getIgoChessman("b");
        System.out.println("判断两颗黑棋是否相同：" + (black1 == black2));
        white1 = factory.getIgoChessman("w");
        white2 = factory.getIgoChessman("w");
        System.out.println("判断两颗白棋是否相同：" + (white1 == white2));
        black1.locate(new Coordinates(1,2));
        black2.locate(new Coordinates(3,4));
        black3.locate(new Coordinates(1,3));
        white1.locate(new Coordinates(2,5));
        white2.locate(new Coordinates(2,4));
    }
}
```

运行结果如下：

```
判断两颗黑棋是否相同：true
判断两颗白棋是否相同：true
```

```
棋子颜色：黑色，棋子位置：1,2
棋子颜色：黑色，棋子位置：3,4
棋子颜色：黑色，棋子位置：1,3
棋子颜色：白色，棋子位置：2,5
棋子颜色：白色，棋子位置：2,4
```

在本实例中，享元类 IgoChessman 通过注入的方式来设置一个外部状态 Coordinates，可以在相同的享元对象中注入不同的外部状态。在享元工厂中提供了一个 Hashtable 类型的享元池，享元工厂使用单例模式设计，确保系统中只能有一个享元工厂对象，并且通过一个静态的工厂方法 getIgoChessman()向客户端返回存储在享元池中的享元对象。

4.2.7 代理模式实例之日志记录代理

1. 实例说明

在某应用软件中需要记录业务方法的调用日志，在不修改现有业务类的基础上为每一个类提供一个日志记录代理类，在代理类中输出日志，如在业务方法 method()调用之前输出“方法 method()被调用，调用时间为 2017-10-10 10:10:10”，调用之后如果没有抛异常则输出“方法 method()调用成功”，否则输出“方法 method()调用失败”。在代理类中调用真实业务类的业务方法，使用代理模式设计该日志记录模块的结构，绘制类图并编程模拟实现。

2. 实例类图

本实例类图如图 4-15 所示。

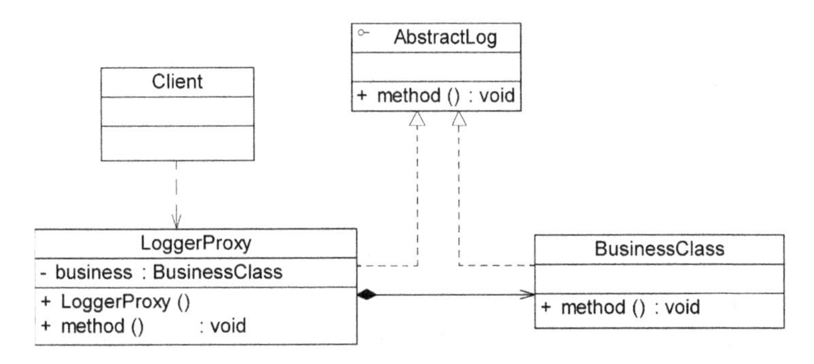

图 4-15 日志记录代理实例类图

3. 实例代码

在本实例中，AbstractLog 接口充当抽象主题，BusinessClass 类充当真实主题，LoggerProxy 类充当代理主题，本实例代码如下：

```
import java.util.*;

//抽象日志记录类：抽象主题
interface AbstractLog
```

```
{
    public void method();
}

//业务类：真实主题
class BusinessClass implements AbstractLog
{
    public void method()
    {
        System.out.println("真实业务方法!");
    }
}

//日志记录代理类：代理主题
class LoggerProxy implements AbstractLog
{
    private BusinessClass business;

    public LoggerProxy()
    {
        business = new BusinessClass();
    }

    public void method()
    {
        Calendar calendar = new GregorianCalendar();
        int year = calendar.get(Calendar.YEAR);
        int month = calendar.get(Calendar.MONTH) + 1;
        int day = calendar.get(Calendar.DAY_OF_MONTH);
        int hour = calendar.get(Calendar.HOUR) + 12;
        int minute = calendar.get(Calendar.MINUTE);
        int second = calendar.get(Calendar.SECOND);
        String dateTime = year + " - " + month + " - " + day + " " + hour + ":" + minute
 + ":" + second + "!";
        System.out.println("方法 method()被调用,调用时间为" + dateTime);
        try{
            business.method();
            System.out.println("方法 method()调用成功!");
        }
        catch(Exception e)
        {
            System.out.println("方法 method()调用失败!");
        }
    }
}
```

客户端测试代码如下：

```
//客户端测试类
class Client
{
    public static void main(String args[])
    {
        AbstractLog al;
        al = new LoggerProxy();
        al.method();
    }
}
```

运行结果如下：

```
方法 method()被调用,调用时间为 2017-1-24 15:38:14!
真实业务方法!
方法 method()调用成功!
```

在本实例中，通过代理类 LoggerProxy 来间接调用真实业务类 BusinessClass 的方法，可以在调用真实业务方法时增加新功能(如日志记录)，此处使用的是代理模式的一种较为简单的形式，类似于保护代理，在实施真实调用时可以执行一些额外的操作。由于代理主题和真实主题实现了相同的接口，因此在客户端可以针对抽象编程，而将具体代理类类名存储至配置文件中，增加和更换代理类和真实类都很方便，无须修改源代码，满足开闭原则。

4.3 实训练习

1. 选择题

(1) 某公司开发一个文档编辑器，该编辑器允许在文档中直接嵌入图形对象，但开销很大。用户在系统设计之初提出编辑器在打开文档时必须十分迅速，可以暂时通过一些符号来表示相应的图形。针对这种需求，公司可以采用(　　)避免同时创建这些图形对象。

A. 代理模式　　B. 外观模式　　C. 桥接模式　　D. 组合模式

(2) 下面的(　　)模式将对象组合成树形结构以表示“部分-整体”的层次结构，并使得用户对单个对象和组合对象的使用具有一致性。

A. 组合 (Composite)　　B. 桥接 (Bridge)

C. 装饰 (Decorator)　　D. 外观 (Facade)

(3) 已知某子系统为外界提供功能服务，但该子系统中存在很多粒度十分小的类，不便被外界系统直接使用，采用(　　)设计模式可以定义一个高层接口，这个接口使得这一子系统更加容易使用。

A. Facade(外观)　　B. Singleton(单例)

C. Participant(参与者)　　D. Decorator(装饰)

(4) 当不能采用生成子类的方法进行扩充时，可采用(　　)设计模式动态地给一个对象添加一些额外的职责。

A. Facade(外观)　　B. Singleton(单例)

C. Participant(参与者)　　D. Decorator(装饰)

(5) (①)设计模式将抽象部分与它的实现部分相分离,使它们都可以独立地变化。图 4-16 为该设计模式的类图,其中,(②)用于定义实现部分的接口。

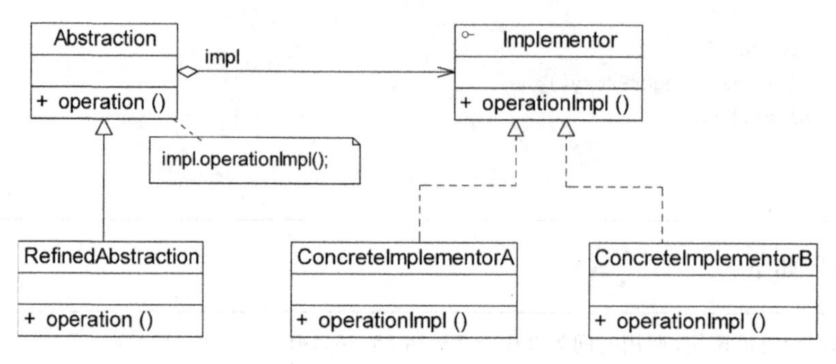

图 4-16　选择题(5)用图

① A. Singleton(单例)　　B. Bridge(桥接)

C. Composite(组合)　　D. Facade(外观)

② A. Abstraction　　B. ConcreteImplementorA

C. ConcreteImplementorB　　D. Implementor

(6) (①)限制了创建类的实例数量,而(②)将一个类的接口转换成客户希望的另外一个接口,使得原本由于接口不兼容而不能一起工作的那些类可以一起工作。

① A. 命令模式 (Command)　　B. 适配器模式 (Adapter)

C. 策略模式 (Strategy)　　D. 单例模式 (Singleton)

② A. 命令模式 (Command)　　B. 适配器模式 (Adapter)

C. 策略模式 (Strategy)　　D. 单例模式 (Singleton)

(7) 一个树形文件系统体现了(　　)模式。

A. Decorator(装饰)　　B. Composite(组合)

C. Bridge(桥接)　　D. Proxy(代理)

(8) 当应用程序由于使用大量的对象,造成很大的存储开销时,可以采用(　　)设计模式运用共享技术来有效地支持大量细粒度对象的重用。

A. Facade(外观)　　B. Composite(组合)

C. Flyweight(享元)　　D. Adapter(适配器)

(9) 当想使用一个已经存在的类,但其接口不符合需求时,可以采用(　　)设计模式将该类的接口转换成我们希望的接口。

A. 命令 (Command)　　B. 适配器 (Adapter)

C. 装饰 (Decorator)　　D. 享元 (Flyweight)

(10) 以下关于适配器模式的叙述错误的是(　　)。

A. 适配器模式将一个接口转换成客户希望的另一个接口,使得原本接口不兼容的那些类可以一起工作

B. 在类适配器中，Adapter 和 Adaptee 是继承关系，而在对象适配器中，Adapter 和 Adaptee 是关联关系

C. 类适配器比对象适配器更加灵活，在 Java、C# 等语言中可以通过类适配器一次适配多个适配者类

D. 适配器可以在不修改原来的适配者接口 Adaptee 的情况下将一个类的接口和另一个类的接口匹配起来

(11) 现需要开发一个文件转换软件，将文件由一种格式转换为另一种格式，如将 XML 文件转换为 PDF 文件，将 DOC 文件转换为 TXT 文件，有些文件格式转换代码已经存在，为了将已有的代码应用于新软件，而不需要修改软件的整体结构，可以使用(　　)设计模式进行系统设计。

A. 适配器 (Adapter)　　　　B. 组合 (Composite)

C. 外观 (Facade)　　　　D. 桥接 (Bridge)

(12) 在对象适配器中，适配器类(Adapter)和适配者类(Adaptee)之间的关系为(　　)。

A. 关联关系　　B. 依赖关系　　C. 继承关系　　D. 实现关系

(13) (　　)是适配器模式的应用实例。

A. 操作系统中的树形目录结构

B. Windows 中的应用程序快捷方式

C. Java 事件处理中的监听器接口

D. JDBC 中的数据库驱动程序

(14) 以下陈述不属于桥接模式优点的是(　　)。

A. 分离接口及其实现部分，可以独立地扩展抽象和实现

B. 可以使原本由于接口不兼容而不能一起工作的那些类一起工作

C. 可以取代多继承方案，比多继承方案扩展性更好

D. 符合开闭原则，增加新的细化抽象和具体实现都很方便

(15) 以下关于桥接模式的叙述错误的是(　　)。

A. 桥接模式的用意是将抽象化与实现化脱耦，使得两者可以独立地变化

B. 桥接模式将继承关系转换成关联关系，从而降低系统的耦合度

C. 桥接模式可以动态地给一个对象增加功能，这些功能也可以动态地撤销

D. 桥接模式可以从接口中分离实现功能，使得设计更具扩展性

(16) (　　)不是桥接模式所适用的场景。

A. 一个可以跨平台并支持多种格式的文件编辑器

B. 一个支持多数据源的报表生成工具，可以以不同图形方式显示报表信息

C. 一个可动态选择排序算法的数据操作工具

D. 一个支持多种编程语言的跨平台开发工具

(17) 以下关于组合模式的叙述错误的是(　　)。

A. 组合模式对叶子对象和组合对象的使用具有一致性

B. 组合模式可以通过类型系统来对容器中的构件实施约束，可以很方便地保证在一个容器中只能有某些特定的构件

C. 组合模式将对象组织到树形结构中，可以用来描述整体与部分的关系

D. 组合模式使得可以很方便地在组合体中加入新的对象构件,客户端不需要因为加入新的对象构件而更改代码

(18) 图 4-17 是(　　)模式的结构图。

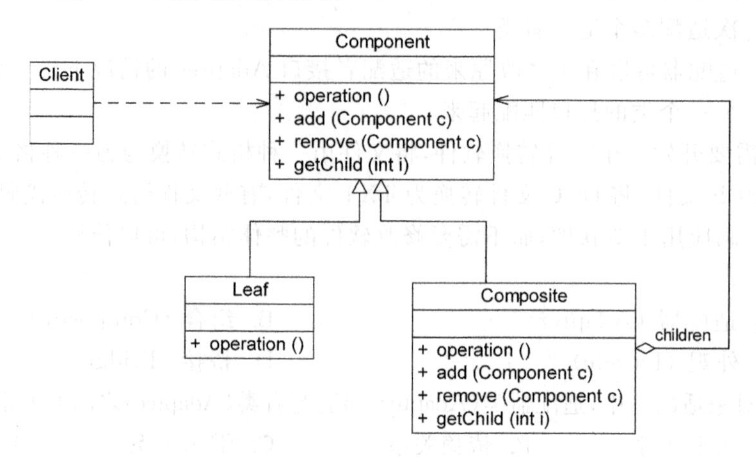

图 4-17　选择题(18)用图

A. 模板方法　　B. 命令　　C. 单例　　D. 组合

(19) 现需要开发一个 XML 文档处理软件,可以根据关键字查询指定内容,用户可以在 XML 中任意选取某一节点为查询的初始节点,无须关心该节点所处的层次结构。针对该需求,可以使用(　　)模式来进行设计。

A. Abstract Factory(抽象工厂)　　B. Flyweight(享元)

C. Composite(组合)　　D. Strategy(策略)

(20) 某公司欲开发一个图形控件库,要求可以在该图形控件库中方便地增加新的控件,而且可以动态地改变控件的外观或给控件增加新的行为,如可以为控件增加复杂的立体边框、增加控件的鼠标拖曳行为等。针对上述需求,使用(　　)模式来进行设计最合适。

A. 适配器 (Adapter)　　B. 装饰 (Decorator)

C. 外观 (Facade)　　D. 命令 (Command)

(21) 以下(　　)不是装饰模式的适用条件。

A. 要扩展一个类的功能或给一个类增加附加责任

B. 要动态地给一个对象增加功能,这些功能还可以动态撤销

C. 要动态组合多于一个的抽象化角色和实现化角色

D. 要通过一些基本功能的组合而产生复杂功能,而不使用继承关系

(22) Java IO 库的设计使用了装饰模式,局部类图如图 4-18 所示,在该类图中,类(①)充当具体构件 ConcreteComponent,类(②)充当抽象装饰器 Decorator,类(③)充当具体装饰器 ConcreteDecorator。

① A. OutputStream　　B. FileOutputStream

C. FilterOutputStream　　D. BufferedOutputStream

② A. OutputStream　　B. FileOutputStream

C. FilterOutputStream　　D. BufferedOutputStream

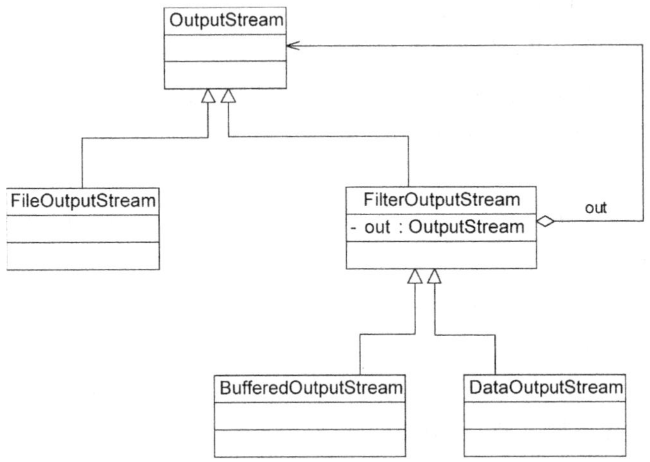

图 4-18 选择题(22)用图

③ A. OutputStream B. FileOutputStream
C. FilterOutputStream D. BufferedOutputStream

(23) 图 4-19 是(　　)模式的类图。

A. 桥接 (Bridge)

B. 工厂方法 (Factory Method)

C. 模板方法 (Template Method)

D. 外观 (Facade)

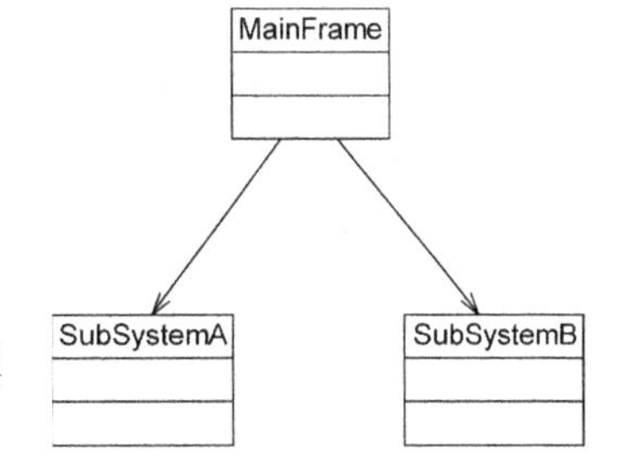

图 4-19 选择题(23)用图

(24) 以下关于外观模式的叙述错误的是(　　)。

A. 外观模式中一个子系统的外部与其内部的通信可以通过一个统一的外观对象进行

B. 在增加外观对象之后,客户类只需要直接和外观对象交互即可,客户类与子系统类间的复杂关系由外观类来实现,降低了系统的耦合度

C. 外观模式可以很好地限制客户使用子系统类,对客户访问子系统类做限制可以提高系统的灵活性

D. 如果一个系统有好几个子系统的话,可以提供多个外观类

(25) 在享元模式中,外部状态是指(　　)。

A. 享元对象可共享的所有状态

B. 享元对象可共享的部分状态

C. 由享元对象自己保存和维护的状态

D. 由客户端保存和维护的状态

(26) 以下关于享元模式的叙述错误的是(　　)。

A. 享元模式运用共享技术有效地支持大量细粒度对象的复用

B. 在享元模式中可以多次使用某个对象,通过引入外部状态使得这些对象可以有所差异

C. 享元对象能够做到共享的关键是引入了享元池,在享元池中通过克隆方法向

客户端返回所需对象

D. 在享元模式中,外部状态是随环境改变而改变、不可以共享的状态,而内部状态是不随环境改变而改变、可以共享的状态

(27) 为了节约系统资源,提高程序的运行效率,某系统在实现数据库连接池时可以使用(　　)设计模式。

A. 外观(Facade)　　B. 原型(Prototype)

C. 代理(Proxy)　　D. 享元(Flyweight)

(28) 毕业生通过职业介绍所找工作,该过程蕴含了(　　)模式。

A. 外观(Facade)　　B. 命令(Command)

C. 代理(Proxy)　　D. 桥接(Bridge)

(29) 代理模式有多种类型,其中智能引用代理是指(　　)。

A. 为某一个目标操作的结果提供临时的存储空间,以便多个客户端可以共享这些结果

B. 保护目标不让恶意用户接近

C. 使几个用户能够同时使用一个对象而没有冲突

D. 当一个对象被引用时,提供一些额外的操作,如将此对象被调用的次数记录下来

(30) 以下关于代理模式的叙述错误的是(　　)。

A. 代理模式能够协调调用者和被调用者,从而在一定程度上降低系统的耦合度

B. 控制对一个对象的访问,可以给不同的用户提供不同级别的使用权限时可以考虑使用远程代理

C. 代理模式的缺点是请求的处理速度会变慢,并且实现代理模式需要额外的工作

D. 代理模式给某一个对象提供一个代理,并由代理对象控制对原对象的引用

2. 填空题

(1) 某公司欲开发一款儿童玩具汽车,为了更好地吸引小朋友的注意力,该玩具汽车在移动过程中伴随着灯光闪烁和声音提示,在该公司以往的产品中已经实现了控制灯光闪烁和声音提示的程序,为了重用先前的代码并且使得汽车控制软件具有更好的灵活性和扩展性,使用适配器模式设计该系统,所得类图如图 4-20 所示。

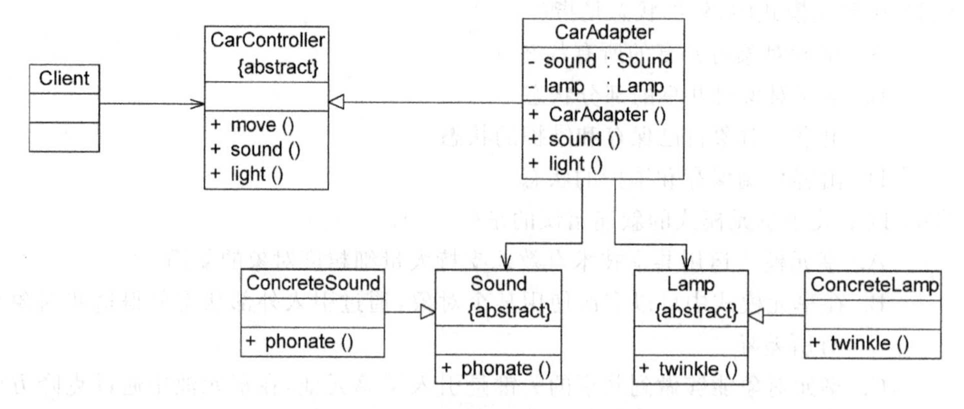

图 4-20　填空题(1)用图

在图 4-20 中，CarController 类是汽车控制器，它包括三个方法用于控制汽车的行为，其中 move()用于控制汽车的移动，sound()用于控制汽车的声音，light()用于控制汽车灯光的闪烁，sound()和 light()是抽象方法。Sound 类是抽象声音类，其方法 phonate()用于实现声音提示，在其子类 ConcreteSound 中实现了该方法；Lamp 类是灯光类，其方法 twinkle()用于实现灯光闪烁，在其子类 ConcreteLamp 中实现了该方法。CarAdapter 充当适配器，它通过分别调用 Sound 类的 phonate()方法和 Lamp 类的 twinkle()方法实现声音播放和灯光闪烁：

Java 代码如下：

```
abstract class Sound                        //抽象声音类
{   public abstract void phonate(); }

class ConcreteSound extends Sound           //具体声音类
{
    public void phonate()
    {   System.out.println("声音播放!"); }
}

abstract class Lamp                         //抽象灯光类
{ public abstract void twinkle(); }

class ConcreteLamp extends Lamp             //具体灯光类
{
    public void twinkle()
    {   System.out.println("灯光闪烁!"); }
}

_____①_____CarController                  //汽车控制器
{
    public void move()
    {   System.out.println("汽车移动!"); }
    public abstract void sound();
    public abstract void light();
}

class CarAdapter _____②_____              //汽车适配器
{
    private Sound sound;
    private Lamp lamp;

    public CarAdapter(Sound sound,Lamp lamp)
    {
        _____③_____;
        _____④_____;
    }
```

```
        public void sound()
        {
            ______⑤______;              //声音播放
        }

        public void light()
        {
            ______⑥______;              //灯光闪烁
        }
    }

    class Client
    {
        public static void main(String args[])
        {
            Sound sound;
            Lamp lamp;
            CarController car;

            sound = new ConcreteSound();
            lamp = new ConcreteLamp();
            car = ______⑦______;

            car.move();
            car.sound();
            car.light();
        }
    }
```

在本实例中,使用了______⑧______(填写类适配器或对象适配器)模式。

(2) 现欲实现一个图像浏览系统,要求该系统能够显示 BMP、JPEG 和 GIF 三种格式的文件,并且能够在 Windows 和 Linux 两种操作系统上运行。系统首先将 BMP、JPEG 和 GIF 三种格式的文件解析为像素矩阵,然后将像素矩阵显示在屏幕上。系统必须具有较好的扩展性以支持新的文件格式和操作系统。为满足上述需求并减少所需生成的子类数目,采用桥接设计模式进行设计所得类图如图 4-21 所示。

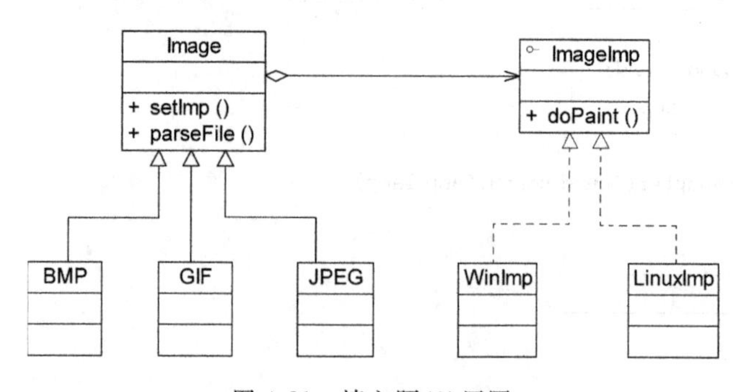

图 4-21 填空题(2)用图

采用该设计模式的原因在于：系统解析 BMP、JPEG 与 GIF 文件的代码仅与文件格式相关，而在屏幕上显示像素矩阵的代码则仅与操作系统相关。

Java 代码如下：

```
class Matrix {                        //各种格式的文件最终都被转化为像素矩阵
    //此处代码省略
}
interface ImageImp {
    public void doPaint(Matrix m);    //显示像素矩阵 m
}

class WinImp implements ImageImp {
    public void doPaint(Matrix m) {/* 调用 Windows 系统的绘制函数绘制像素矩阵 */}
}

class LinuxImp implements ImageImp {
    public void doPaint(Matrix m) {/* 调用 Linux 系统的绘制函数绘制像素矩阵 */}
}

abstract class Image {
    public void setImp(ImageImp imp) {
    _______①_______ = imp; }
    public abstract void parseFile(String fileName);
    protected _______②_______ imp;
}

class BMP extends Image {
    public void parseFile(String fileName) {
        //此处解析 BMP 文件并获得一个像素矩阵对象 m
        _______③_______;          //显示像素矩阵 m
    }
}

class GIF extends Image {
    //此处代码省略
}

class JPEG extends Image {
    //此处代码省略
}

public class Main{
    public static void main(String[] args)
    {
        //在 Windows 操作系统上查看 demo.bmp 图像文件
        Image image1 = _______④_______;
        ImageImp imageImp1 = _______⑤_______;
        _______⑥_______;
```

```
        image1.parseFile("demo.bmp");
    }
}
```

现假设该系统需要支持 10 种格式的图像文件和 5 种操作系统，不考虑类 Matrix 和类 Main，若采用桥接模式则至少需要设计＿＿＿⑦＿＿＿个类。

(3) 某公司的组织结构图如图 4-22 所示，现采用组合设计模式来设计，得到如图 4-23 所示的类图。

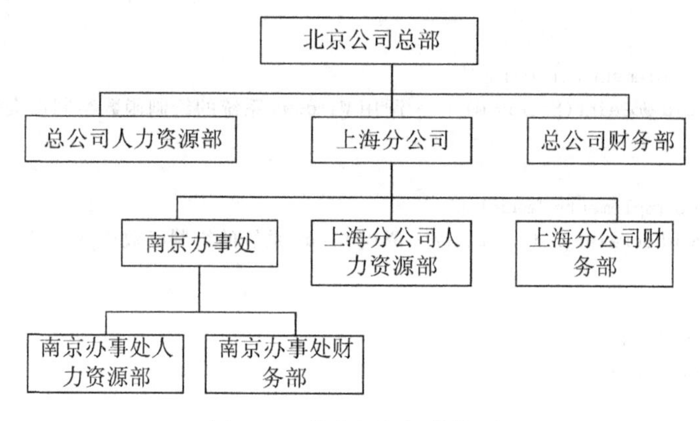

图 4-22 某公司组织结构图

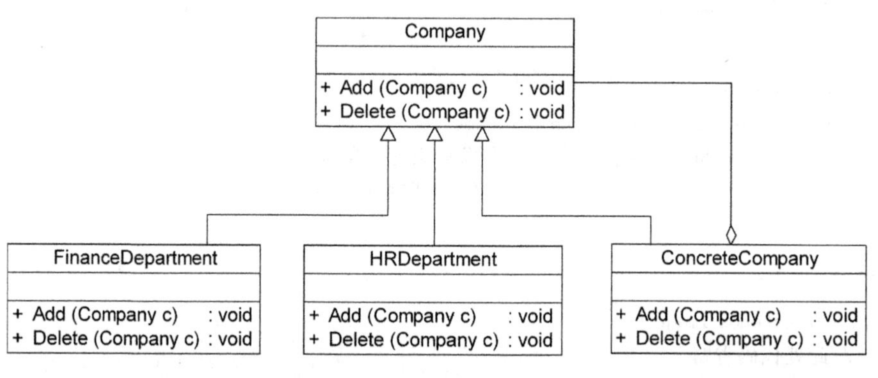

图 4-23 填空题(3)用图

其中 Company 为抽象类，定义了在组织结构图上添加(Add)和删除(Delete)分公司/办事处或者部门的方法接口。类 ConcreteCompany 表示具体的分公司或者办事处，分公司或办事处下可以设置不同的部门。类 HRDepartment 和 FinanceDepartment 分别表示人力资源部和财务部。

Java 代码如下：

```
import java.util.*;
_____①_____Company {
    protected String name;
    public Company(String name) {_____②_____ = name; }
```

```
    public abstract void Add(Company c);          //增加子公司、办事处或部门
    public abstract void Delete(Company c);       //删除子公司、办事处或部门
}

class ConcreteCompany extends Company {
    private List<_____③_____> children = new ArrayList<_____④_____>();
                                                  //存储子公司、办事处或部门
    public ConcreteCompany(String name) { super(name); }
    public void Add(Company c) {_____⑤_____.add(c); }
    public void Delete(Company c) {_____⑥_____.remove(c); }
}

class HRDepartment extends Company {
    public HRDepartment(String name) { super(name); }
    //其他代码省略
}

class FinanceDepartment extends Company {
    public FinanceDepartment(String name) { super(name); }
    //其他代码省略
}

public class Test {
    public static void main(String[] args) {
        ConcreteCompany root = new ConcreteCompany("北京总公司");
        root.Add(new HRDepartment("总公司人力资源部"));
        root.Add(new FinanceDepartment("总公司财务部"));
        ConcreteCompany comp = new ConcreteCompany("上海分公司");
        comp.Add(new HRDepartment("上海分公司人力资源部"));
        comp.Add(new FinanceDepartment("上海分公司财务部"));
        _____⑦_____;
        ConcreteCompany comp1 = new ConcreteCompany("南京办事处");
        comp1.Add(new HRDepartment("南京办事处人力资源部"));
        comp1.Add(new FinanceDepartment("南京办事处财务部"));
        _____⑧_____; //其他代码省略
    }
}
```

(4) 某公司欲开发一套手机来电提示程序，在最简单的版本中，手机在接收到来电时会发出声音来提醒用户；在振动版本中，除了声音外，在来电时手机还能产生振动；在更高级的版本中，手机不仅能够发声和产生振动，而且还会有灯光闪烁提示。现采用装饰设计模式来设计，得到如图 4-24 所示的类图。

其中 Cellphone 为抽象类，声明了来电方法 receiveCall()，SimplePhone 为简单手机类，提供了声音提示，JarPhone 和 ComplexPhone 分别提供了振动提示和灯光闪烁提示。PhoneDecorator 是抽象装饰者，它维持一个对父类对象的引用。

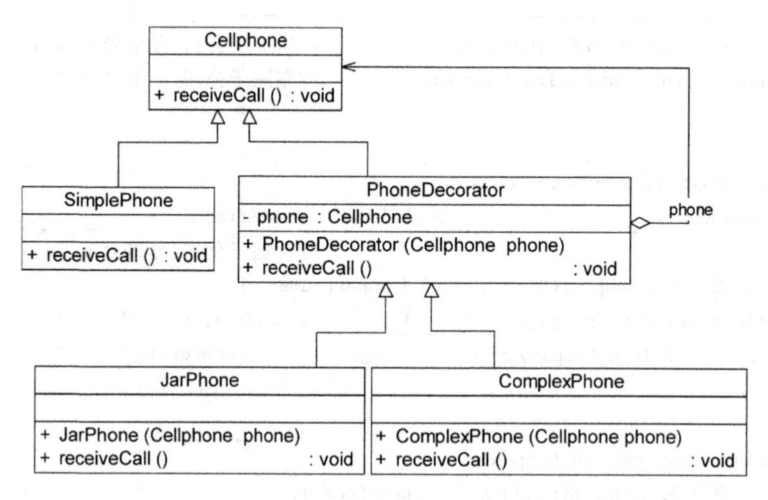

图 4-24　填空题(4)用图

Java 代码如下：

```
abstract class Cellphone
{   public abstract void receiveCall(); }

class SimplePhone extends Cellphone
{
    public void receiveCall()
    {   System.out.println("声音提示"); }
}

class PhoneDecorator extends Cellphone
{
    private ______①______ phone = null;
    public PhoneDecorator(Cellphone phone)
    {
        if(phone != null)
        {  ______②______ ; }
        else
        {  this.phone = new SimplePhone(); }
    }
    public void receiveCall()
    {  ______③______ ; }
}

class JarPhone extends PhoneDecorator
{
    public JarPhone(Cellphone phone)
    {  ______④______ ; }
    public void receiveCall()
    {
        super.receiveCall();
```

```
            System.out.println("振动提示");
        }
    }

    class ComplexPhone extends PhoneDecorator
    {
        public ComplexPhone(Cellphone phone)
        {  ____⑤____ ; }
        public void receiveCall()
        {
            super.receiveCall();
            System.out.println("灯光闪烁提示");
        }
    }

    class Client
    {
        public static void main(String a[])
        {
            Cellphone p1 = new ____⑥____; //创建具有声音提示的手机
            p1.receiveCall();
            Cellphone p2 = new ____⑦____; //创建具有声音提示和振动提示的手机
            p2.receiveCall();
            Cellphone p3 = new ____⑧____; //创建具有声音提示、振动提示和灯光提示的手机
            p3.receiveCall();
        }
    }
```

(5) 某信息系统需要提供一个数据读取和报表显示模块，可以将来自不同类型文件中的数据转换成 XML 格式，并对数据进行统计和分析，然后以报表方式来显示数据。由于该过程需要涉及多个类，因此使用外观模式进行设计，其类图如图 4-25 所示。

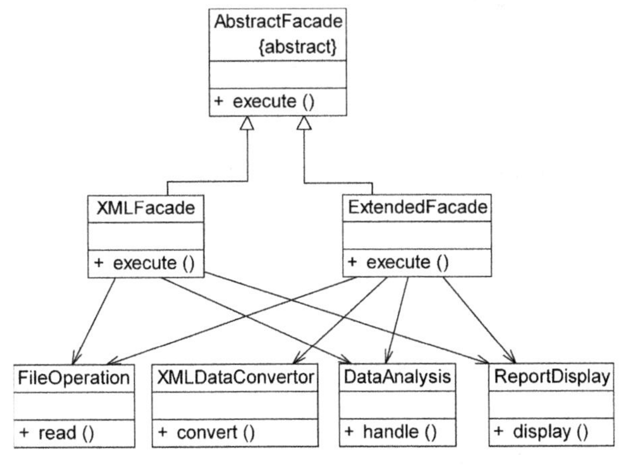

图 4-25 填空题(5)用图

在图 4-25 中，FileOperation 类用于读取文件、XMLDataConvertor 类用于将不同格式的文件转换为 XML 格式、DataAnalysis 类用于对 XML 数据进行统计分析、ReportDisplay 类用于显示报表。为了让系统具有更好的扩展性，在系统设计中引入了抽象外观类 AbstractFacade，它拥有多个不同的子类，如 XMLFacade，它用于与读取、分析和显示 XML 数据的类交互，ExtendedFacade 类用于与读取、转换、分析和显示非 XML 数据的类交互。

Java 代码如下：

```
class FileOperation
{
    public String read(String fileName)
    { //读取文件代码省略 }
}

class XMLDataConvertor
{
    public String convert(String fileStr)
    { //文件格式转换代码省略 }
}

class DataAnalysis
{
    public String handle(String xmlStr)
    { //数据分析统计代码省略 }
}

class ReportDisplay
{
    public void display(String xmlStr)
    { //报表显示代码省略 }
}

_______①_______ AbstractFacade
{
    public abstract void execute(String fileName);
}

class XMLFacade extends AbstractFacade
{
    private FileOperation fo;
    private DataAnalysis da;
    private ReportDisplay rd;

    public XMLFacade()
    {
        fo = new FileOperation();
        da = new DataAnalysis();
```

```
        rd = new ReportDisplay();
    }

    public void execute(String fileName)
    {
        String str = ______②______; //读取文件
        String strResult = ______③______; //分析数据
        ______④______; //显示报表
    }
}

class ExtendedFacade extends AbstractFacade
{
    private FileOperation fo;
    private XMLDataConvertor dc;
    private DataAnalysis da;
    private ReportDisplay rd;

    public ExtendedFacade()
    {
        fo = new FileOperation();
        dc = new XMLDataConvertor();
        da = new DataAnalysis();
        rd = new ReportDisplay();
    }

    public void execute(String fileName)
    {
        String str = ______⑤______; //读取文件
        String strXml = ______⑥______; //转换文件
        String strResult = ______⑦______; //分析数据
        ______⑧______; //显示报表
    }
}

class Test
{
    public static void main(String args[])
    {
        AbstractFacade facade;
        facade = ______⑨______;
        facade.execute("file.xml");
    }
}
```

(6) 某软件公司欲开发一个多功能文本编辑器，在文本中可以插入图片、动画、视频等多媒体资料，为了节约系统资源，使用享元模式设计该系统，所得类图如图 4-26 所示。

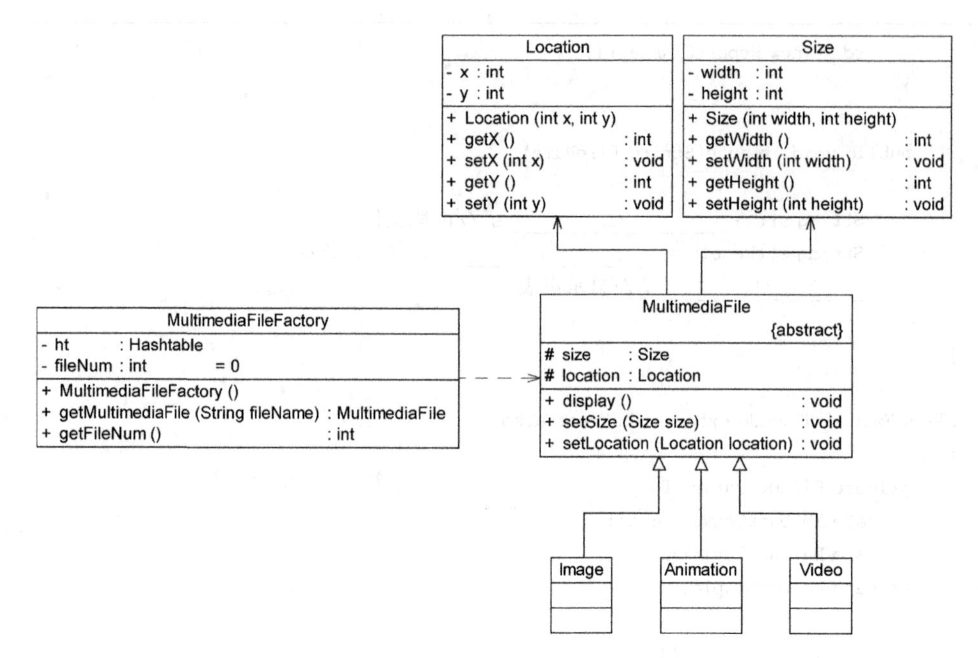

图 4-26　填空题(6)用图

在图 4-26 中，MultimediaFile 表示抽象享元，其子类 Image、Animation 和 Video 表示具体享元。对于相同的多媒体文件，其大小 Size 和位置 Location 可以不同，因此需要通过 Setter 方法来设置这些外部状态。MultimediaFileFactory 是享元工厂，在其中定义一个 Hashtable 对象作为享元池，存储和维护享元对象。

Java 代码如下：

```
import java.util.*;

//位置类：外部状态类
class Location
{
    private int x;
    private int y;
    public Location(int x,int y)
    {
        this.x = x;
        this.y = y;
    }
    //Getter 方法和 Setter 方法省略
}
//大小类：外部状态类
class Size
{
    private int width;
    private int height;
    public Size(int width,int height)
```

```
        {
            this.width = width;
            this.height = height;
        }
        //Getter 方法和 Setter 方法省略
}
//多媒体文件类：抽象享元类
________①________ MultimediaFile
{
        protected Size size;
        protected Location location;
        public abstract void display();
        public void setSize(Size size)
        {
            this.size = size;
        }
        public void setLocation(Location location)
        {
            this.location = location;
        }
}
//图片文件类：具体享元类
class Image extends MultimediaFile
{
        private String fileName;
        public Image(String fileName)
        {
            this.fileName = fileName;
        }
        public void display()
        {
            //导入和显示图片文件代码省略，在显示图片时将使用 size 和 location 对象
        }
}
//动画文件类：具体享元类
class Animation extends MultimediaFile
{  //动画文件类代码省略 }
//视频文件类：具体享元类
class Video extends MultimediaFile
{  //视频文件类代码省略 }
//多媒体文件工厂类：享元工厂类
class MultimediaFileFactory
{
        private Hashtable ht; //享元池
        private int fileNum = 0; //享元对象计数器
        public MultimediaFileFactory()
        {
            ht = ________②________ ;
        }
```

```
    //从享元池中获取对象
    public ______③______ getMultimediaFile(String fileName)
    {
        //根据文件后缀名判断文件类型
        String[] strArray = fileName.split("\\.");
        int ubound = strArray.length;
        String extendName = strArray[ubound - 1];

        if(ht.containsKey(fileName))
        {
            return (MultimediaFile)______④______;
        }
        else
        {
            if(extendName.equalsIgnoreCase("gif")||extendName.equalsIgnoreCase("jpg"))
            {
                MultimediaFile file = new Image(fileName);
                ht.put(fileName,file);
                fileNum++;
            }
            else if(extendName.equalsIgnoreCase("swf"))
            {
                MultimediaFile file = new Animation(fileName);
                ht.put(fileName,file);
                ______⑤______;
            }
            //其他代码省略
        }
    }

    //返回享元对象数量
    public int getFileNum()
    {
        return fileNum;
    }
}
class Test
{
    public static void main(String args[])
    {
        MultimediaFile file1,file2,file3,file4;
        MultimediaFileFactory factory;
        factory = new MultimediaFileFactory();

        file1 = factory.getMultimediaFile("sun.jpg");
        file1.setSize(new Size(300,400));
        file1.setLocation(new Location(3,5));
```

```
        file2 = factory.getMultimediaFile("sun.jpg");
        file2.setSize(new Size(300,400));
        file2.setLocation(new Location(6,5));

        file3 = factory.getMultimediaFile("star.swf");
        file3.setSize(new Size(200,200));
        file3.setLocation(new Location(10,1));

        file4 = factory.getMultimediaFile("moon.swf");
        file4.setSize(new Size(400,400));
        file4.setLocation(new Location(15,2));

        System.out.println(file1 == file2); //输出语句 1
        System.out.println(factory.getFileNum()); //输出语句 2
    }
}
```

在 Test 类中,“输出语句 1”输出结果为 ____⑥____,“输出语句 2”输出结果为 ____⑦____。

(7) 某信息咨询公司推出收费的在线商业信息查询模块,需要对查询用户进行身份验证并记录查询日志,以便根据查询次数收取查询费用,现使用代理模式设计该系统,所得类图如图 4-27 所示。

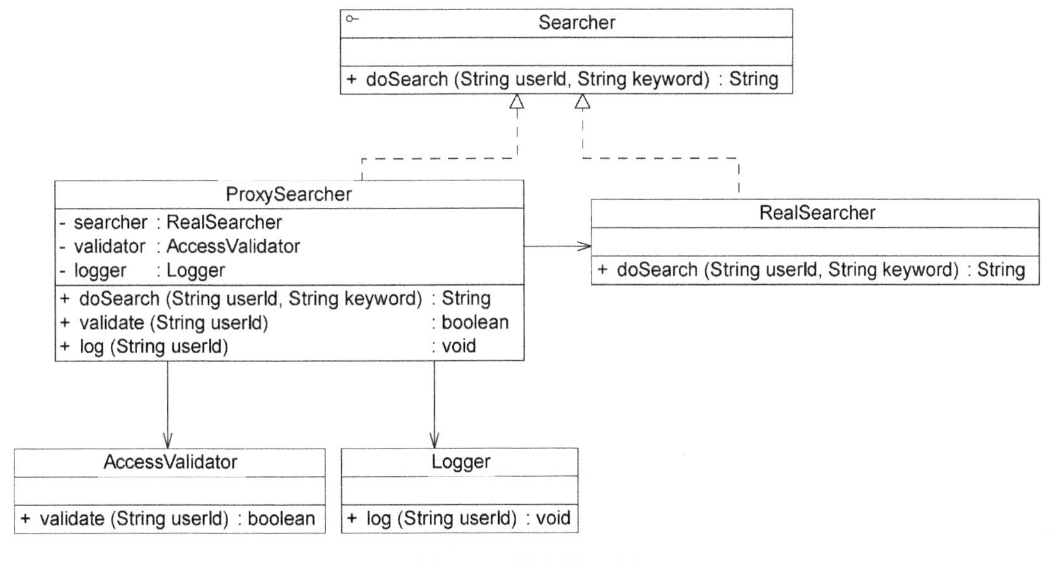

图 4-27 填空题(7)图

在图 4-27 中,AccessValidator 类用于验证用户身份,它提供方法 validate()来实现身份验证;Logger 类用于记录用户查询日志,它提供方法 log()来保存日志;RealSearcher 类实现查询功能,它提供方法 doSearch()来查询信息。ProxySearcher 作为查询代理,维持对 RealSearcher 对象、AccessValidator 对象和 Logger 对象的引用。

Java代码如下：

```
class AccessValidator
{
    public boolean validate(String userId)
    {
        //身份验证实现代码省略
    }
}

class Logger
{
    public void log(String userId)
    {
        //日志记录实现代码省略
    }
}

interface Searcher
{
    public String doSearch(String userId,String keyword);
}

class RealSearcher implements Searcher
{
    public String doSearch(String userId,String keyword)
    {
        //信息查询实现代码省略
    }
}

class ProxySearcher ______①______
{
    private RealSearcher searcher = new RealSearcher();
    private AccessValidator validator;
    private Logger logger;

    public String doSearch(String userId,String keyword)
    {
        //如果身份验证成功,则执行查询
        if( ______②______ )
        {
            String result = searcher.doSearch(userId,keyword);
            ______③______; //记录查询日志
            ______④______; //返回查询结果
        }
        else
        {
            return null;
```

```
        }
    }

    public boolean validate(String userId)
    {
        validator = new AccessValidator();
        _______⑤_______;
    }

    public void log(String userId)
    {
        logger = new Logger();
        _______⑥_______;
    }
}

class Test
{
    public static void main(String args[])
    {
        _______⑦_______; //针对抽象编程,客户端无须分辨真实主题类和代理类
        searcher = new ProxySearcher();
        String result = searcher.doSearch("Sunny","Money");
        //此处省略后续处理代码
    }
}
```

3. 综合题

(1) 实现一个双向适配器实例,使得猫(Cat)可以学狗(Dog)叫,狗可以学猫抓老鼠。绘制相应类图并使用代码编程模拟。

(2) 海尔(Haier)、TCL、海信(Hisense)都是家电制造商,它们都生产电视机(Television)、空调(Air Conditioner)、冰箱(Refrigeratory)。现需要设计一个系统,描述这些家电制造商以及它们所制造的电器,要求绘制类图并用代码模拟实现。

(3) 某教育机构组织结构如图 4-28 所示。

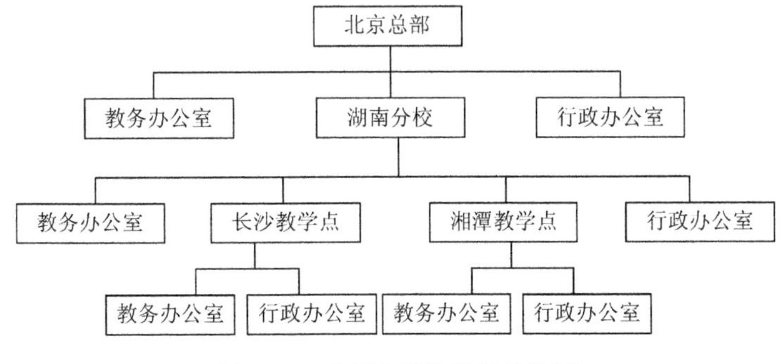

图 4-28 某教育机构组织结构图

在该教育机构的 OA 系统中可以给各级办公室下发公文，现采用组合模式设计该机构的组织结构，绘制相应的类图并编程模拟实现，在客户端代码中模拟下发公文。

(4) 某系统中的文本显示组件类(TextView)和图片显示组件类(PictureView)都继承了组件类(Component)，分别用于显示文本内容和图片内容，现需要构造带有滚动条，或者带有黑色边框，或者既有滚动条又有黑色边框的文本显示组件和图片显示组件，为了减少类的个数可使用装饰模式进行设计，绘制类图并编程模拟实现。

(5) 在计算机主机(Mainframe)中，只需要按下主机的开机按钮(on())，即可调用其他硬件设备和软件的启动方法，如内存(Memory)的自检(check())，CPU 的运行(run())，硬盘(HardDisk)的读取(read())，操作系统(OS)的载入(load())等，如果某一过程发生错误则计算机启动失败。使用外观模式模拟该过程，绘制类图并编程模拟实现。

(6) 在屏幕中显示一个文本文档，其中相同的字符串"Java"共享同一个对象，而这些字符串的颜色和大小可以不同。现使用享元模式设计一个方案实现字符串对象的共享，要求绘制类图并编程实现。

(7) 应用软件所提供的桌面快捷方式是快速启动应用程序的代理，桌面快捷方式一般使用一张小图片来表示(Picture)，通过调用快捷方式的 run() 方法将调用应用软件(Application)的 run() 方法。使用代理模式模拟该过程，绘制类图并编程模拟实现。

第5章

行为型模式实训

在系统运行时，对象并不是孤立的，它们可以通过相互通信与协作完成某些功能，一个对象在运行时也将影响到其他对象的运行。行为型模式关注系统中对象之间的交互，研究系统在运行时对象之间的相互通信与协作，进一步明确对象的职责。相对创建型模式和结构型模式，行为型模式描述系统中对象之间的交互与通信，包括对系统中较为复杂的流程的控制。

5.1 知识讲解

在 GoF 设计模式中，行为型模式包括 11 种，分别是职责链模式（Chain of Responsibility Pattern）、命令模式（Command Pattern）、解释器模式（Interpreter Pattern）、迭代器模式（Iterator Pattern）、中介者模式（Mediator Pattern）、备忘录模式（Memento Pattern）、观察者模式（Observer Pattern）、状态模式（State Pattern）、策略模式（Strategy Pattern）、模板方法模式（Template Method Pattern）和访问者模式（Visitor Pattern）。

5.1.1 行为型模式概述

行为型模式（Behavioral Pattern）是对在不同的对象之间划分责任和算法的抽象化。行为型模式不仅仅关注类和对象本身，还重点关注它们之间的相互作用和职责划分。

行为型模式分为类行为型模式和对象行为型模式两种，其中类行为型模式使用继承关系在几个类之间分配行为，主要通过多态等方式来分配父类与子类的职责；而对象行为型模式则使用对象的聚合关联关系来分配行为，主要是通过对象关联等方式来分配两个或多个类的职责。根据“合成复用原则”，系统中要尽量使用关联关系来取代继承关系，因此大部分行为型设计模式都属于对象行为型设计模式。

行为型模式包括 11 种，其定义和使用频率如表 5-1 所示。

表 5-1 行为型模式

模式名称	定义	使用频率
职责链模式(Chain of Responsibility Pattern)	为解除请求的发送者和接收者之间的耦合,而使多个对象都有机会处理这个请求;将这些对象连成一条链,并沿着这条链传递该请求,直到有一个对象处理它	★★☆☆☆
命令模式(Command Pattern)	将一个请求封装为一个对象,从而可用不同的请求对客户进行参数化;对请求排队或记录请求日志,以及支持可撤销的操作	★★★★☆
解释器模式(Interpreter Pattern)	定义语言的文法,并且建立一个解释器来解释该语言中的句子	★☆☆☆☆
迭代器模式(Iterator Pattern)	提供一种方法顺序访问一个聚合对象中的各个元素,而又不需暴露该对象的内部表示	★★★★★
中介者模式(Mediator Pattern)	用一个中介对象来封装一系列的对象交互;中介者使各对象不需要显式地相互引用,从而使其耦合松散,而且可以独立地改变它们之间的交互	★★☆☆☆
备忘录模式(Memento Pattern)	在不破坏封装性的前提下,捕获一个对象的内部状态,并在该对象之外保存这个状态,这样以后就可将该对象恢复到先前保存的状态	★★☆☆☆
观察者模式(Observer Pattern)	定义对象间的一种一对多的依赖关系,以便当一个对象的状态发生改变时,所有依赖于它的对象都得到通知并自动更新	★★★★★
状态模式(State Pattern)	允许一个对象在其内部状态改变时改变它的行为,对象看起来似乎修改了它所属的类	★★★☆☆
策略模式(Strategy Pattern)	定义一系列的算法,把它们一个个封装起来,并且使它们可相互替换,策略模式使得算法的变化可独立于使用它的客户	★★★★☆
模板方法模式(Template Method Pattern)	定义一个操作中的算法的骨架,而将一些步骤延迟到子类中,使得子类可以不改变一个算法的结构即可重定义该算法的某些特定步骤	★★★☆☆
访问者模式(Visitor Pattern)	表示一个作用于某对象结构中的各元素的操作,可以在不改变各元素的类的前提下定义作用于这些元素的新操作	★☆☆☆☆

5.1.2 职责链模式

职责链模式(Chain of Responsibility Pattern)避免请求发送者与接收者耦合在一起,让多个对象都有可能接收请求,将这些对象连接成一条链,并且沿着这条链传递请求,直到有对象处理它为止。职责链模式是一种对象行为型模式,职责链模式结构如图 5-1 所示。

在职责链模式结构图中,Handler 表示抽象传递者,它定义了一个处理请求的接口,并且在 Handler 中定义了后继对象,其后继对象类型为 Handler,可以在 Handler 中编写代码实现后继链的设置;ConcreteHandler 表示具体传递者,处理它所负责的请求,并可以访问链中下一个对象,当有请求发送过来时,如果能够处理该请求就处理它,否则将请求转发给后继者;Client 表示客户类,它向链中的对象提出最初的请求。

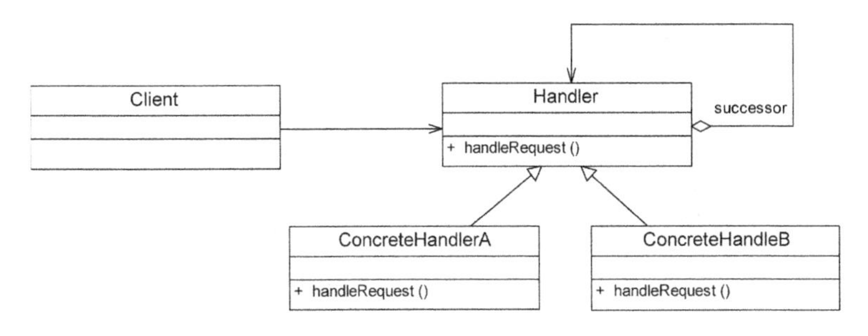

图 5-1 职责链模式结构图

在职责链模式里，很多对象由每一个对象对其下家的引用而连接起来形成一条链，请求在这个链上传递，直到链上的某一个对象决定处理此请求。在客户端创建好传递链之后，发出这个请求的客户端并不知道链上的哪一个对象最终处理这个请求，这使得系统可以在不影响客户端的情况下动态地重新组织链和分配责任。当有多个对象可以处理同一个请求，而具体哪个对象处理该请求由运行时刻自动确定时可使用职责链模式；在不明确指定接收者的情况下，向多个对象中的一个提交一个请求或需要动态指定一组对象处理请求时也可使用职责链模式。

职责链模式可以降低系统耦合度，职责链可简化对象的相互连接，它们仅需保持一个指向其后继者的引用，而不需保持它对所有的候选接收者的引用；该模式增强了给对象指派职责的灵活性，可以通过在运行时刻对该链进行动态的增加或修改来增加或改变处理一个请求的职责，可以将这种机制与继承机制结合起来使用；但职责链模式不保证每一个请求都被接收，由于一个请求没有明确的接收者，那么就不能保证它一定会被处理——该请求可能一直到链的末端都得不到处理，当然一个请求也可能因为该链没有被正确配置而得不到处理；对于比较长的职责链，请求的处理可能涉及多个处理对象，系统性能将受到一定影响，而且在进行代码调试时不太方便；如果建链不当，可能会造成循环调用，将导致系统陷入死循环。

5.1.3 命令模式

命令模式(Command Pattern)将一个请求封装为一个对象，从而可用不同的请求对客户进行参数化；对请求排队或者记录请求日志，以及支持可撤销的操作。命令模式是一种对象行为型模式，其别名为动作(Action)、事务(Transaction)。命令模式可以对发送者(Sender)和接收者(Receiver)完全解耦(Decoupling)。“发送者”是请求操作的对象，“接收者”是接收请求并执行某操作的对象，有了“解耦”，发送者可以对接收者的接口一无所知，“请求”(Request)是指将被执行的命令。因此，命令模式提供了更大的灵活性和可扩展性。命令模式结构如图 5-2 所示。

在命令模式结构图中，Command 表示抽象命令类，它用于声明执行操作的一个接口；ConcreteCommand 表示具体命令类，它将一个接收者对象绑定于一个动作，实现在 Command 中声明的 execute()方法，调用接收者的相关操作(Action)；Client 表示客户应用程序，创建一个具体命令类的对象，并且设定它的接收者；Invoker 表示调用者，要求一个命令对象执行一个请求；Receiver 表示接收者，它实现如何执行关联请求的相关操作。

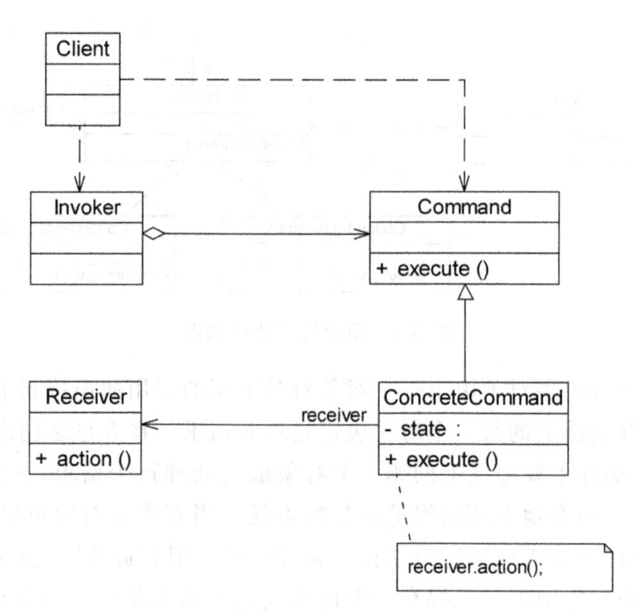

图 5-2 命令模式结构图

命令模式可以通过一个更为形象的实例来解释：在餐馆顾客需要点菜，顾客只要向服务员递交点菜单，不需要知道哪个厨师来做这个菜，顾客所要做的是在点菜单上写下自己需要的菜并交给服务员就可以了。在这个过程中，顾客是请求的发送者，而服务员就是命令，厨师是请求的接收者和处理者。发送者与接收者之间没有直接关系，这带来了很大的灵活性，发送请求的对象只需要知道如何发送请求，而不必知道如何完成请求。

命令模式是对命令的封装，命令模式把发出命令的责任和执行命令的责任分隔开，委派给不同的对象。每一个命令都是一个操作：请求的一方发出请求要求执行一个操作；接收的一方收到请求，并执行操作。命令模式允许请求的一方和接收的一方独立开来，使得请求的一方不必知道接收请求的一方的接口，更不必知道请求是怎么被接收，操作是否被执行、何时被执行，以及是怎么被执行的。命令允许请求的一方和接收请求的一方能够独立演化，从而使新的命令很容易地被加入到系统里，并允许接收请求的一方决定是否要否决请求，也能较容易地设计一个命令队列；通过命令模式可以容易地实现对请求的 Undo(撤销)和 Redo(恢复)；在需要的情况下，可以较容易地将命令记入日志；命令类与其他任何别的类一样，可以修改和推广；由于加进新的具体命令类不影响其他的类，因此增加新的具体命令类很容易；也可以把命令对象聚合在一起，构成合成命令(宏命令)。但是使用命令模式有时会导致某些系统有过多的具体命令类，某些系统可能需要几十个，几百个甚至几千个具体命令类，这会使命令模式在这样的系统里变得不实际。

5.1.4 解释器模式

解释器模式(Interpreter Pattern)描述了如何为语言定义一个文法，如何在该语言中表示一个句子，以及如何解释这些句子，这里的语言意思是使用规定格式和语法的代码，它属于类行为型模式。解释器模式描述了如何构成一个简单的语言解释器，主要应用在使用面向对象语言开发的编译器；在实际应用中，可能很少碰到去构造一个语言文法的情况，因此解释器模式的使用频率相对其他设计模式是较低的，解释器模式结构如图 5-3 所示。

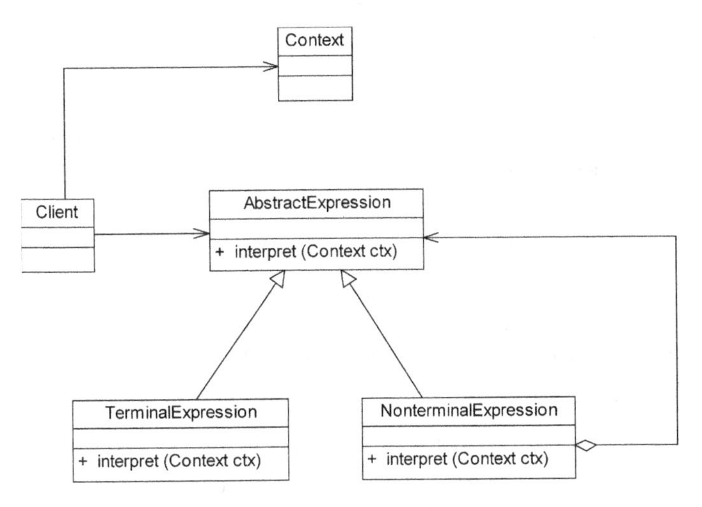

图 5-3　解释器模式结构图

在解释器模式结构图中，AbstractExpression 表示抽象表达式，它声明一个抽象的解释操作，该接口为抽象语法树上所有的节点所共享；TerminalExpression 表示终结符表达式，它实现与文法中的终结符相关联的解释操作，语言中每一个句子的每个终结符都属于该类的一个实例；NonterminalExpression 表示非终结符表达式，它实现了文法中的非终结符的解释操作，在解释过程中一般需要应用递归的方式对句子进行处理；Context 表示上下文(环境)，它包含了解释器之外的一些其他全局信息；Client 表示客户端，它用于构建表示该文法定义的语言中的一个特定的句子的抽象语法树，该语法树由终结符表达式和非终结符表达式组成，并且 Client 负责调用解释操作。

如果一种特定类型的问题发生的频率足够高，那么可能就值得将该问题的各个实例表述为一个简单语言中的句子，这样就可以构建一个解释器，该解释器通过解释这些句子来解决该问题，而且当文法简单、效率不是关键问题的时候效果最好。当有一种语言需要解释执行，并且可将该语言中的句子表示为一个抽象语法树时，可使用解释器模式。应用解释器模式，易于改变、扩展和实现文法，并增加了新的解释表达式的方式；但解释器模式对于复杂文法难以维护，每一条规则至少要定义一个类，因此包含许多规则的文法可能难以管理和维护，当文法非常复杂时，其他的技术如语法分析程序或编译器生成器更为合适。

5.1.5　迭代器模式

聚合对象拥有两个职责：一是存储内部数据；二是遍历内部数据。从依赖性来看，前者为聚合对象的根本属性，属于一生俱生、一亡俱亡的关系；而后者既是可变化的，又是可分离的。因此，可以将遍历行为分离出来，抽象为一个迭代器，专门提供遍历聚合对象内部数据的行为，这就是迭代器模式的本质。迭代器模式(Iterator Pattern)提供了一种方法来访问聚合对象中各个元素，而不用暴露这个对象的内部表示，其别名为游标(Cursor)。它是一种对象行为型模式，迭代器模式结构如图 5-4 所示。

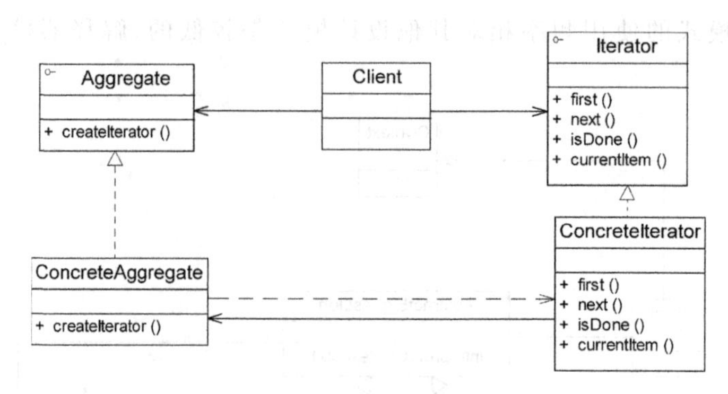

图 5-4 迭代器模式结构图

在迭代器模式结构图中，Iterator 表示抽象迭代器，它定义了访问和遍历元素的接口；ConcreteIterator 表示具体迭代器，它实现迭代器接口，并在对该聚合遍历时跟踪当前位置；Aggregate 表示抽象聚合，它定义并创建相应迭代器对象的接口；ConcreteAggregate 表示具体聚合，它实现创建相应迭代器的接口，并返回一个 ConcreteIterator 的实例。

迭代器模式支持以不同的方式遍历一个聚合对象，复杂的聚合可用多种方法来进行遍历；同时，迭代器简化了聚合接口，有了迭代器的遍历接口，聚合本身就不再需要类似的遍历接口；也允许在同一个聚合上定义多种遍历方式，每个迭代器保持它自己的遍历状态，因此可以同时进行多个遍历操作。当需要访问一个聚合对象的内容而无须暴露它的内部表示，或为聚合对象提供多种遍历方式，以及为遍历不同的聚合结构提供一个统一的接口时可使用迭代器模式。

5.1.6 中介者模式

如果在一个系统中对象之间的联系呈现为网状结构，即对象之间存在大量的多对多联系，将导致系统非常复杂，这些对象既会影响别的对象，也会被别的对象所影响。这些对象称为同事对象，它们之间通过彼此的相互作用形成系统的行为。在网状结构中，几乎每个对象都需要与其他对象发生相互作用，而这种相互作用表现为一个对象与另外一个对象的直接耦合，这将导致一个过度耦合的系统。中介者模式(Mediator Pattern)通过一个中介对象来封装一系列的对象交互。中介者使得各对象不需要显式地相互引用，从而使其耦合松散，而且可以独立地改变它们之间的交互。中介者模式是一种对象行为型模式，中介者模式结构如图 5-5 所示。

在中介者模式结构图中，Mediator 表示抽象中介者，它定义了一个接口用于与各同事对象之间进行通信；ConcreteMediator 表示具体中介者，它通过协调各个同事对象来实现协作行为，了解并维护它对各个同事对象的引用；Colleague 表示抽象同事类，它定义各同事的公有方法；ConcreteColleague 表示具体同事类，其中每一个同事对象都引用一个中介者对象，且每一个同事对象在需要和其他同事对象通信时，只与它的中介者通信，它实现了抽象同事中定义的方法。

中介者模式可以使对象之间的关系个数急剧减少，通过引入中介者对象，可以将系统的网状结构变成以中介者为中心的星形结构。在星形结构中，同事对象不再直接与另一个同事对象联系，它通过中介者对象与另一个同事对象发生相互作用。中介者对象的存在保证

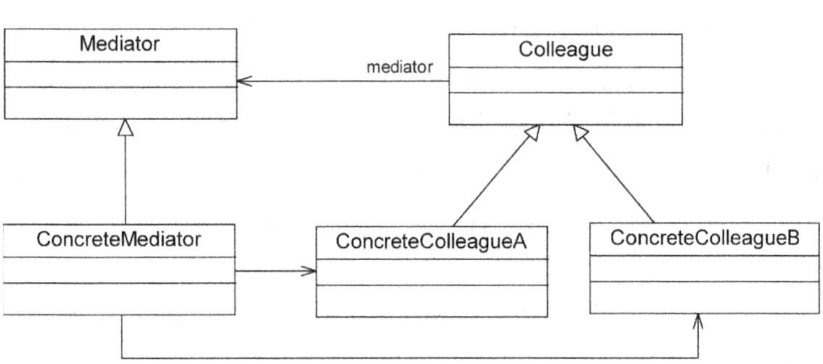

图 5-5　中介者模式结构图

了对象结构上的稳定。也就是说，系统的结构不会因为新对象的引入带来大量的修改工作。

中介者模式通过中介者和同事的一对多交互代替了原来同事之间的多对多交互，一对多关系更容易理解、维护和扩展；它将各同事解耦，中介者有利于各同事之间的松耦合，可以独立地改变和复用各同事和中介者；同时中介者模式减少子类生成，中介者将原本分布于多个对象间的行为集中在一起，改变这些行为只需生成新的中介者子类即可，这使各个同事类可被重用；对于复杂的对象之间的交互，通过引入中介者，可以简化各同事类的设计和实现，但是当情况复杂时，中介者可能就会变得很复杂和难以维护，这时可以对中介者进行再分解，使其只供一种类型的同事使用，这样在中介者类中就不必包括很多的 if…else if 等语句，同时当新增加一种同事时，可以通过创建该同事的中介者类型进行支持，而对于其他同事的中介者类影响较小，从而便于维护和扩展。

5.1.7　备忘录模式

在应用软件的开发过程中，有时需要记录一个对象的内部状态。为了允许用户取消不确定的操作或从错误中恢复过来，需要实现备份点和撤销机制，而要实现这些机制，必须事先将状态信息保存在某处，这样才能将对象恢复到它们原先的状态。但是对象通常封装了其部分或所有的状态信息，使得其状态不能被其他对象访问，也就不可能在该对象之外保存其状态，而暴露其内部状态又将违反封装的原则，可能有损系统的可靠性和可扩展性。备忘录模式（Memento Pattern）确保在不破坏封装的前提下，捕获一个对象的内部状态，并在该对象之外保存这个状态，这样可以在以后将对象恢复到原先保存的状态，该模式别名为 Token，它是一种对象行为型模式，备忘录模式结构如图 5-6 所示。

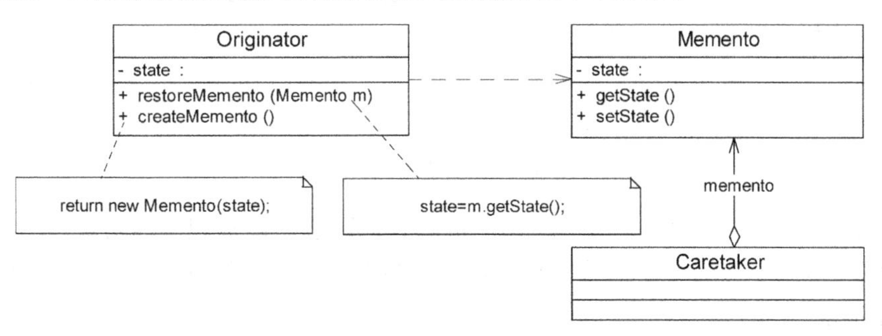

图 5-6　备忘录模式结构图

在备忘录模式结构图中,Originator 表示原发器,它创建备忘录并存储其当前内部状态,还可使用备忘录来恢复内部状态; Memento 表示备忘录,它存储原发器(Originator)的内部状态,并根据原发器来决定保存哪些内部状态,同时它还通过一些机制来防止原发器以外的其他对象访问备忘录,理想的情况是只允许生成备忘录的那个原发器访问备忘录的内部状态; Caretaker 表示负责人,它负责保存好备忘录,但不能对备忘录的内容进行操作或检查。

备忘录模式提供了一种状态恢复的实现机制,使得用户可以方便地回到一个特定的历史步骤,当新的状态无效或者存在问题时,可以使用暂时存储起来的备忘录将状态复原,当前很多软件都提供了 Undo 操作功能,其中就使用了备忘录模式; 备忘录模式保存了封装的边界信息,一个 Memento 对象是一种原发器对象的表示,不会被其他代码改动,备忘录模式简化了原发器对象,Memento 只保存原发器的状态,采用堆栈来存储备忘录对象可以实现多次取消操作。备忘录模式的最大缺点就是资源消耗过大,如果类的成员变量太多,就不可避免占用大量的内存,而且每保存一次对象的状态都需要消耗内存资源,如果知道这一点就容易理解为什么一些提供 Undo 功能的软件在运行时需要较大的内存和硬盘空间。

5.1.8 观察者模式

观察者模式(Observer Pattern)定义了对象间的一种一对多依赖关系,使得每当一个对象状态发生改变时,其相关依赖对象皆得到通知并被自动更新。观察者模式又叫作发布-订阅(Publish/Subscribe)模式、模型-视图(Model/View)模式、源-监听器(Source/Listener)模式或从属者(Dependents)模式,它是一种对象行为型模式,观察者模式结构如图 5-7 所示。

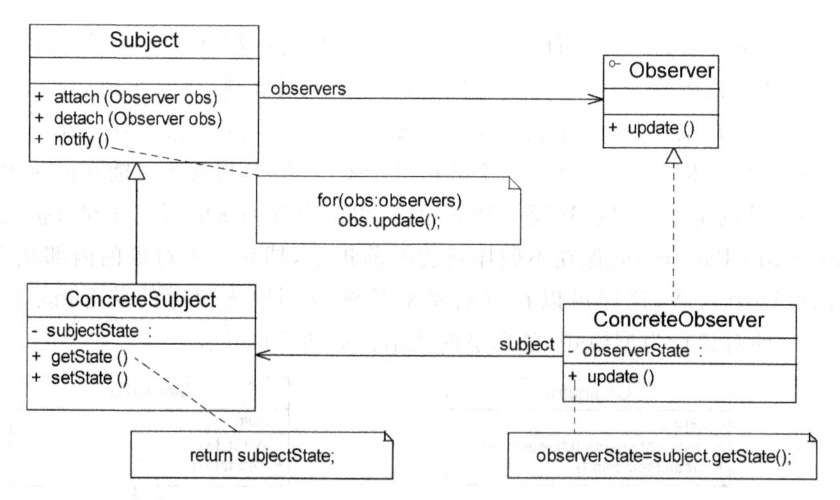

图 5-7　观察者模式结构图

在观察者模式结构图中,Subject 表示抽象目标或主题,即被观察的对象,目标需要了解其多个观察者,一个目标可以接受任意数量的观察者观察,同时它提供一个接口来注册和删除观察者对象; ConcreteSubject 表示具体目标,将有关状态存入各 ConcreteObserver 对象,当它的状态发生改变时,向它的各个观察者发出通知; Observer 表示抽象观察者,在一个 Subject 对象改变时，为那些需要获得通知的对象定义一个更新接口；ConcreteObserver 表示具体观察者，它维护一个指向 ConcreteSubject 对象的引用，同时存储有关状态，这些状态需和 ConcreteSubject 保持一致，它实现 Observer 的更新接口以保持其自身状态与 ConcreteSubject 对象状态的一致。

观察者模式的一个现实例子就是公路上的汽车和红绿灯，汽车就是观察者，而红绿灯就是汽车观察的目标，一旦红绿灯变红色则汽车停止，变绿色则汽车启动。当然，不同的车停止和启动的过程不一定相同，如手动挡和自动挡的汽车在停车和启动时就因为离合器的有无而有所不同。然而不管是什么车，只要红绿灯对象的状态发生变化，那么作为观察者，它们的状态也跟着发生改变。观察者模式定义了一种一对多的依赖关系，让多个观察者对象同时监听某一个目标对象，当这个目标对象在状态上发生变化时，会通知所有观察者对象，使它们能够自动更新自己。

观察者模式的优点在于实现了表示层和数据逻辑层的分离，并定义了稳定的更新消息传递机制，类别清晰，抽象了更新接口，使得相同的数据逻辑层可以有各种各样不同的表示层；它在目标（被观察者）和观察者之间建立一个抽象的耦合，被观察的目标并不需要知道任何一个具体观察者，它只知道它们都有一个共同的接口，由于目标和观察者没有紧密地耦合在一起，因此它们可以属于不同的抽象化层次；观察者模式支持广播通信，目标会向所有的登记过的观察者发出通知。当然，如果一个目标对象有很多直接和间接的观察者的话，将所有的观察者都通知到会花费很多时间；如果在目标之间有循环依赖的话，将会触发它们之间进行循环调用，导致系统崩溃；虽然观察者模式可以随时使观察者知道所观察的对象发生了变化，但是观察者模式没有相应的机制让观察者知道所观察的对象是怎么发生变化的。

5.1.9 状态模式

在很多情况下，一个对象的行为取决于一个或多个动态变化的属性，这样的属性叫作状态，这样的对象叫作有状态的（Stateful）对象，对象状态是从事先定义好的一系列值中取出的。当一个这样的对象与外部事件产生互动时，其内部状态就会改变，从而使得系统的行为也随之发生变化。状态模式（State Pattern）允许一个对象在其内部状态改变时改变它的行为，对象看起来似乎修改了它的类，其别名为状态对象（Objects for States），它是一种对象行为型模式，状态模式结构如图 5-8 所示。

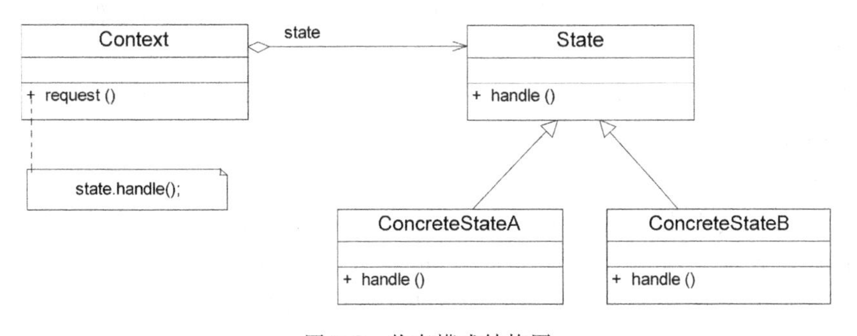

图 5-8 状态模式结构图

在状态模式结构图中,Context 表示环境类,它定义客户应用程序感兴趣的接口,并维护一个 ConcreteState 子类的实例,这个实例用于定义当前状态; State 表示抽象状态类,它定义一个接口以封装与 Context 的一个特定状态相关的行为; ConcreteStateA 和 ConcreteStateB 表示具体状态类,每一个具体状态类实现一个与 Context 的一个状态相关的行为。

考虑一个银行系统,一个账户对象的状态处于若干个不同状态之一:开户状态、正常状态、透支状态、冻结状态。当顾客在对账户进行存取款操作时,账户类根据自身的当前状态作出不同的反应,同时进行对象状态的切换。例如,如果账户处于冻结状态就没有办法再进行取款操作,一个取款操作需要先了解账户对象的状态。状态模式描述了账户如何在每一种状态下表现出不同的行为。而一旦取款操作完成,对象的状态也将动态发生变化,如取款后账户余额低于某一值其状态可能从正常状态转为透支状态。状态模式的关键是引入了一个抽象状态类来专门表示对象的状态,而对象的具体状态都继承了该类,并在不同具体状态类中实现了不同状态的行为,包括各种状态之间的转换。

当对象的行为依赖于它的状态(属性)并且它必须可以根据它的状态改变而改变它的相关行为,如银行账户,具有不同的状态时其行为有所差异(如账户的有些状态既能存款又能取款,有些状态能存款但是不能取款)时可以使用状态模式; 在系统中如果存在大量与对象状态相关的条件语句时也可以使用状态模式,因为大量条件语句的出现,会导致代码的可维护性和灵活性变差,不能方便地增加或删除状态,从而使客户类与类库之间的耦合增强。

状态模式封装了状态的转换过程,但是它需要枚举可能的状态,因此,需要事先确定状态种类,这也导致在状态模式中增加新的状态类时将违反开闭原则,新的状态类的引入将需要修改与之能够进行转换的其他状态类的代码; 在状态模式中,可以将所有与某个状态有关的行为放到一个对象里,允许状态转换逻辑与状态对象合成一体,而不是某一个巨大的条件(if 或 switch)语句块; 同时它避免了状态的不一致性,因为状态的改变只使用一个状态对象而不是几个对象或属性; 状态模式的使用必然会增加系统类和对象的个数。

5.1.10 策略模式

有许多算法可以实现同一功能,如存在多种查找、排序算法等,但将这些算法硬编码在程序中并不是一个最好的解决方式,因为硬编码将会导致系统变得庞大而且难以维护,在增加新的算法或改变现有算法时也将变得十分困难。为了解决这些问题,可以定义一些独立的类来封装不同的算法,每一个封装算法的类称为策略(Strategy),为了保证这些策略的一致性,一般会有一个抽象的策略用来做规则的定义,而具体每种算法则对应于一个具体策略。在策略模式(Strategy Pattern)中,定义一系列算法,并将每一个算法封装起来,使它们可以相互替换,策略模式让算法独立于使用它的客户而变化,其别名为政策模式,它是一种对象行为型模式,策略模式结构如图 5-9 所示。

在策略模式结构图中,Context 表示环境类,它通过 ConcreteStrategy 对象配置其执行环境,并维护一个对 Strategy 的引用实例,可以定义一个接口供 Strategy 存取其数据; Strategy 表示抽象策略类,它定义一个公共的接口给所有支持的算法,Context 可以使用这个接口调用 ConcreteStrategy 定义的算法; ConcreteStrategyA 和 ConcreteStrategyB 表示具体策略类,它们实现 Strategy 接口定义的算法。

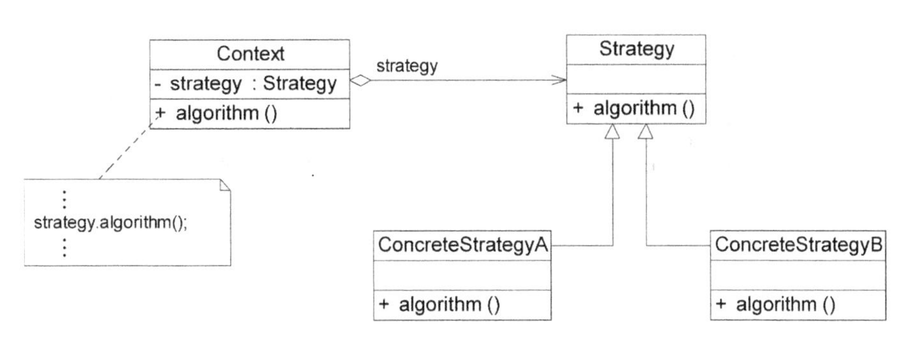

图 5-9 策略模式结构图

策略模式是一个比较容易理解和使用的设计模式,策略模式是对算法的包装,它把算法的责任和算法本身分隔开,委派给不同的对象管理。策略模式通常把一个系列的算法包装到一系列的策略类里面,作为一个抽象策略类的子类。策略模式的目的是把行为和环境分隔开,当出现新的行为时,只需要增加新的策略类。当准备在一个系统里使用策略模式时,首先必须找到需要包装的算法,看看算法是否可以从环境中分离出来,然后考察这些算法是否会在以后发生变化。策略模式使用起来也很方便,如需要提供一个灵活的网站搜索工具,可以有多种搜索策略,并且还会在以后根据实际情况增加新的搜索方式,就可以使用策略模式,创建一个搜索管理器用于和外部环境代码交互,在外部代码中针对抽象层编程,从而使得新的搜索方式出现时外部代码无须做任何改变,同时使得搜索算法的重用变得更为灵活。

策略模式是一个有争议的设计模式,它拥有很多优点,但与此同时也具有一些缺点。它提供了管理相关的算法族的办法,策略类的等级结构定义了一个算法或行为族,恰当使用继承可以把公共代码移到父类里面,从而避免重复的代码;策略模式提供了可以替换继承关系的办法,如果不使用策略模式,应用算法或行为的环境类就可能会有一些子类,每一个子类提供一个不同的算法或行为,这样一来算法或行为的使用者就和算法或行为本身混在一起;使用策略模式可以避免使用多重条件转移语句,多重转移语句不易维护,它把采取哪一种算法或采取哪一种行为的逻辑与算法或行为的逻辑混合在一起,统统列在一个多重转移语句里面,比使用继承的办法更复杂,而且很不灵活,扩展性差。但在使用策略模式时,客户端必须知道所有的策略类,并自行决定使用哪一个策略类,这就意味着客户端必须理解这些算法的区别,以便适时选择恰当的算法类,换言之,策略模式只适用于客户端知道所有的算法或行为的情况;同时,策略模式造成系统有很多的策略类,有时候可以通过把依赖于环境的状态保存到客户端里面,而将策略类设计成可共享的,这样策略类实例可以被不同客户端使用,即可以使用享元模式来减少对象的数量。

5.1.11 模板方法模式

模板方法模式(Template Method Pattern)用于定义一个操作中算法的骨架,而将一些步骤延迟到子类中。模板方法模式使得子类可以不改变一个算法的结构即可重定义该算法的某些特定步骤,它是一种类行为型模式,模板方法模式结构如图 5-10 所示。

在模板方法模式结构图中,AbstractClass 表示抽象类,它定义一系列抽象的基本操作(Primitive Operations),其子类可以重定义并实现一个算法的各个步骤,在 AbstractClass

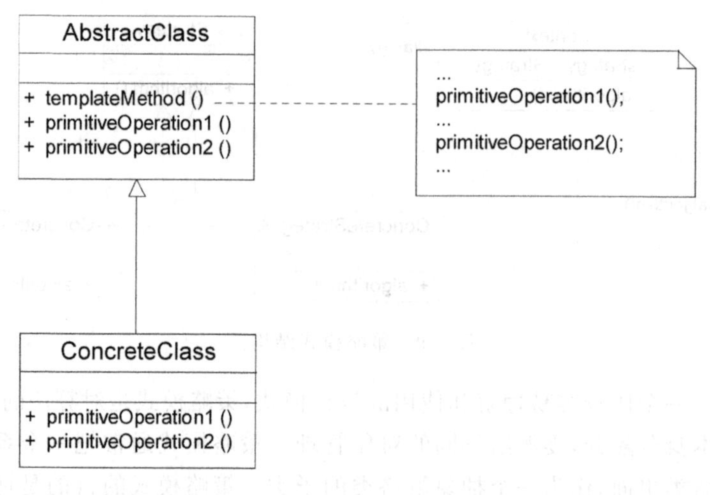

图 5-10 模板方法模式结构图

中实现了一个模板方法，在模板方法中定义了一个算法的骨架，此模板方法可以调用定义在AbstractClass中的方法或其他对象中的方法；ConcreteClass表示具体子类，它实现基本操作以完成子类特定算法的步骤。

模板方法模式需要开发抽象类和具体子类的设计师之间进行协作，一个设计师负责给出一个算法的轮廓和骨架，另一个设计师则负责给出这个算法的各个逻辑步骤，代表这些具体逻辑步骤的方法称为基本方法(Primitive Method)，基本方法又可以分为三种：抽象方法(Abstract Method)、具体方法(Concrete Method)和钩子方法(Hook Method)；而将这些基本法方法汇总起来的方法叫作模板方法(Template Method)，该设计模式的名字就是由此而来的。如对数据库的操作，可以定义这样一个行为模板：连接数据库、打开数据库、操作数据库和关闭数据库，而不同的数据库，它们之间的差异主要是连接过程有所区别，对于同样的数据库也可以使用不同的连接方式，如在Java中连接数据库就可以采用JDBC-ODBC桥接、厂商驱动或者数据库连接池等方式，但是打开、操作和关闭过程相似，而且这些操作的次序也是固定的，连接数据库肯定是第一步，而最后一定是关闭数据库，这个次序不能乱。因此可以使用模板方法模式，先在模板方法抽象类的一个方法中指定操作步骤，并把相同的实现步骤写入这个父类，而根据不同的连接方式，在子类中根据具体情况实现父类声明的抽象数据库连接方法。

当需要一次性实现一个算法的不变部分，并将可变的行为留给子类来实现时可以使用模板方法模式；各子类中公共的行为应被提取出来并集中到一个公共父类中以避免代码重复；模板方法模式可以控制子类的扩展，模板方法只在特定点调用“hook”操作，这样就只允许在这些点进行扩展；模板方法模式在一个类中形式化地定义算法，而由它的子类实现细节的处理。模板方法模式的优势在于在子类定义详细的处理算法时不会改变算法的结构；它是一种代码复用的基本技术，在类库设计中尤为重要，可以用于提取类库中的公共行为；它体现了一种反向的控制结构，即一个父类调用一个子类的操作，而不是相反的调用；模板方法模式的缺点在于对于不同的实现都需要定义一个子类，这会导致类的个数增加，但是更加符合类职责的分配原则，使得类的内聚性得以提高。

5.1.12　访问者模式

对于相同的对象，不同的角色可能会有不同的操作，如一个论坛中的留言帖，如果是普通游客，那么可能只有最基本的浏览查看功能；如果是注册会员，除了浏览之外还能够回复；当然如果是发帖人，则可以修改自己的留言；如果是论坛的管理员，除了上面的所有功能之外还可以删除该帖。在论坛系统中，各种角色除了对留言帖访问权限不一致外，其他功能也可能存在差异，在设计这样的系统时可使用访问者模式，在这里各种角色就是访问者，留言帖就是被访问的对象，不同的访问者对同样的对象会有一些不同的操作，而且随着系统的扩展，可能还会有一些新的访问者出现，当然他们也拥有一些与其他类型角色不一样的操作。通过访问者模式可以使得对对象的操作变得更为灵活。访问者模式（Visitor Pattern）用于表示一个作用于某对象结构中的各元素的操作，它使得用户可以在不改变各元素的类的前提下定义作用于这些元素的新操作，它是一种对象行为型模式，访问者模式结构如图 5-11 所示。

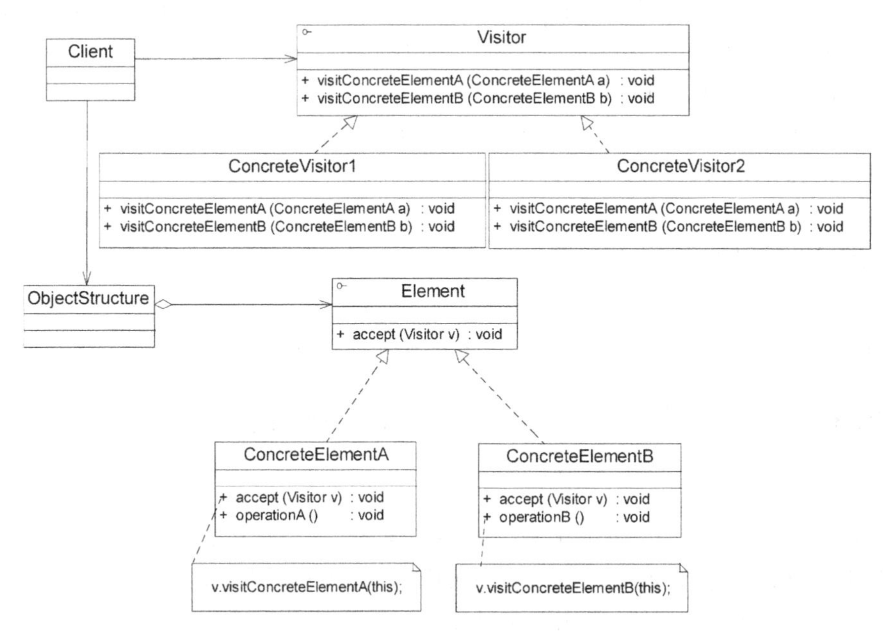

图 5-11　访问者模式结构图

在访问者模式结构图中，Vistor 表示抽象访问者，它为对象结构类中每一个 ConcreteElement 的类声明一个 Visit 操作，通过这个操作的名称或方法签名（方法的参数和返回类型）可识别传出 Visit 请求给访问者的类，这就使得访问者可以确定正要被访问的元素的具体类，访问者就可以直接通过该元素的特定接口（Element）访问到它；ConcreteVisitor 表示具体访问者，它实现了每个由抽象访问者声明的操作，每一个操作用于访问对象结构中一种类型的元素；Element 表示抽象元素，在其中声明一个 accept()操作，它以一个抽象访问者作为参数；ConcreteElement 表示具体元素，它实现了 accept()操作，在 accept()中调用访问者的访问方法以便完成对一个元素的操作；ObjectStructure 表示对象结构，它提供一个高层的接口以允许访问者访问它的元素，可以是一个组合模式或是一个集合,如一个列表或一个无序集合,可结合迭代器模式枚举其中的元素。

访问者模式的目的是封装一些施加于某种数据结构元素之上的操作,一旦这些操作需要修改的话,接受这个操作的数据结构则可以保持不变。访问者模式是一个巧妙而且较为复杂的模式,它的使用条件比较苛刻,当系统中存在着固定的数据结构,不同的角色作用于相同的元素对象并有不同的行为时,访问者模式是个很不错的选择。访问者模式将数据结构和作用于结构上的操作之间的耦合解脱开,使得增加一个新的访问者类变得很方便。

访问者模式使得增加新的操作变得很容易,如果一些操作依赖于一个复杂的结构对象的话,那么一般而言,增加新的操作会很复杂,而使用访问者模式,增加新的操作就意味着增加一个新的访问者类,从这个角度来看符合开闭原则;访问者模式将相关行为集中到一个访问者对象中,而不是分散到一个个的具体元素类中;访问者模式可以跨过几个类的等级结构访问属于不同的等级结构的成员类。但是在访问者模式中,增加新的具体元素对象将变得很困难,每增加一个新的具体元素类都意味着要在抽象访问者角色中增加一个新的抽象操作,并在每一个具体访问者类中增加相应的具体操作,从这一点来说违反了开闭原则,因此访问者模式与抽象工厂模式一样,对开闭原则的支持具有倾斜性,增加新的访问者容易,但是增加新的具体元素很复杂;访问者模式在一定程度上破坏了封装性,它要求访问者对象访问并调用每一个元素对象的操作,这隐含了一个对所有元素对象的要求,它们必须暴露一些自己的操作和内部状态,否则访问者的访问就变得没有意义。

5.2 实训实例

下面结合应用实例来学习如何在软件开发中使用行为型设计模式。

5.2.1 职责链模式实例之在线文档帮助系统

1. 实例说明

某公司欲开发一个软件系统的在线文档帮助系统,用户可以在任何一个查询环境中输入查询关键字,如果当前查询环境下没有相关内容,则系统会将查询按照一定的顺序转发给其他查询环境。基于上述需求,采用职责链模式对该系统进行设计。

2. 实例类图

本实例类图如图 5-12 所示。

3. 实例代码

在本实例中,抽象类 SearchContext 充当抽象处理者(抽象传递者),JavaSearchContext、SQLSearchContext 和 UMLSearchContext 充当具体处理者(具体传递者)。本实例代码如下:

```
//抽象查询请求处理上下文类:抽象传递者
abstract class SearchContext
{
```

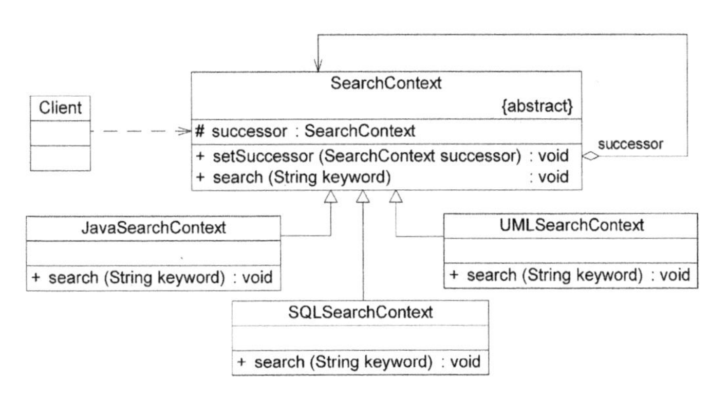

图 5-12　在线文档帮助系统实例类图

```
    protected SearchContext successor;
    public void setSuccessor(SearchContext successor)
    {
        this.successor = successor;
    }
    public abstract void search(String keyword);
}

//具体查询请求处理上下文类：具体传递者
class JavaSearchContext extends SearchContext
{
    public void search(String keyword)
    {
        //模拟实现
        if(keyword.contains("Java"))
        {
            System.out.println("查询关键字 Java!");
        }
        else
        {
            successor.search(keyword);
        }
    }
}

//具体查询请求处理上下文类：具体传递者
class SQLSearchContext extends SearchContext
{
    public void search(String keyword)
    {
        //模拟实现
        if(keyword.contains("SQL"))
        {
            System.out.println("查询关键字 SQL!");
        }
```

```
        else
        {
            successor.search(keyword);
        }
    }
}

//具体查询请求处理上下文类：具体传递者
class UMLSearchContext extends SearchContext
{
    public void search(String keyword)
    {
        //模拟实现
        if(keyword.contains("UML"))
        {
            System.out.println("查询关键字 UML!");
        }
        else
        {
            successor.search(keyword);
        }
    }
}
```

客户端测试类代码如下：

```
//客户端测试类
class Client
{
    public static void main(String args[])
    {
        SearchContext jContext,sContext,uContext;
        jContext = new JavaSearchContext();
        sContext = new SQLSearchContext();
        uContext = new UMLSearchContext();
        jContext.setSuccessor(sContext);
        sContext.setSuccessor(uContext);
        String keyword = "UML 类图绘制疑惑";
        jContext.search(keyword);
    }
}
```

运行结果如下：

```
查询关键字 UML!
```

在本实例中，在客户端测试类中创建了职责链，当向 jContext 对象传递查询关键字“UML 类图绘制疑惑”时，jContext 首先处理该关键字，如果不能处理则转发请求给下家，直到链上某一个对象能够处理该关键字请求，对于该关键字，请求转发顺序为 jContext→sContext→uContext，最后由 uContext 对象处理该请求。职责链由客户端创建，因此请求的传递顺序也由客户端来确定。

5.2.2 命令模式实例之公告板系统

1. 实例说明

某软件公司欲开发一个基于 Windows 平台的公告板系统。系统提供一个主菜单(Menu)，在主菜单中包含了一些菜单项(MenuItem)，可以通过 Menu 类的 addMenuItem()方法增加菜单项。菜单项的主要方法是 click()，每一个菜单项包含一个抽象命令类，具体命令类包括 OpenCommand(打开命令)、CreateCommand(新建命令)、EditCommand(编辑命令)等，命令类具有一个 execute()方法，用于调用公告板系统界面类(BoardScreen)的open()、create()、edit()等方法。现使用命令模式设计该系统，使得 MenuItem 类与BoardScreen 类的耦合度降低，绘制类图并编程实现。

2. 实例类图

本实例类图如图 5-13 所示。

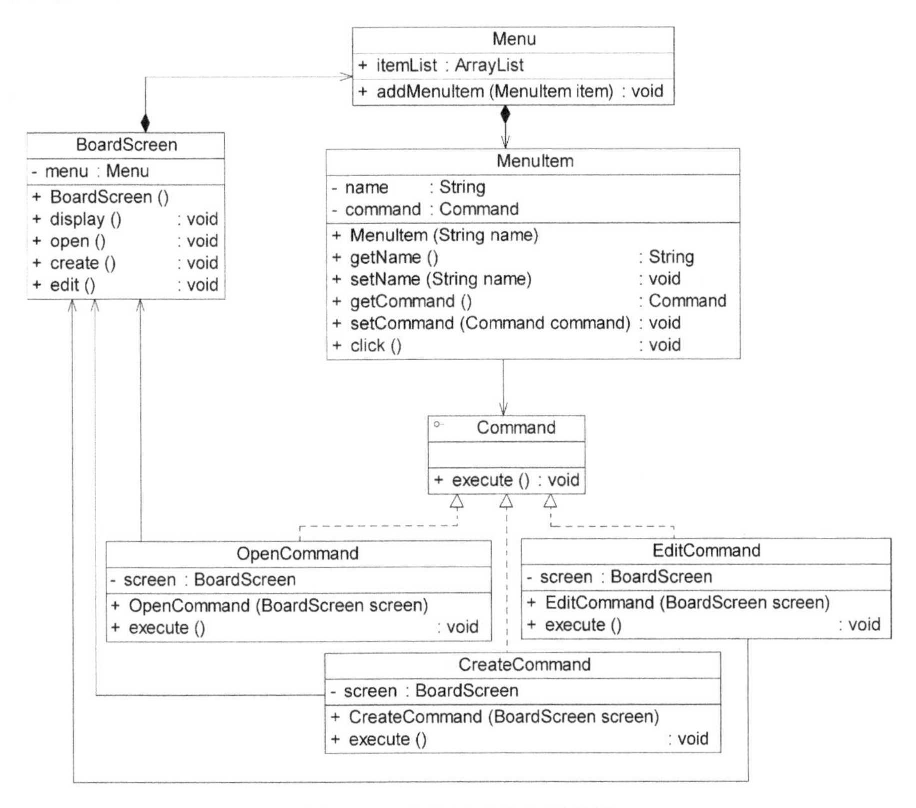

图 5-13 公告板系统实例类图

3. 实例代码

在本实例中，BoardScreen 充当接收者角色，MenuItem 充当调用者角色，Command 充当抽象命令角色，OpenCommand、CreateCommand 和 EditCommand 充当具体命令角色。本实例代码如下：

```
import java.util.*;

//抽象命令
interface Command
{
    public void execute();
}

//菜单项类：请求发送者(调用者)
class MenuItem
{
    private String name;
    private Command command;
    public MenuItem(String name)
    {
        this.name = name;
    }
    public String getName()
    {
        return this.name;
    }
    public void setName(String name)
    {
        this.name = name;
    }
    public Command getCommand()
    {
        return this.command;
    }
    public void setCommand(Command command)
    {
        this.command = command;
    }
    public void click()
    {
        command.execute();
    }
}

//菜单类
class Menu
{
    public ArrayList itemList = new ArrayList();
    public void addMenuItem(MenuItem item)
    {
        itemList.add(item);
```

```
    }
}

//打开命令：具体命令
class OpenCommand implements Command
{
    private BoardScreen screen;
    public OpenCommand(BoardScreen screen)
    {
        this.screen = screen;
    }
    public void execute()
    {
        screen.open();
    }
}

//新建命令：具体命令
class CreateCommand implements Command
{
    private BoardScreen screen;
    public CreateCommand(BoardScreen screen)
    {
        this.screen = screen;
    }
    public void execute()
    {
        screen.create();
    }
}

//编辑命令：具体命令
class EditCommand implements Command
{
    private BoardScreen screen;
    public EditCommand(BoardScreen screen)
    {
        this.screen = screen;
    }
    public void execute()
    {
        screen.edit();
    }
}

//公告板系统界面：接收者
class BoardScreen
{
    private Menu menu;
```

```
    private MenuItem openItem,createItem,editItem;
    public BoardScreen()
    {
        menu = new Menu();
        openItem = new MenuItem("打开");
        createItem = new MenuItem("新建");
        editItem = new MenuItem("编辑");
        menu.addMenuItem(openItem);
        menu.addMenuItem(createItem);
        menu.addMenuItem(editItem);
    }
    public void display()
    {
        System.out.println("主菜单选项：");
        for(Object obj:menu.itemList)
        {
            System.out.println(((MenuItem)obj).getName());
        }
    }
    public void open()
    {
        System.out.println("显示打开窗口!");
    }
    public void create()
    {
        System.out.println("显示新建窗口!");
    }
    public void edit()
    {
        System.out.println("显示编辑窗口!");
    }
    public Menu getMenu()
    {
        return menu;
    }
}
```

客户端测试代码如下：

```
//客户端测试类
class Client
{
    public static void main(String args[])
    {
        BoardScreen screen = new BoardScreen(); //接收者
        Menu menu = screen.getMenu();
        Command openCommand,createCommand,editCommand; //命令
        openCommand = new OpenCommand(screen);
```

```
        createCommand = new CreateCommand(screen);
        editCommand = new EditCommand(screen);
        MenuItem openItem,createItem,editItem; //调用者
        openItem = (MenuItem)menu.itemList.get(0);
        createItem = (MenuItem)menu.itemList.get(1);
        editItem = (MenuItem)menu.itemList.get(2);
        openItem.setCommand(openCommand);
        createItem.setCommand(createCommand);
        editItem.setCommand(editCommand);
        screen.display();
        openItem.click();
        createItem.click();
        editItem.click();
    }
}
```

运行结果如下：

```
主菜单选项:
打开
新建
编辑
显示打开窗口!
显示新建窗口!
显示编辑窗口!
```

在本实例中，只需要在调用者 MenuItem 中注入不同的具体命令类，可以使得相同的菜单项 MenuItem 对应接收者 BoardScreen 的不同方法。无须修改类库代码，只需修改客户端代码即可更换接收者。在实际开发时，还可以将 BoardScreen 中的 open()、create()和 edit()等方法封装在不同的类中，如果需要更换某菜单项的功能，只需对应增加一个新的具体命令类和一个接收者类，再将新的具体命令对象注入对应的 MenuItem 对象，即可实现菜单项功能的改变，且符合开闭原则。

5.2.3 解释器模式实例之机器人控制程序

1. 实例说明

某机器人控制程序包含一些简单的英文指令，其文法规则如下：

```
expression ::= direction action distance | composite
composite ::= expression 'and' expression
direction ::= 'up' | 'down' | 'left' | 'right'
action ::= 'move' | 'run'
distance ::= an integer //一个整数值
```

如输入：up move 5，则输出"向上移动5个单位"；输入：down run 10 and left move 20，则输出"向下快速移动10个单位再向左移动20个单位"。

现使用解释器模式来设计该程序并模拟实现。

2. 实例类图

本实例类图如图5-14所示。

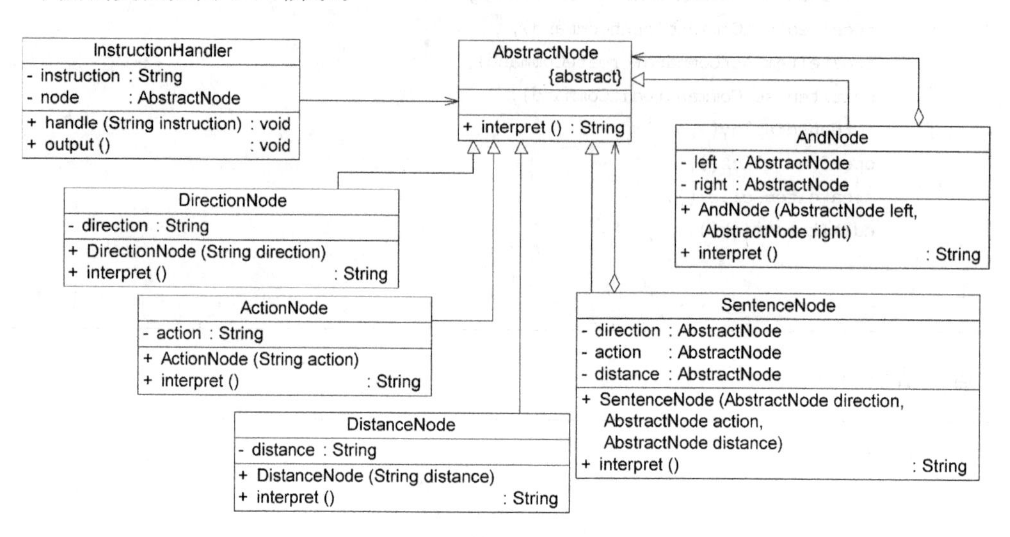

图5-14 机器人控制程序实例类图

3. 实例代码

在本实例中，AbstractNode充当抽象表达式角色，DirectionNode、ActionNode和DistanceNode充当终结符表达式角色，AndNode和SentenceNode充当非终结符表达式角色。

本实例代码如下：

```
import java.util.*;

//抽象表达式
abstract class AbstractNode
{
    public abstract String interpret();
}

//And解释：非终结符表达式
class AndNode extends AbstractNode
{
    private AbstractNode left;
    private AbstractNode right;
    public AndNode(AbstractNode left,AbstractNode right)
    {
        this.left = left;
        this.right = right;
    }
```

```
    public String interpret()
    {
        return left.interpret() + "再" + right.interpret();
    }
}

//简单句子解释: 非终结符表达式
class SentenceNode extends AbstractNode
{
    private AbstractNode direction;
    private AbstractNode action;
    private AbstractNode distance;
    public SentenceNode(AbstractNode direction,AbstractNode action,AbstractNode distance)
    {
        this.direction = direction;
        this.action = action;
        this.distance = distance;
    }
    public String interpret()
    {
        return direction.interpret() + action.interpret() + distance.interpret();
    }
}

//方向解释: 终结符表达式
class DirectionNode extends AbstractNode
{
    private String direction;

    public DirectionNode(String direction)
    {
        this.direction = direction;
    }

    public String interpret()
    {
        if(direction.equalsIgnoreCase("up"))
        {
            return "向上";
        }
        else if(direction.equalsIgnoreCase("down"))
        {
            return "向下";
        }
        else if(direction.equalsIgnoreCase("left"))
        {
            return "向左";
        }
        else if(direction.equalsIgnoreCase("right"))
```

```
        {
            return "向右";
        }
        else
        {
            return "无效指令";
        }
    }
}

//动作解释：终结符表达式
class ActionNode extends AbstractNode
{
    private String action;

    public ActionNode(String action)
    {
        this.action = action;
    }

    public String interpret()
    {
        if(action.equalsIgnoreCase("move"))
        {
            return "移动";
        }
        else if(action.equalsIgnoreCase("run"))
        {
            return "快速移动";
        }
        else
        {
            return "无效指令";
        }
    }
}

//距离解释：终结符表达式
class DistanceNode extends AbstractNode
{
    private String distance;

    public DistanceNode(String distance)
    {
        this.distance = distance;
    }

    public String interpret()
    {
```

```
        return this.distance;
    }
}

//指令处理类：工具类
class InstructionHandler
{
    private String instruction;
    private AbstractNode node;

    public void handle(String instruction)
    {
        AbstractNode left = null, right = null;
        AbstractNode direction = null, action = null, distance = null;
        Stack stack = new Stack();
        String[] words = instruction.split(" "); //以空格分隔字符串
        for(int i = 0; i < words.length; i++)
        {
            if(words[i].equalsIgnoreCase("and"))
            {
                left = (AbstractNode)stack.pop();
                String word1 = words[++i];
                direction = new DirectionNode(word1);
                String word2 = words[++i];
                action = new ActionNode(word2);
                String word3 = words[++i];
                distance = new DistanceNode(word3);
                right = new SentenceNode(direction, action, distance);
                stack.push(new AndNode(left, right));
            }
            else
            {
                String word1 = words[i];
                direction = new DirectionNode(word1);
                String word2 = words[++i];
                action = new ActionNode(word2);
                String word3 = words[++i];
                distance = new DistanceNode(word3);
                left = new SentenceNode(direction, action, distance);
                stack.push(left);
            }
        }
        this.node = (AbstractNode)stack.pop();
    }

    public String output()
    {
        String result = node.interpret();
        return result;
    }
}
```

客户端测试类代码如下：

```
//客户端测试类
class Client
{
    public static void main(String args[])
    {
        String instruction = "up move 5 and down run 10 and left move 5";
        InstructionHandler handler = new InstructionHandler();
        handler.handle(instruction);
        String outString;
        outString = handler.output();
        System.out.println(outString);
    }
}
```

运行结果如下：

```
向上移动 5 再向下快速移动 10 再向左移动 5
```

在本实例中，我们将一个 DirectionNode(方向节点)、一个 ActionNode(动作节点)和一个 DistanceNode(距离节点)组成一个 SentenceNode(句子节点)。句子节点再通过 and 连接在一起，形成更加复杂的结构。本实例的工具类 InstructionHandler 用于对输入指令进行处理，将输入指令分隔为字符串数组，将第 1 个、第 2 个和第 3 个单词组合成一个句子，并存入栈中；如果发现有单词 and，则将 and 后的第 1 个、第 2 个和第 3 个单词组合成一个句子存入栈中，并从栈中取出原先所存句子作为 and 的左表达式，而将新的句子作为其右表达式，然后组合成一个 AndNode 节点存入栈中。以此类推，直到整个指令解析结束。

我们可以通过抽象语法树来表示解析过程，如指令 down run 10 and left move 20 对应的抽象语法树如图 5-15 所示。

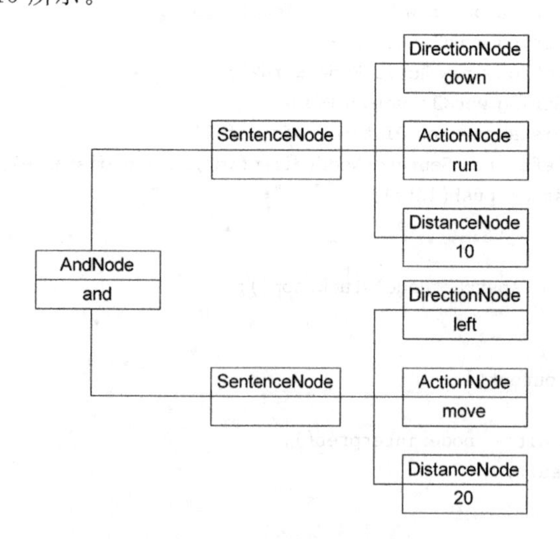

图 5-15 机器人控制程序抽象语法树实例

5.2.4 迭代器模式实例之商品名称遍历

1. 实例说明

某商品管理系统的商品名称存储在一个字符串数组中，现需要自定义一个双向迭代器(MyIterator)实现对该商品名称数组的双向(前向和后向)遍历，绘制类图并编程实现。

2. 实例类图

本实例类图如图 5-16 所示。

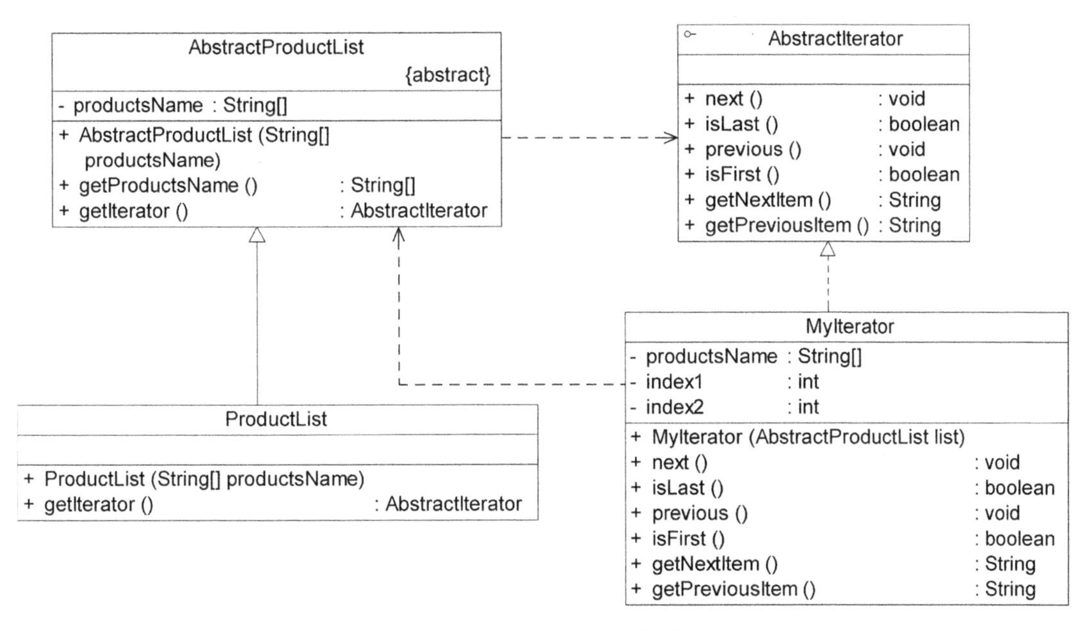

图 5-16 商品名称遍历实例类图

3. 实例代码

在本实例中，抽象类 AbstractProductList 充当抽象聚合角色，ProductList 类充当具体聚合角色，AbstractIterator 接口充当抽象迭代器角色，MyIterator 类充当具体迭代器角色。本实例代码如下所示：

```
//抽象商品集合：抽象聚合类
abstract class AbstractProductList
{
    private String[] productsName;
    public AbstractProductList(String[] productsName)
    {
        this.productsName = productsName;
    }
    public String[] getProductsName()
    {
        return this.productsName;
```

```
        }
        public abstract AbstractIterator getIterator();
    }

    //商品集合：具体聚合类
    class ProductList extends AbstractProductList
    {
        public ProductList(String[] productsName)
        {
            super(productsName);
        }
        public AbstractIterator getIterator()
        {
            return new MyIterator(this);
        }
    }

    //抽象迭代器类
    interface AbstractIterator
    {
        public void next();
        public boolean isLast();
        public void previous();
        public boolean isFirst();
        public String getNextItem();
        public String getPreviousItem();
    }

    //具体迭代器类
    class MyIterator implements AbstractIterator
    {
        private String[] productsName;
        private int index1;
        private int index2;
        public MyIterator(AbstractProductList list)
        {
            productsName = list.getProductsName();
            index1 = 0;
            index2 = productsName.length - 1;
        }
        public void next()
        {
            if(index1 < productsName.length)
            {
                index1++;
            }
        }
```

```
    public boolean isLast()
    {
        return (index1 == productsName.length);
    }
    public void previous()
    {
        if(index2 > -1)
        {
            index2 --;
        }
    }
    public boolean isFirst()
    {
        return (index2 ==-1);
    }
    public String getNextItem()
    {
        return productsName[index1];
    }
    public String getPreviousItem()
    {
        return productsName[index2];
    }
}
```

客户端测试代码如下：

```
//客户端测试类
class Client
{
    public static void main(String args[])
    {
        String[] pNames = {"ThinkPad 电脑","Tissot 手表","iPhone 手机","LV 手提包"};
        AbstractIterator iterator;
        AbstractProductList list;
        list = new ProductList(pNames);
        iterator = list.getIterator();
        while(!iterator.isLast())
        {
            System.out.println(iterator.getNextItem());
            iterator.next();
        }
        System.out.println("--------------------------------");

        while(!iterator.isFirst())
        {
```

```
                System.out.println(iterator.getPreviousItem());
                iterator.previous();
            }
        }
    }
```

运行结果如下：

```
ThinkPad电脑
Tissot手表
iPhone手机
LV手提包
------------------------------
LV手提包
iPhone手机
Tissot手表
ThinkPad电脑
```

本实例中，在抽象迭代器AbstractIterator中声明了遍历聚合元素的方法，其中next()方法和isLast()方法用于正向遍历，previous()方法和isFirst()方法用于逆向遍历，在具体迭代器MyIterator中实现了这些方法，如果需要更换遍历方式，可以定义新的AbstractIterator接口的子类和新的AbstractProductList类的子类。在迭代器模式中蕴涵了工厂方法模式，聚合类充当工厂类，迭代器类充当产品类，客户端代码中可以使用配置文件，将具体聚合类的实例化过程改为反射生成对象，在不修改源代码的情况下更换具体聚合类，满足开闭原则。

5.2.5 中介者模式实例之温度转换器

1. 实例说明

如图5-17所示温度转换器，该程序在同一个界面上显示华氏温度（Fahrenheit）和摄氏温度（Celsius）。用户可以通过“升高”“降低”按钮或右边的温度调节条来调节温度，也可以直接通过文本框来设置温度，摄氏温度和华氏温度将同时改变，且温度调节条也将一起被调节。使用中介者模式设计该系统，绘制类图并模拟实现。

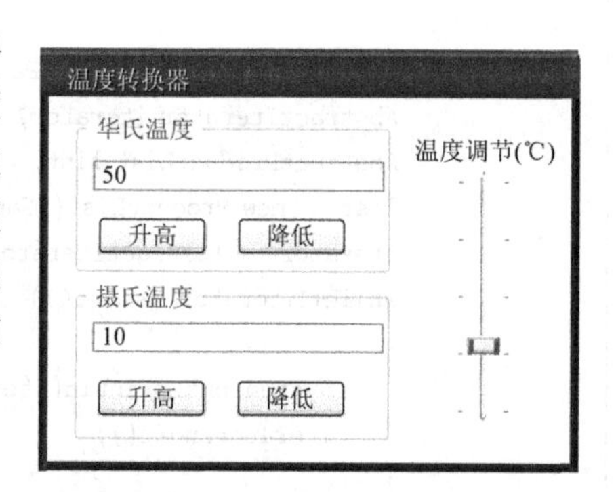

图5-17 温度转换器界面效果图

2. 实例类图

本实例类图如图5-18所示。

3. 实例代码

在本实例中，Dialog充当抽象中介者角色，TemperatureConvertorDialog充当具体中介者角色，Widget充当抽象同事角色，FahrenheitEditBox、CelsiusEditBox、TemperatureBar、

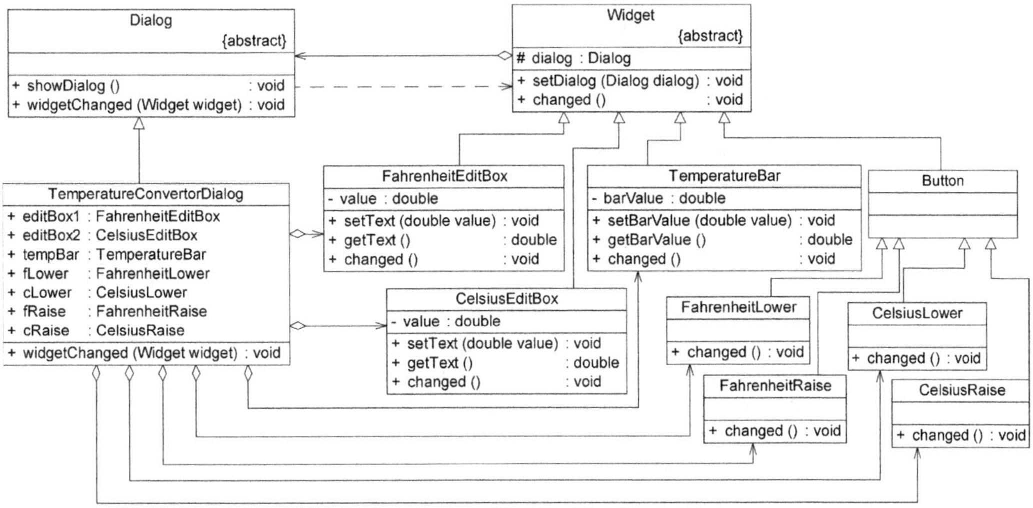

图 5-18 温度转换器实例类图

FahrenheitLower、FahrenheitRaise、CelsiusLower 和 CelsiusRaise 充当具体同事角色，本实例代码如下：

```
//抽象窗口类：抽象中介者
abstract class Dialog
{
    public void showDialog()
    {
        System.out.println("显示主界面");
    }
    public abstract void widgetChanged(Widget widget);
}

//温度转换器窗口类：具体中介者
class TemperatureConvertorDialog extends Dialog
{
    public FahrenheitEditBox editBox1;
    public CelsiusEditBox editBox2;
    public TemperatureBar tempBar;
    public FahrenheitLower fLower;
    public CelsiusLower cLower;
    public FahrenheitRaise fRaise;
    public CelsiusRaise cRaise;
    public void widgetChanged(Widget widget)
    {
        if(widget == editBox1) //华氏温度文本框
        {
            double value = editBox1.getText();
            double temp = (value - 32) * 5 /9;
            editBox2.setText(temp);
```

```
            tempBar.setBarValue(temp);
        }
        else if(widget == editBox2) //摄氏温度文本框
        {
            double value = editBox2.getText();
            double temp = 9 * value /5 + 32;
            editBox1.setText(temp);
            tempBar.setBarValue(value);
        }
        else if(widget == tempBar) //温度调节条
        {
            double value = tempBar.getBarValue();
            double temp = 9 * value /5 + 32;
            editBox1.setText(temp);
            tempBar.setBarValue(value);
        }
        else if(widget == fLower) //华氏温度降低按钮
        {
            double temp1 = editBox1.getText() - 1;
            editBox1.setText(temp1);
            double temp2 = (temp1 - 32) * 5 /9;
            editBox2.setText(temp2);
            tempBar.setBarValue(temp2);
        }
        else if(widget == fRaise) //华氏温度升高按钮
        {
            double temp1 = editBox1.getText() + 1;
            editBox1.setText(temp1);
            double temp2 = (temp1 - 32) * 5 /9;
            editBox2.setText(temp2);
            tempBar.setBarValue(temp2);
        }
        else if(widget == cLower) //摄氏温度降低按钮
        {
            double temp1 = editBox2.getText() - 1;
            editBox2.setText(temp1);
            tempBar.setBarValue(temp1);
            double temp2 = 9 * temp1 /5 + 32;
            editBox1.setText(temp2);
        }
        else if(widget == cRaise) //摄氏温度升高按钮
        {
            double temp1 = editBox2.getText() + 1;
            editBox2.setText(temp1);
            tempBar.setBarValue(temp1);
            double temp2 = 9 * temp1 /5 + 32;
            editBox1.setText(temp2);
        }
    }
```

```
}

//抽象窗口部件类：抽象同事类
abstract class Widget
{
    protected Dialog dialog;
    public void setDialog(Dialog dialog)
    {
        this.dialog = dialog;
    }
    public abstract void changed();
}

//华氏温度文本框：具体同事类
class FahrenheitEditBox extends Widget
{
    private double value = 50;
    public void setText(double value)
    {
        this.value = value;
        System.out.println("华氏温度设置为" + this.value + "。");
    }
    public double getText()
    {
        System.out.println("获取文本框中的华氏温度：" + this.value + "。");
        return this.value;
    }
    public void changed()
    {
        System.out.println("华氏温度文本框值改变：");
        dialog.widgetChanged(this);
    }
}

//摄氏温度文本框：具体同事类
class CelsiusEditBox extends Widget
{
    private double value = 10;
    public void setText(double value)
    {
        this.value = value;
        System.out.println("摄氏温度设置为" + this.value + "。");
    }
    public double getText()
    {
        System.out.println("获取文本框中的摄氏温度：" + this.value + "。");
        return this.value;
    }
    public void changed()
```

```
    {
        dialog.widgetChanged(this);
    }
}

//温度调节条：具体同事类
class TemperatureBar extends Widget
{
    private double barValue = 10;
    public void setBarValue(double value)
    {
        this.barValue = value;
        System.out.println("温度调节条值为" + this.barValue + "摄氏度。");
    }
    public double getBarValue()
    {
        System.out.println("获取温度调节条的摄氏温度：" + this.barValue + "。");
        return this.barValue;
    }
    public void changed()
    {
        dialog.widgetChanged(this);
    }
}

//按钮类：同事类
abstract class Button extends Widget
{
}

//华氏温度降低按钮：具体同事类
class FahrenheitLower extends Button
{
    public void changed()
    {
        System.out.println("单击华氏温度降低按钮：");
        dialog.widgetChanged(this);
    }
}

//华氏温度升高按钮：具体同事类
class FahrenheitRaise extends Button
{
    public void changed()
    {
        System.out.println("单击华氏温度升高按钮：");
        dialog.widgetChanged(this);
    }
}
```

```
//摄氏温度降低按钮：具体同事类
class CelsiusLower extends Button
{
    public void changed()
    {
        System.out.println("单击摄氏温度降低按钮：");
        dialog.widgetChanged(this);
    }
}

//摄氏温度升高按钮：具体同事类
class CelsiusRaise extends Button
{
    public void changed()
    {
        System.out.println("单击摄氏温度升高按钮：");
        dialog.widgetChanged(this);
    }
}
```

客户端测试代码如下：

```
//客户端测试类
class Client
{
    public static void main(String args[])
    {
        TemperatureConvertorDialog dialog;
        dialog = new TemperatureConvertorDialog();
        FahrenheitEditBox editBox1 = new FahrenheitEditBox();
        CelsiusEditBox editBox2 = new CelsiusEditBox();
        TemperatureBar tempBar = new TemperatureBar();
        FahrenheitLower fLower = new FahrenheitLower();
        CelsiusLower cLower = new CelsiusLower();
        FahrenheitRaise fRaise = new FahrenheitRaise();
        CelsiusRaise cRaise = new CelsiusRaise();
        editBox1.setDialog(dialog);
        editBox2.setDialog(dialog);
        tempBar.setDialog(dialog);
        fLower.setDialog(dialog);
        cLower.setDialog(dialog);
        fRaise.setDialog(dialog);
        cRaise.setDialog(dialog);
        dialog.showDialog();
        dialog.editBox1 = editBox1;
        dialog.editBox2 = editBox2;
        dialog.tempBar = tempBar;
        dialog.fLower = fLower;
```

```
            dialog.cLower = cLower;
            dialog.fRaise = fRaise;
            dialog.cRaise = cRaise;
            editBox1.changed();
            System.out.println("--------------------");
            fRaise.changed();
            System.out.println("--------------------");
            tempBar.setBarValue(20);
            tempBar.changed();
            System.out.println("--------------------");
        }
    }
```

运行结果如下：

```
显示主界面
华氏温度文本框值改变:
获取文本框中的华氏温度: 50.0。
摄氏温度设置为 10.0。
温度调节条值为 10.0 摄氏度。
--------------------
单击华氏温度升高按钮:
获取文本框中的华氏温度: 50.0。
华氏温度设置为 51.0。
摄氏温度设置为 10.555555555555555。
温度调节条值为 10.555555555555555 摄氏度。
--------------------
温度调节条值为 20.0 摄氏度。
获取温度调节条值的摄氏温度: 20.0。
华氏温度设置为 68.0。
温度调节条值为 20.0 摄氏度。
--------------------
```

本实例中，在具体中介者类 TemperatureConvertorDialog 中封装了同事对象之间的相互调用。每一个同事对象都可以独立变化，在同事类中通过调用中介者的 widgetChanged()方法将自身对象传递给中介者，再在中介者的 widgetChanged()方法中对同事对象进行判断，以便调用其他同事对象相应的响应方法。在不修改现有同事类源代码的基础上，可以增加新的同事对象来接受响应，同事对象之间不产生直接的相互引用，从而降低了同事对象之间的耦合度。中介者模式可以简化对象之间的交互，将多个同事对象解耦。

5.2.6 备忘录模式实例之游戏恢复点设置

1. 实例说明

某模拟战争游戏为了给玩家提供更好的用户体验，在游戏过程中可以设置一个恢复点，记录当前游戏场景，如果在后续游戏中玩家角色“不幸牺牲”，可以返回到先前场景，从所设恢复点开始重新游戏。现使用备忘录模式设计该功能，绘制类图并编程实现。

2. 实例类图

本实例类图如图 5-19 所示。

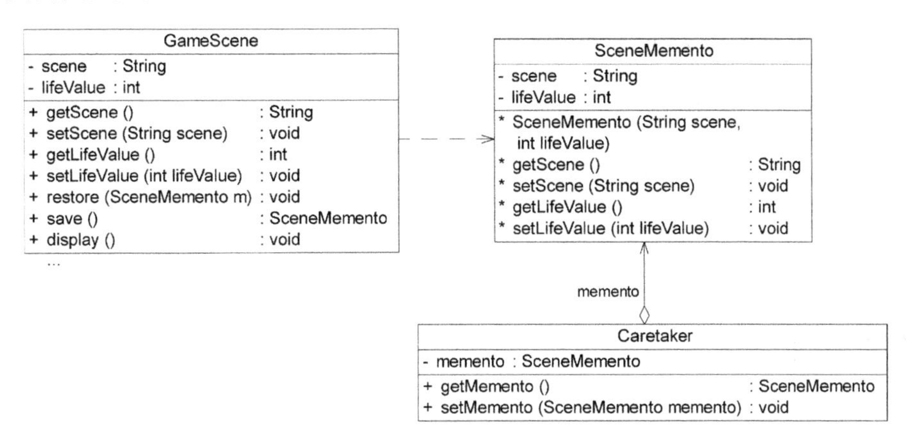

图 5-19 游戏恢复点设置实例类图

3. 实例代码

在本实例中,GameScene 充当原发器角色,它是待保存历史状态的类;SceneMemento 充当备忘录角色,它存储了 GameScene 的历史状态;Caretaker 充当负责人角色,它用于管理备忘录,本实例代码如下:

```
//游戏场景类: 原发器
class GameScene
{
    private String scene;
    private int lifeValue;
    public void setScene(String scene)
    {
        this.scene = scene;
    }
    public void setLifeValue(int lifeValue)
    {
        this.lifeValue = lifeValue;
    }
    public String getScene()
    {
        return (this.scene);
    }
    public int getLifeValue()
    {
        return (this.lifeValue);
    }
    public void restore(SceneMemento m)
    {
        this.scene = m.getScene();
        this.lifeValue = m.getLifeValue();
```

```
    }
    public SceneMemento save()
    {
        return new SceneMemento(this.scene,this.lifeValue);
    }
    public void display()
    {
        System.out.print("当前游戏场景为：" + this.scene + ",");
        System.out.println("您还有" + this.lifeValue + "条命!");
    }
}

//场景备忘录：备忘录
class SceneMemento
{
    private String scene;
    private int lifeValue;
    SceneMemento(String scene,int lifeValue)
    {
        this.scene = scene;
        this.lifeValue = lifeValue;
    }
    void setScene(String scene)
    {
        this.scene = scene;
    }
    void setLifeValue(int lifeValue)
    {
        this.lifeValue = lifeValue;
    }
    String getScene()
    {
        return (this.scene);
    }
    int getLifeValue()
    {
        return (this.lifeValue);
    }
}

//负责人
class Caretaker
{
    private SceneMemento memento;
    public SceneMemento getSceneMemento()
    {
        return this.memento;
    }
    public void setSceneMemento(SceneMemento memento)
```

```
    {
        this.memento = memento;
    }
}
```

客户端测试代码如下：

```
//客户端测试类
class Client
{
    public static void main(String args[])
    {
        GameScene scene = new GameScene();
        Caretaker ct = new Caretaker();
        scene.setScene("无名湖");
        scene.setLifeValue(3);
        System.out.println("原始状态：");
        scene.display();
        ct.setSceneMemento(scene.save());
        System.out.println("--------------------------");

        scene.setScene("魔鬼洞");
        scene.setLifeValue(0);
        System.out.println("牺牲状态：");
        scene.display();
        System.out.println("--------------------------");

        scene.restore(ct.getSceneMemento());
        System.out.println("恢复到原始状态：");
        scene.display();
        System.out.println("--------------------------");
    }
}
```

运行结果如下：

```
原始状态：
当前游戏场景为：无名湖，您还有 3 条命！
--------------------------
牺牲状态：
当前游戏场景为：魔鬼洞，您还有 0 条命！
--------------------------
恢复到原始状态：
当前游戏场景为：无名湖，您还有 3 条命！
```

在本实例中，原发器 GameScene 在调用 save()方法后将产生一个备忘录对象，该备忘录对象将保存在 Caretaker 中，原发器需要恢复状态时再将其从 Caretaker 中取出，可以通过调用 restore()方法来获取存储在备忘录中的状态信息。在真实开发中,除了原发器可以创建备忘录并给备忘录赋值外,其他对象不应该直接调用备忘录中的方法,也不能创建备忘录。如果备忘录被除原发器之外的第三者改动,则原发器恢复到的历史状态不是真实的历史状态,而是修改过的历史状态,这违背了备忘录模式的设计初衷,因此需要对备忘录进行封装。在 C++ 中可以将 Memento 类作为 Originator 类的友元类;而在 Java 语言中,一般将 Memento 类与 Originator 类定义在同一个 package 包中来实现封装,可使用默认访问标识符来定义 Memento 类,使其包内可见,只有 Originator 类可以对它进行访问,限制其他类对 Memento 的访问。

5.2.7 观察者模式实例之股票变化

1. 实例说明

某在线股票软件需要提供如下功能:当股票购买者所购买的某支股票价格变化幅度达到 5%时,系统将自动发送通知(包括新价格)给购买该股票的股民。现使用观察者模式设计该系统,绘制类图并编程模拟实现。

2. 实例类图

本实例类图如图 5-20 所示。

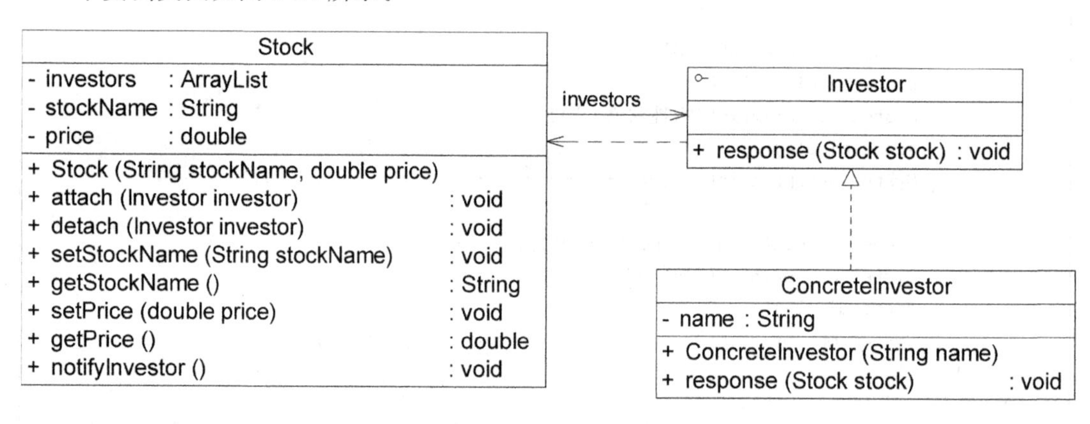

图 5-20 股票变化实例类图

3. 实例代码

在本实例中,Stock 充当观察目标角色(省略抽象观察目标),Investor 充当抽象观察者,ConcreteInvestor 充当具体观察者,本实例代码如下:

```
import java.util. * ;

//抽象股民: 抽象观察者
interface Investor
{
    public void response(Stock stock);
}
```

```
//股票:观察目标
class Stock
{
    private ArrayList<Investor> investors;
    private String stockName;
    private double price;
    public Stock(String stockName,double price)
    {
        this.stockName = stockName;
        this.price = price;
        investors = new ArrayList<Investor>();
    }
    public void attach(Investor investor)
    {
        investors.add(investor);
    }
    public void detach(Investor investor)
    {
        investors.remove(investor);
    }
    public void setStockName(String stockName)
    {
        this.stockName = stockName;
    }
    public String getStockName()
    {
        return this.stockName;
    }
    public void setPrice(double price)
    {
        double range = Math.abs(price - this.price)/this.price;
        this.price = price;
        if(range >= 0.05)
        {
            this.notifyInvestor();
        }
    }
    public double getPrice()
    {
        return this.price;
    }
    public void notifyInvestor()
    {
        for(Object obj:investors)
        {
            ((Investor)obj).response(this);
        }
    }
}
```

```
//股民: 具体观察者
class ConcreteInvestor implements Investor
{
    private String name;
    public ConcreteInvestor(String name)
    {
        this.name = name;
    }
    public void response(Stock stock)
    {
        System.out.print("提示股民: " + name);
        System.out.print("------ 股票: " + stock.getStockName());
        System.out.print("价格波动幅度超过 5% ------");
        System.out.println("新价格是:" + stock.getPrice() + "。");
    }
}
```

客户端测试代码如下：

```
//客户端测试类
class Client
{
    public static void main(String args[])
    {
        Investor investor1,investor2;
        investor1 = new ConcreteInvestor("杨过");
        investor2 = new ConcreteInvestor("小龙女");

        Stock haier = new Stock("青岛海尔",20.00);
        haier.attach(investor1);          //注册
        haier.attach(investor2);          //注册

        haier.setPrice(25.00);
    }
}
```

运行结果如下：

```
提示股民: 杨过 ------ 股票: 青岛海尔价格波动幅度超过 5% ------ 新价格是:25.0。
提示股民: 小龙女 ------ 股票: 青岛海尔价格波动幅度超过 5% ------ 新价格是:25.0。
```

在本实例中，股票 Stock 是股民的观察目标，每次调用其 setPrice()方法设置股票价格时，将对价格变化幅度进行判断，如果变化幅度大于 0.05，则调用通知方法 notifyInvestor()来通知所有购买该股票的股民，股民在接收到通知后将执行 response()方法作出响应。

5.2.8 状态模式实例之银行账户

1. 实例说明

在某银行系统中，我们定义了账户的三种状态：

(1) 如果账户(Account)中余额(balance)大于等于0，此时账户的状态为绿色(GreenState)，即正常状态，表示既可以向该账户存款(deposit)也可以从该账户取款(withdraw)。

(2) 如果账户中余额小于0，并且大于等于－1000，则账户的状态为黄色(YellowState)，即欠费状态，此时既可以向该账户存款也可以从该账户取款。

(3) 如果账户中余额小于－1000，那么账户的状态为红色(RedState)，即透支状态，此时用户只能向该账户存款，不能再从中取款。

现用状态模式来实现状态的转化问题，用户只需要执行简单的存款和取款操作，系统根据余额数量自动转换到相应的状态。

2. 实例类图

本实例类图如图5-21所示。

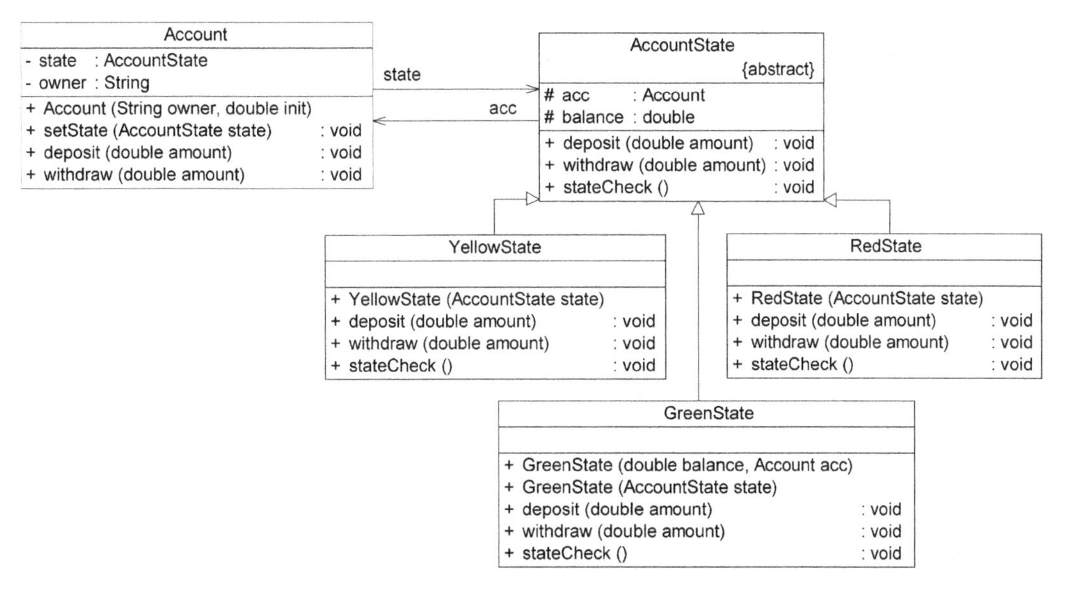

图5-21 银行账户实例类图

3. 实例代码

在本实例中，Account充当环境角色，AccountState充当抽象状态角色，YellowState、GreenState和RedState充当具体状态角色，本实例代码如下：

```
//银行账户：环境类
class Account
{
    private AccountState state;
```

```
    private String owner;
    public Account(String owner,double init)
    {
        this.owner = owner;
        this.state = new GreenState(init,this);
        System.out.println(this.owner + "开户,初始金额为" + init);
        System.out.println("---------------------------------------------");

    }

    public void setState(AccountState state)
    {
        this.state = state;
    }

    public void deposit(double amount)
    {
        System.out.println(this.owner + "存款" + amount);
        state.deposit(amount);
        System.out.println("现在余额为"+ state.balance);
        System.out.println("现在账户状态为"+ state.getClass().getName());
        System.out.println("---------------------------------------------");

    }

    public void withdraw(double amount)
    {
        System.out.println(this.owner + "取款" + amount);
        state.withdraw(amount);
        System.out.println("现在余额为"+ state.balance);
        System.out.println("现在账户状态为"+ state.getClass().getName());
        System.out.println("---------------------------------------------");
    }
}

//抽象状态类
abstract class AccountState
{
    protected Account acc;
    protected double balance;
    public abstract void deposit(double amount);
    public abstract void withdraw(double amount);
    public abstract void stateCheck();
}

//绿色状态:具体状态类
class GreenState extends AccountState{
```

```
    public GreenState(AccountState state)
    {
        this.balance = state.balance;
        this.acc = state.acc;
    }
    public GreenState(double balance, Account acc)
    {
        this.balance = balance;
        this.acc = acc;
    }
    public void deposit(double amount)
    {
        this.balance += amount;
        stateCheck();
    }
    public void withdraw(double amount)
    {
        this.balance -= amount;
        stateCheck();
    }
    public void stateCheck()
    {
        if(balance >=-1000&&balance < 0)
        {
            acc.setState(new YellowState(this));
        }
        else if(balance <-1000)
        {
            acc.setState(new RedState(this));
        }
    }
}

//黄色状态：具体状态类
class YellowState extends AccountState
{
    public YellowState(AccountState state)
    {
        this.balance = state.balance;
        this.acc = state.acc;
    }
    public void deposit(double amount)
    {
        this.balance += amount;
        stateCheck();
    }
    public void withdraw(double amount)
```

```
    {
        this.balance -= amount;
        stateCheck();
    }
    public void stateCheck()
    {
        if(balance >= 0)
        {
            acc.setState(new GreenState(this));
        }
        else if(balance < -1000)
        {
            acc.setState(new RedState(this));
        }
    }
}

//红色状态:具体状态类
class RedState extends AccountState
{
    public RedState(AccountState state)
    {
        this.balance = state.balance;
        this.acc = state.acc;
    }
    public void deposit(double amount)
    {
        this.balance += amount;
        stateCheck();
    }
    public void withdraw(double amount)
    {
        System.out.println("账户被冻结,取款失败");
    }
    public void stateCheck()
    {
        if(balance >= 0)
        {
            acc.setState(new GreenState(this));
        }
        else if(balance >= -1000)
        {
            acc.setState(new YellowState(this));
        }
    }
}
```

客户端测试代码如下：

```
//客户端测试类
class Client
{
    public static void main(String a[])
    {
        Account acc = new Account("段誉",5.0);
        acc.deposit(100);
        acc.withdraw(200);
        acc.deposit(1000);
        acc.withdraw(2000);
        acc.withdraw(100);
    }
}
```

运行结果如下：

```
段誉开户,初始金额为 5.0
---------------------------------------------
段誉存款 100.0
现在余额为 105.0
现在账户状态为 GreenState
---------------------------------------------
段誉取款 200.0
现在余额为 -95.0
现在账户状态为 YellowState
---------------------------------------------
段誉存款 1000.0
现在余额为 905.0
现在账户状态为 GreenState
---------------------------------------------
段誉取款 2000.0
现在余额为 -1095.0
现在账户状态为 RedState
---------------------------------------------
段誉取款 100.0
账户被冻结,取款失败
现在余额为 -1095.0
现在账户状态为 RedState
---------------------------------------------
```

在本实例中，在状态类中定义了 stateCheck()方法，如果账户所处状态能够进行存款或取款，则在每一次执行存款 deposit()或取款 withdraw()操作时，调用 stateCheck()方法进行余额的判断和状态的转换。在不同的具体状态子类中方法 stateCheck()、deposit()和 withdraw()提供了不同的实现，对应于对象在不同状态下拥有的功能。账户对象的状态及其状态之间的转换可以通过如图 5-22 所示的状态图来表示。

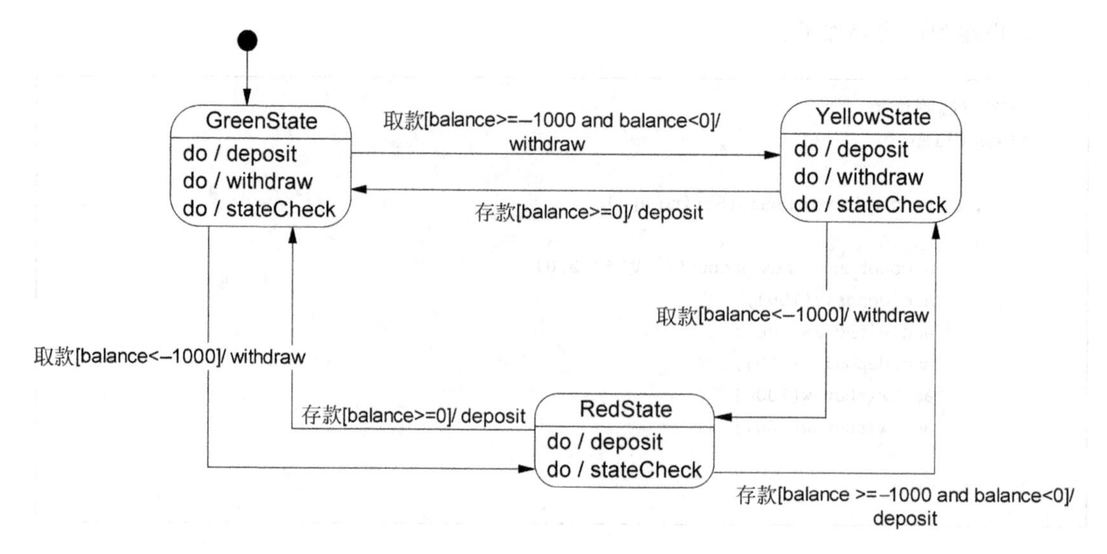

图 5-22 银行账户状态图

5.2.9 策略模式实例之电影票打折

1. 实例说明

某电影院售票系统为不同类型的用户提供了不同的打折方式(Discount),学生凭学生证可享受8折优惠(StudentDiscount),儿童可享受减免10元的优惠(ChildrenDiscount),VIP用户除享受半价优惠外还可以进行积分(VIPDiscount)。使用策略模式设计该系统,结合场景绘制相应的类图并编码实现。

2. 实例类图

本实例类图如图5-23所示。

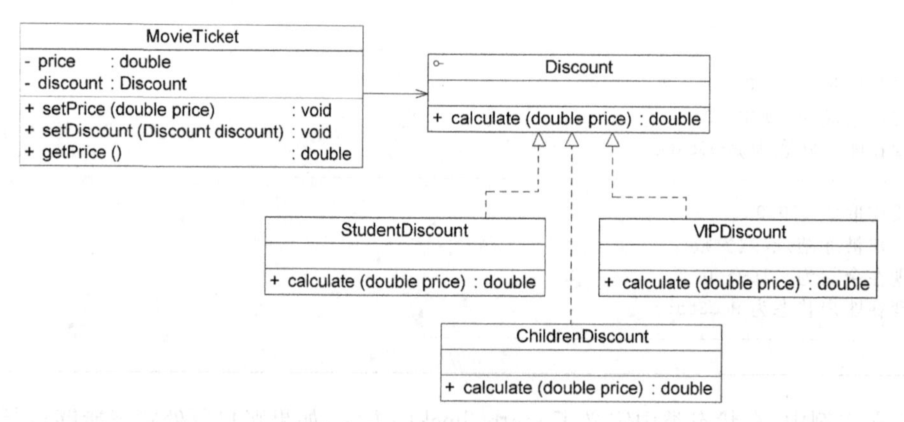

图 5-23 电影票打折实例类图

3. 实例代码

在本实例中,MovieTicket充当环境类角色,Discount充当抽象策略角色,StudentDiscount、ChildrenDiscount和VIPDiscount充当具体策略角色,本实例代码如下:

```
//电影票类：环境类
class MovieTicket
{
    private double price;
    private Discount discount;
    public void setPrice(double price)
    {
        this.price = price;
    }
    public void setDiscount(Discount discount)
    {
        this.discount = discount;
    }
    public double getPrice()
    {
        return discount.calculate(this.price);
    }
}

//折扣类：抽象策略类
interface Discount
{
    public double calculate(double price);
}

//学生折扣类：具体策略类
class StudentDiscount implements Discount
{
    public double calculate(double price)
    {
        return price * 0.8;
    }
}

//儿童折扣类：具体策略类
class ChildrenDiscount implements Discount
{
    public double calculate(double price)
    {
        return price - 10;
    }
}

//VIP 会员折扣类：具体策略类
class VIPDiscount implements Discount
{
    public double calculate(double price)
    {
        System.out.println("增加积分!");
```

```
            return price * 0.5;
        }
    }
```

客户端测试代码如下：

```
//客户端测试类
class Client
{
    public static void main(String args[])
    {
        MovieTicket mt = new MovieTicket();
        mt.setPrice(50.00);
        double currentPrice;

        Discount obj;
        obj = new StudentDiscount();         //可通过配置文件和反射机制实现
        mt.setDiscount(obj);
        currentPrice = mt.getPrice();
        System.out.println("折后价为：" + currentPrice);
        System.out.println("----------------------------------");
        obj = new VIPDiscount();
        mt.setDiscount(obj);
        currentPrice = mt.getPrice();
        System.out.println("折后价为：" + currentPrice);
    }
}
```

运行结果如下：

```
折后价为：40.0
----------------------------------
增加积分!
折后价为：25.0
```

在本实例中，可以通过配置文件来存储具体策略类的类名，再使用反射机制生成对象，如果需要更换具体策略或使用新增加的具体策略，无须修改任何源代码(包括客户端代码)，只需修改配置文件即可，完全符合开闭原则。

5.2.10 模板方法模式实例之数据库操作

1. 实例说明

对数据库的操作一般包括连接、打开、使用、关闭等步骤，在数据库操作模板类中我们定义了connDB()、openDB()、useDB()、closeDB()四个方法分别对应这四个步骤。对于不同类型的数据库(如SQL Server和Oracle)，其操作步骤都一致，只是连接数据库connDB()方法有所区别，现使用模板方法模式对其进行设计。

2. 实例类图

本实例类图如图 5-24 所示。

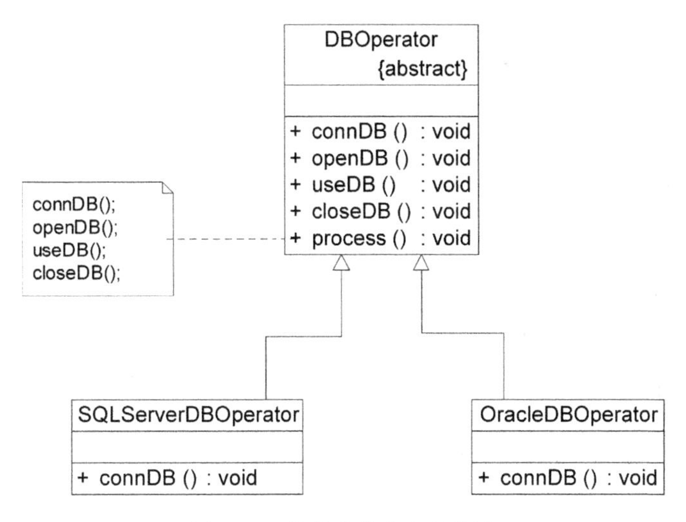

图 5-24 数据库操作实例类图

3. 实例代码

在本实例中，DBOperator 充当抽象父类角色，SQLServerDBOperator 和 OracleDBOperator 充当具体子类角色。

本实例代码如下：

```
//抽象数据库操作类：抽象类
abstract class DBOperator
{
    public abstract void connDB();
    public void openDB()
    {
        System.out.println("打开数据库");
    }
    public void useDB()
    {
        System.out.println("使用数据库");
    }
    public void closeDB()
    {
        System.out.println("关闭数据库");
    }
    public void process()
    {
        connDB();
        openDB();
        useDB();
        closeDB();
```

```
        }
    }

    //SQL Server 数据库操作类：具体子类
    class SQLServerDBOperator extends DBOperator
    {
        public void connDB()
        {
            System.out.println("连接 SQL Server 数据库!");
        }
    }

    //Oracle 数据库操作类：具体子类
    class OracleDBOperator extends DBOperator
    {
        public void connDB()
        {
            System.out.println("连接 Oracle 数据库!");
        }
    }
```

客户端测试代码如下：

```
    //客户端测试类
    class Client
    {
        public static void main(String args[])
        {
            DBOperator operator;
            operator = new SQLServerDBOperator();
            operator.process();
            System.out.println("--------------------------------------------");

            operator = new OracleDBOperator();
            operator.process();
        }
    }
```

运行结果如下：

```
连接 SQL Server 数据库!
打开数据库
使用数据库
关闭数据库
----------------------------------------
连接 Oracle 数据库!
打开数据库
使用数据库
关闭数据库
```

在本实例中，客户端测试类针对抽象父类编程，可以通过引入配置文件来存储具体子类的类名，再使用反射机制生成具体子类对象，如果需要更换具体子类或使用新增加的具体子类，无须修改任何源代码（包括客户端代码），只需修改配置文件即可，完全符合开闭原则。在抽象父类中定义了模板方法 process()，它规定了其他基本方法的执行次序，基本方法在父类中可以是抽象方法，也可以是具体方法。程序在运行时，具体子类中的基本方法可以覆盖父类中定义的基本方法，从而实现子类对父类的反向控制。

5.2.11 访问者模式实例之奖励审批

1. 实例说明

某高校奖励审批系统可以实现对教师奖励和学生奖励的审批（AwardCheck），如果教师发表论文数超过 10 篇或者学生论文超过 2 篇可以评选科研奖，如果教师教学反馈分大于等于 90 分或者学生平均成绩大于等于 90 分可以评选成绩优秀奖，使用访问者模式设计该系统，以判断候选人集合中的教师或学生是否符合某种获奖条件。

2. 实例类图

本实例类图如图 5-25 所示。

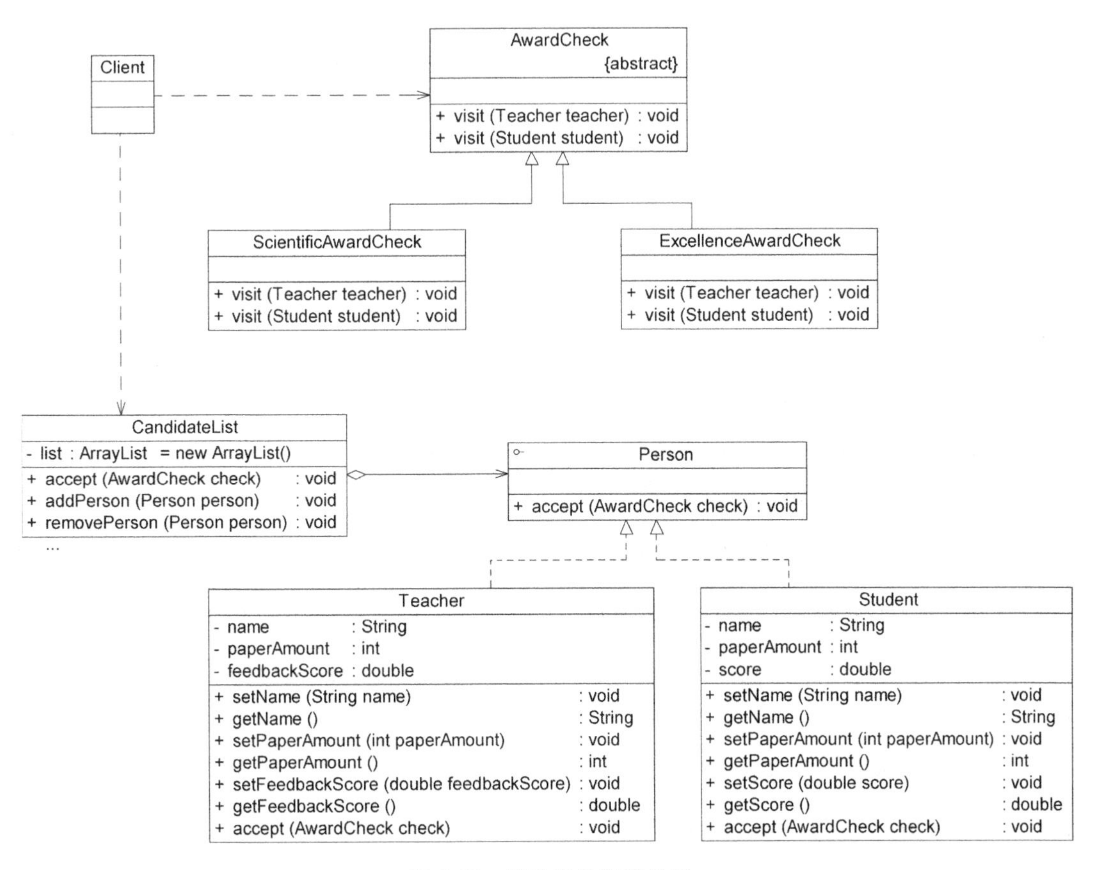

图 5-25 奖励审批实例类图

3. 实例代码

在本实例中，AwardCheck 充当抽象访问者角色，ScientificAwardCheck 和 ExcellenceAwardCheck 充当具体访问者角色，CandidateList 充当对象结构角色，Person 充当抽象元素角色，Teacher 和 Student 充当具体元素角色，本实例代码如下：

```
import java.util.*;

//抽象奖励审批类：抽象访问者类
abstract class AwardCheck
{
    public abstract void visit(Teacher teacher);
    public abstract void visit(Student student);
}

//科研奖审批类：具体访问者类
class ScientificAwardCheck extends AwardCheck
{
    public void visit(Teacher teacher)
    {
        if(teacher.getPaperAmount()>=10)
        {
            System.out.println(teacher.getName() + "可评选教师科研奖!");
        }
    }
    public void visit(Student student)
    {
        if(student.getPaperAmount()>=2)
        {
            System.out.println(student.getName() + "可评选学生科研奖!");
        }
    }
}

//成绩优秀奖审批类：具体访问者类
class ExcellenceAwardCheck extends AwardCheck
{
    public void visit(Teacher teacher)
    {
        if(teacher.getFeedbackScore()>=90)
        {
            System.out.println(teacher.getName() + "可评选教师成绩优秀奖!");
        }
    }
    public void visit(Student student)
    {
        if(student.getScore()>=90)
        {
            System.out.println(student.getName() + "可评选学生成绩优秀奖!");
```

```
        }
    }
}

//申请人类：抽象元素类
interface Person
{
    public void accept(AwardCheck check);
}

//教师类：具体元素类
class Teacher implements Person
{
    private String name;
    private int paperAmount;
    private double feedbackScore;

    public void setName(String name)
    {
        this.name = name;
    }

    public void setPaperAmount(int paperAmount)
    {
        this.paperAmount = paperAmount;
    }

    public void setFeedbackScore(double feedbackScore)
    {
        this.feedbackScore = feedbackScore;
    }

    public String getName()
    {
        return (this.name);
    }

    public int getPaperAmount()
    {
        return (this.paperAmount);
    }

    public double getFeedbackScore()
    {
        return (this.feedbackScore);
    }

    public void accept(AwardCheck check)
    {
```

```
        check.visit(this);
    }
}

//学生类：具体元素类
class Student implements Person
{
    private String name;
    private int paperAmount;
    private double score;

    public void setName(String name)
    {
        this.name = name;
    }

    public void setPaperAmount(int paperAmount)
    {
        this.paperAmount = paperAmount;
    }

    public void setScore(double score)
    {
        this.score = score;
    }

    public String getName()
    {
        return (this.name);
    }

    public int getPaperAmount()
    {
        return (this.paperAmount);
    }

    public double getScore()
    {
        return (this.score);
    }

    public void accept(AwardCheck check)
    {
        check.visit(this);
    }
}

//候选人集合类：对象结构
class CandidateList
```

```
{
    private ArrayList<Person> list = new ArrayList<Person>();
    public void addPerson(Person person)
    {
        list.add(person);
    }
    public void removePerson(Person person)
    {
        list.remove(person);
    }
    public void accept(AwardCheck check)
    {
        Iterator i = list.iterator();
        while(i.hasNext())
        {
            ((Person)i.next()).accept(check);
        }
    }
}
```

客户端测试代码如下：

```
//客户端测试类
class Client
{
    public static void main(String args[])
    {
        CandidateList list = new CandidateList();
        AwardCheck sac,eac;
        Teacher teacher = new Teacher();
        Student student = new Student();
        teacher.setName("风清扬");
        teacher.setPaperAmount(15);
        teacher.setFeedbackScore(92);
        student.setName("令狐冲");
        student.setPaperAmount(2);
        student.setScore(85);
        list.addPerson(teacher);
        list.addPerson(student);
        sac = new ScientificAwardCheck();
        list.accept(sac);
        eac = new ExcellenceAwardCheck();
        list.accept(eac);
    }
}
```

运行结果如下：

```
风清扬可评选教师科研奖！
令狐冲可评选学生科研奖！
风清扬可评选教师成绩优秀奖！
```

在本实例中，CandidateList 类中定义了一个 ArrayList 类型的集合对象，用于存储待审核的学生和教师信息，在其 accept()方法中通过参数传入一个访问者对象，该访问者对象将遍历审核存储在集合中的学生对象和教师对象，取出存储在元素对象中的论文数量和平均成绩，判断是否符合科研奖和成绩优秀奖的评选条件，再输出相应的判断结果。

5.3 实训练习

1. 选择题

(1) 图 5-26 描述了一种设计模式，该设计模式不可以(　　)。

A. 动态决定由一组对象中某个对象处理该请求

B. 动态指定处理一个请求的对象集合，并高效率地处理一个请求

C. 使多个对象都有机会处理请求，避免请求的发送者和接收者间的耦合关系

D. 将对象连成一条链，并沿着该链传递请求

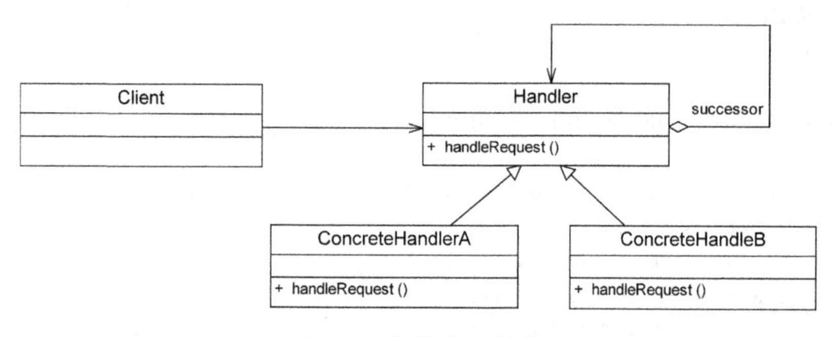

图 5-26　选择题(1)用图

(2) 接力赛跑体现了(　　)设计模式。

A. 职责链 (Chain of Responsibility)　　B. 命令 (Command)

C. 备忘录 (Memento)　　D. 工厂方法 (Factory Method)

(3) 以下关于命令模式的叙述错误的是(　　)。

A. 命令模式将一个请求封装为一个对象，从而使我们可用不同的请求对客户进行参数化

B. 命令模式可以将请求发送者和请求接收者解耦

C. 使用命令模式会导致某些系统有过多的具体命令类，导致在有些系统中命令模式变得不切实际

D. 命令模式是对命令的封装，命令模式把发出命令的责任和执行命令的责任集中在同一个类中，委派给统一的类来进行处理

(4) 在(　　)时无须使用命令模式。

A. 实现撤销操作和恢复操作

B. 将请求的发送者和接收者解耦

C. 不改变聚合类的前提下定义作用于聚合中元素的新操作

D. 在不同的时刻指定请求,并将请求排队

(5) 某计算器使用命令模式设计,其类图如图 5-27 所示,在该类图中,(　　)充当请求调用者,(　　)充当请求接收者。

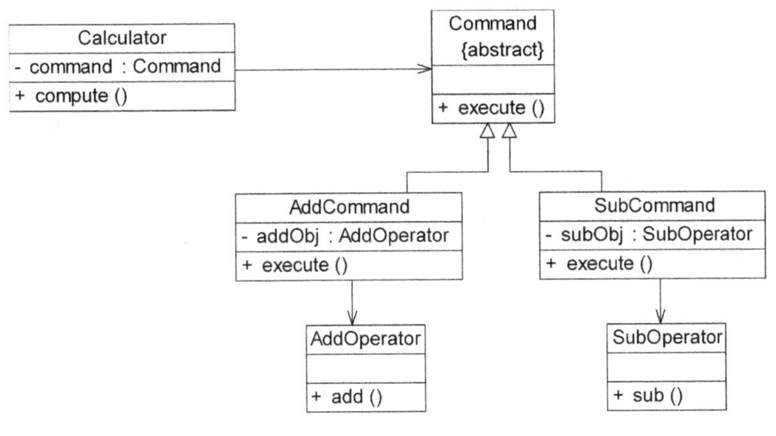

图 5-27　选择题(5)用图

A. Calculator　　　　B. Command

C. AddCommand　　　　D. AddOperator

(6) 关于解释器模式,以下叙述有误的是(　　)。

A. 当一个待解释的语言中的句子可以表示为一棵抽象语法树时,可以使用解释器模式

B. 在解释器模式中使用类来表示文法规则,可以方便地改变或者扩展文法

C. 解释器模式既适用于文法简单的小语言,也适用于文法非常复杂的语言解析

D. 需要自定义一个小语言,如一些简单的控制指令时,可以考虑使用解释器模式

(7) 在图形界面系统开发中,如果界面组件之间存在较为复杂的相互调用关系,为了降低界面组件之间的耦合度,让它们不产生直接的相互引用,可以使用(　　)设计模式。

A. 组合 (Composite)　　　　B. 适配器 (Adapter)

C. 中介者 (Mediator)　　　　D. 状态 (State)

(8) 以下关于迭代器模式的叙述错误的是(　　)。

A. 迭代器模式提供一种方法来访问聚合对象,而无须暴露这个对象的内部表示

B. 迭代器模式支持以不同的方式遍历一个聚合对象

C. 迭代器模式定义了一个访问聚合元素的接口,并且可以跟踪当前遍历的元素,了解哪些元素已经遍历过,而哪些没有

D. 在抽象聚合类中定义了访问和遍历元素的方法并在具体聚合类中实现这些方法

(9) 迭代器模式用于处理具有(　　)性质的类。

A. 抽象　　B. 聚集

C. 单例　　D. 共享

(10) 中介者模式中通过中介者来将同事类解耦,这是(　　)的具体应用。

A. 迪米特法则　　B. 接口隔离原则

C. 里氏代换原则　　D. 合成复用原则

(11) 以下关于中介者模式的叙述错误的是(　　)。

A. 中介者模式用一个中介对象来封装一系列的对象交互

B. 中介者模式与观察者模式均可以用于降低系统的耦合度,中介者模式用于处理对象之间一对多的调用关系,而观察者模式用于处理多对多的调用关系

C. 中介者模式简化了对象之间的交互,将原本难以理解的网状结构转换成相对简单的星型结构

D. 中介者将原本分布于多个对象间的行为集中在一起,改变这些行为只需生成新的中介者子类即可,这使各个同事类可被重用

(12) 很多软件都提供了撤销功能,(　　)设计模式可以用于实现该功能。

A. 中介者　　B. 备忘录

C. 迭代器　　D. 观察者

(13) 以下关于备忘录模式叙述错误的是(　　)。

A. 备忘录模式的作用是在不破坏封装的前提下捕获一个对象的内部状态,并在该对象之外保存这个状态,这样可以在以后将对象恢复到原先保存的状态

B. 备忘录模式提供了一种状态恢复的实现机制,使得用户可以方便地回到一个特定的历史步骤

C. 备忘录模式的缺点在于资源消耗太大,如果类的成员变量太多,就不可避免占用大量的内存,而且每保存一次对象的状态都需要消耗内存资源

D. 备忘录模式属于对象行为型模式,负责人向原发器请求一个备忘录,保留一段时间后,将其送回给负责人,负责人负责对备忘录的内容进行操作和检查

(14) 分析如下代码。

```
public class TestXYZ {
    int behaviour;
    //Getter and Setter
    …
    public void handleAll()
    {
        if(behaviour == 0)
        { //do something }
        else if(behaviour == 1)
        { //do something }
        else if(behaviour == 2)
        { //do something }
        else if(behaviour == 3)
        { //do something }
```

```
        ... some more else if ...
    }
}
```

为了提高代码的扩展性和健壮性,可以使用(　　)设计模式来进行重构。

A. Visitor(访问者)　　B. Facade(外观)

C. Memento(备忘录)　　D. State(状态)

(15)(　　)设计模式定义了对象间的一种一对多的依赖关系,以便当一个对象的状态发生改变时,所有依赖于它的对象都得到通知并自动刷新。

A. Adapter(适配器)　　B. Iterator(迭代器)

C. Prototype(原型)　　D. Observer(观察者)

(16) 如图 5-28 所示的 UML 类图表示的是(①)设计模式,在该设计模式中,(②)。

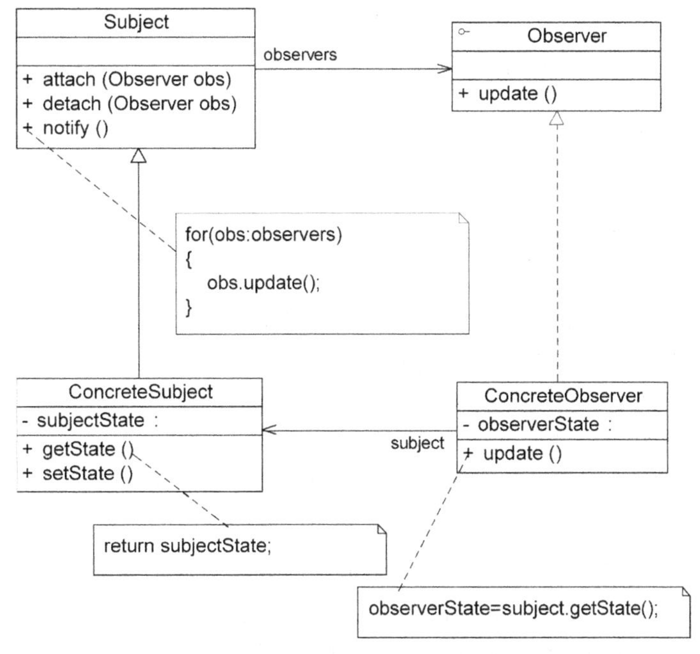

图 5-28　选择题(16)用图

① A. 备忘录 (Memento)　　B. 策略 (Strategy)

C. 状态 (State)　　D. 观察者 (Observer)

② A. 一个 Subject 对象可对应多个 Observer 对象

B. Subject 只能有一个 ConcreteSubject 子类

C. Observer 只能有一个 ConcreteObserver 子类

D. 一个 Subject 对象必须至少对应一个 Observer 对象

(17) 下面这句话隐含着(　　)设计模式。

我和妹妹跟妈妈说:“妈妈,我和妹妹在院子里玩,饭做好了叫我们一声。”

A. Facade　　B. Chain of Responsibility

C. Observer　　D. Iterator

(18)(①)设计模式允许一个对象在其内部状态改变时改变它的行为。图 5-29 为这种设计模式的类图,已知类 State 为抽象类,则类(②)的实例代表了 Context 对象的状态。

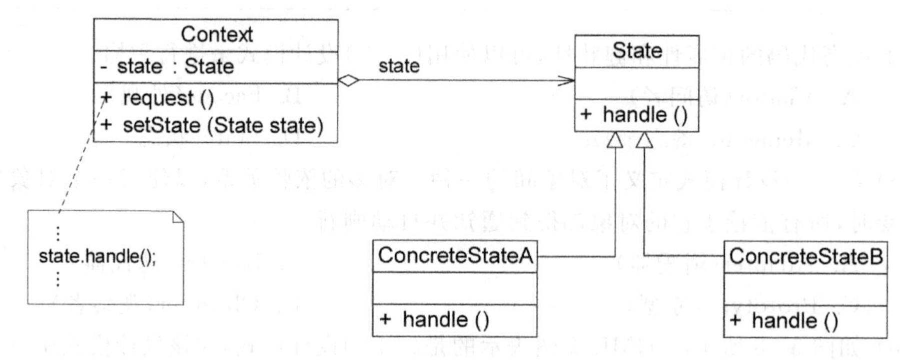

图 5-29 选择题(18)用图

① A. 单例 (Singleton) B. 桥接 (Bridge)
C. 组合 (Composite) D. 状态 (State)

② A. Context B. ConcreteStateA
C. Handle D. State

(19) 场景( )不是状态模式的实例。

A. 银行账户根据余额不同拥有不同的存取款操作
B. 游戏软件中根据虚拟角色级别的不同拥有不同的权限
C. 某软件在不同的操作系统中呈现不同的外观
D. 会员系统中会员等级不同可以实现不同的行为

(20) 以下关于状态模式叙述错误的是( )。

A. 状态模式允许一个对象在其内部状态改变时改变它的行为,对象看起来似乎修改了它的类
B. 状态模式中引入了一个抽象类来专门表示对象的状态,而具体的状态都继承了该类,并实现了不同状态的行为,包括各种状态之间的转换
C. 状态模式使得状态的变化更加清晰明了,也很容易创建对象的新状态
D. 状态模式完全符合开闭原则,增加新的状态类无须对原有类库进行任何修改

(21) 以下关于策略模式叙述错误的是( )。

A. 策略模式是对算法的包装,是把算法的责任和算法本身分隔开,委派给不同的对象管理
B. 在 Context 类中,维护了对各个 ConcreteStrategy 的引用实例,提供了一个接口供 ConcreteStrategy 存储数据
C. 策略模式让算法独立于使用它的客户而变化
D. 策略模式中,定义一系列算法,并将每一个算法封装起来,并让它们可以相互替换

(22) 以下关于策略模式的优缺点描述错误的是( )。

A. 策略模式中,客户端无须知道所有的策略类,系统必须自行提供一个策略类

B. 策略模式可以避免使用多重条件转移语句

C. 策略模式会导致产生大量的策略类

D. 策略模式提供了管理相关算法族的办法

(23) 某系统中用户可自行选择某种排序算法(如选择排序、冒泡排序、插入排序)来实现排序操作,该系统的设计可以使用(　　)设计模式。

A. 状态　　　　B. 策略

C. 模板方法　　　　D. 工厂方法

(24) 某系统中的某子模块需要为其他模块提供访问不同数据库系统(Oracle、SQL Server、DB2 UDB 等)的功能,这些数据库系统提供的访问接口有一定的差异,但访问过程却都是相同的,例如,先连接数据库,再打开数据库,最后对数据进行查询,可使用(　　)设计模式抽象出相同的数据库访问过程。

A. 观察者　　　　B. 访问者

C. 模板方法　　　　D. 策略

(25) 以下关于模板方法模式的叙述错误的是(　　)。

A. 模板方法模式定义了一个操作中算法的骨架,而将一些步骤延迟到子类中

B. 模板方法模式是一种对象行为型模式

C. 模板方法模式中子类可以不改变一个算法的结构即可重定义该算法某些特定步骤

D. 模板方法不仅可以调用定义于 AbstractClass 中的方法,还可以调用定义在其他对象中的方法

(26) 以下关于访问者模式的叙述错误的是(　　)。

A. 访问者模式表示一个作用于某对象结构中的各元素的一系列操作

B. 访问者模式使我们可以在不改变各元素的类的前提下定义作用于这些元素的新操作

C. 在访问者模式中,ObjectStructure 提供一个高层接口以允许访问者访问它的元素

D. 访问者模式使得增加新的元素变得很简单

(27) 关于访问者模式中的对象结构,以下描述错误的是(　　)。

A. 它实现了 accept()方法,该操作以一个具体访问者作为参数

B. 可以提供一个高层的接口以允许访问者访问它的元素

C. 可以是一个组合模式或是一个集合

D. 访问者能够对其中包含的元素进行遍历

(28) 在某飞行器模拟系统中,用户通过调节参数可以得到飞机的燃油消耗曲线和发动机燃烧效率曲线,用户可以向文本框输入参数值,也可以通过滑块来设置参数值,还可以通过下拉框来选择参数值,系统界面如图 5-30 所示,在该系统的设计中可以使用(　　)设计模式。

A. 适配器或命令　　　　B. 工厂方法或外观

C. 中介者或观察者　　　　D. 策略或模板方法

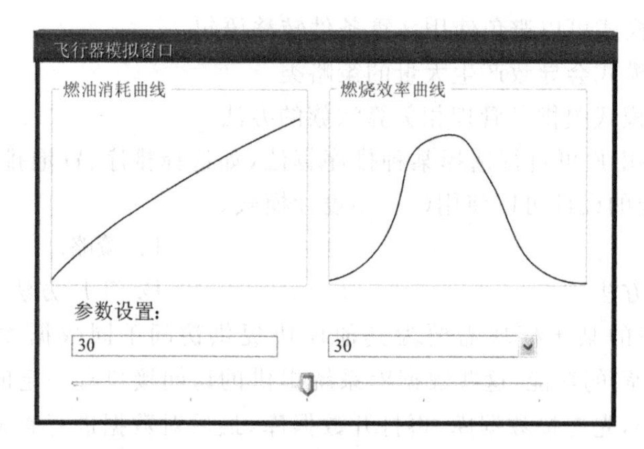

图 5-30 选择题(28)用图

(29) 在很多流行的交互式绘图程序中，当用户选择不同的绘图工具时图形编辑器的行为将随当前工具的变化而改变。如当一个"绘制椭圆"工具被激活时，可以创建椭圆对象；当一个"选择"工具被激活时，可以选择图形对象；当一个"填充"工具被激活时，可以给图形填充颜色等。在该程序中，可以使用(　　)设计模式来根据当前的工具来改变编辑器的行为。

A. 工厂方法 (Factory Method)　　B. 状态 (State)

C. 备忘录 (Memento)　　D. 访问者 (Visitor)

(30) 在 Java 异常处理中经常存在与下述代码片段类似的代码：

```
try {
    …
}
catch(ArithmeticException are) {
    System.out.println("算术错误!");
}
catch(ClassNotFoundException e1) {
    System.out.println("类没有找到!");
}
catch(SQLException e2) {
    System.out.println("数据库操作错误!");
}
```

分析上述代码，在 Java 异常处理机制中蕴涵了(　　)设计模式。

A. 命令 (Command)

B. 观察者 (Observer)

C. 迭代器 (Iterator)

D. 职责链 (Chain of Responsibility)

2. 填空题

(1) 已知某企业的采购审批是分级进行的，即根据采购金额的不同由不同层级的主管人员来审批，主任可以审批 5 万元以下(不包括 5 万元)的采购单，副董事长可以审批 5 万元至 10 万元(不包括 10 万元)的采购单，董事长可以审批 10 万元至 50 万元(不包括 50 万元)

的采购单,50 万元及以上的采购单就需要开会讨论决定。

采用职责链设计模式对上述过程进行设计后得到的类图如图 5-31 所示。

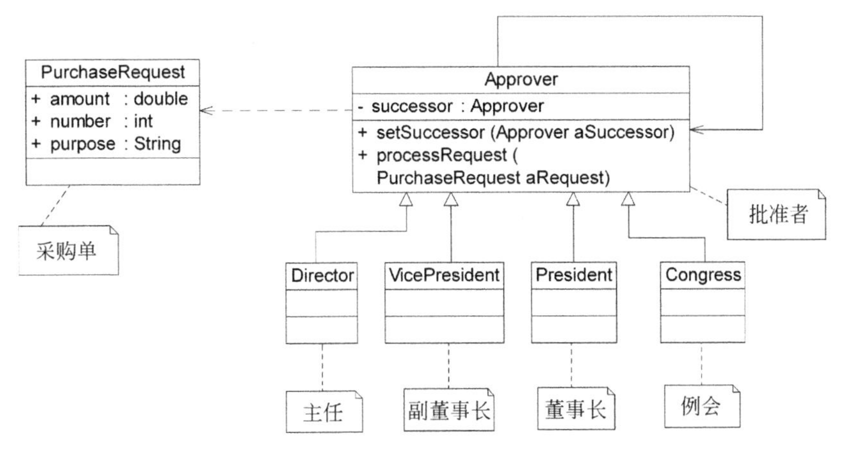

图 5-31 填空题(1)用图

Java 代码如下:

```
class PurchaseRequest {
    public double amount;           //一个采购的金额
    public int number;              //采购单编号
    public String purpose;          //采购目的
}

class Approver {                    //审批者类
    public Approver() { successor = null; }
    public void processRequest(PurchaseRequest aRequest){
        if(successor != null) {successor.____①____;}
    }
    public void setSuccessor(Approver aSuccessor) { successor = aSuccessor;}
    private ____②____ successor;
}

class Congress extends Approver{
    public processRequest(PurchaseRequest aRequest){
        if(aRequest.amount >= 500000) {/* 决定是否审批的代码省略 */}
        else ____③____.processRequest(aRequest);
    }
}

class Director extends Approver{
    public void processRequest(PurchaseRequest aRequest){/* 此处代码省略 */}
}

class President extends Approver{
    public void processRequest(PurchaseRequest aRequest){/* 此处代码省略 */}
```

```
    }

    class VicePresident extends Approver{
        public void processRequest(PurchaseRequest aRequest){/ * 此处代码省略 * /}
    }

    public class Test
    {
        public static void main(String[ ] args) throws IOException{
            Congress meeting = new Congress();
            VicePresident sam = new VicePresident();
            Director larry = new Director();
            President tammy = new President();
            //构造职责链
            meeting.setSuccessor(null);
            sam.setSuccessor(______④______);
            tammy.setSuccessor(______⑤______);
            larry.setSuccessor(______⑥______);
            //构造一采购审批请求
            PurchaseRequest aRequest = new PurchaseRequest();
            BufferedReader br = new BufferedReader(new InputStreamReader(System.in));
            aRequest.amount = Double.parseDouble(br.readLine());
            ______⑦______.processRequest(aRequest);
        }
    }
```

(2) 已知某企业欲开发一家用电器遥控系统，即用户使用一个遥控器即可控制某些家用电器的开与关。遥控器如图 5-32 所示。该遥控器共有 4 个按钮，编号为 0～3，按钮 0 和按钮 2 能够遥控打开电器 1 和电器 2，按钮 1 和按钮 3 则能遥控关闭电器 1 和电器 2。由于遥控系统需要支持形式多样的电器，因此，该系统的设计要求具有较高的扩展性。现假设需要控制客厅电视和卧室电灯，对该遥控系统进行设计所得类图如图 5-33 所示。

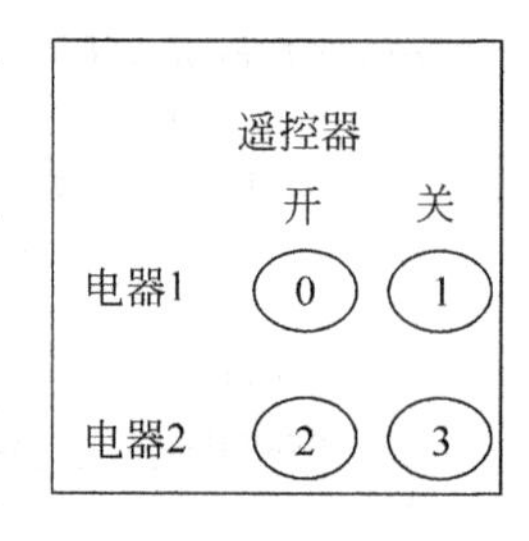

图 5-32 遥控器

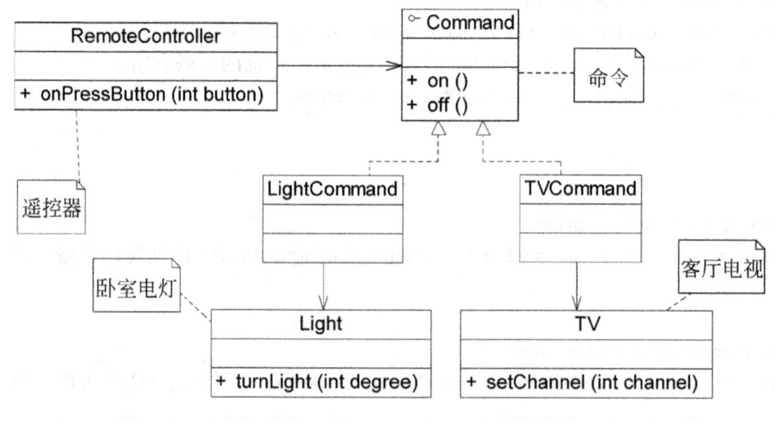

图 5-33 填空题(2)用图

在图 5-33 中，类 RemoteController 的方法 onPressButton(int button)表示当遥控器按钮按下时调用的方法，参数为按键的编号；Command 接口中 on()和 off()方法分别用于控制电器的开与关；Light 中 turnLight(int degree)方法用于调整电灯灯光的强弱，参数 degree 值为 0 时表示关灯，值为 100 时表示开灯并且将灯光亮度调整到最大；TV 中 setChannel(int channel)方法表示设置电视播放的频道，参数 channel 值为 0 时表示关闭电视，为 1 时表示开机并将频道切换为第 1 频道。

Java 代码如下：

```
class Light{                                      //电灯类
    public void turnLight(int degree) {  //调整灯光亮度,0 表示关灯,100 表示亮度最大}
}

class TV{                                         //电视机类
    public void setChannel(int channel) {//0 表示关机,1 表示开机并切换到 1 频道}
}

interface Command{                                //抽象命令类
    void on();
    void off();
}

class RemoteController{                           //遥控器类
    //遥控器有 4 个按钮,按照编号分别对应 4 个 Command 对象
    protected Command[] commands = new Command[4];
    //按钮被按下时执行命令对象中的命令
    public void onPressButton(int button) {
        if(button % 2 == 0) commands[button].on();
        else commands[button].off();
    }

    public void setCommand(int button, Command command){
    ____①____ = command;                          //设置每个按钮对应的命令对象
    }
}

class LightCommand implements Command{            //电灯命令类
    protected Light light;                        //指向要控制的电灯对象
    public void on() {light.turnLight(100);}
    public void off() {light.____②____;}
    public LightCommand(Light light) {this.light = light; }
}

class TVCommand implements Command{               //电视机命令类
    protected TV tv;
    public void on() {tv.____③____;}
    public void off() {tv.setChannel(0);}
    public TVCommand(TV tv) {this.tv = tv;}
```

```
    }

    public class Test
    {
        public static void main(String args[])
        {
            //创建电灯和电视对象
            Light light = new Light();
            TV tv = new TV();
            LightCommand lightCommand = new LightCommand(light);
            TVCommand tvCommand = new TVCommand(tv);
            RemoteController remoteController = new RemoteController();
            //设置按钮和命令对象
            remoteController.setCommand(0,___④___);
            ...                    //此处省略设置按钮 1、按钮 2 和按钮 3 的命令对象代码
        }
```

本题中，应用命令模式能够有效地让类___⑤___和类___⑥___、类___⑦___之间的耦合性降至最小。

(3) 使用解释器模式设计一个简单的加法/减法解释器，可以对加法/减法表达式进行解释，如用户输入表达式“2 + 3 − 4 + 1”，输出结果为 2。现采用解释器模式进行设计，类图如图 5-34 所示。

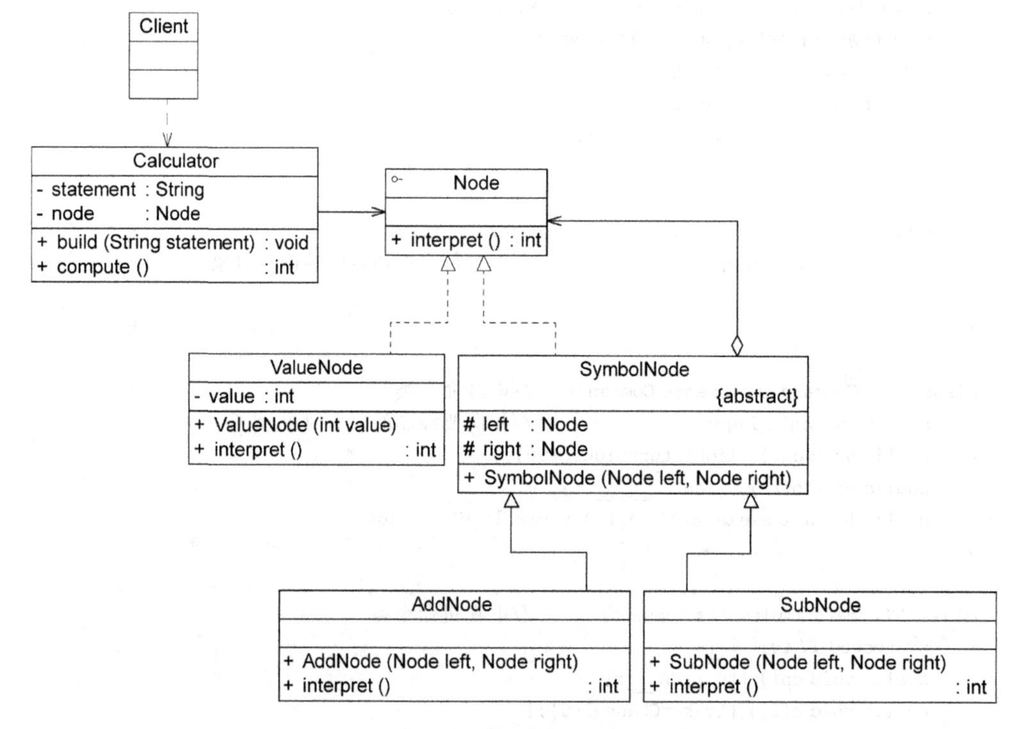

图 5-34 填空题(3)用图

在图 5-34 中，Node 类充当抽象表达式，在其中声明了抽象解释方法 interpret()；ValueNode 是值节点类，充当终结符表达式，SymbolNode 充当抽象的非终结符表达式，其子类 AddNode 和 SubNode 充当具体的非终结符表达式，分别对应加法解释和减法解释。Calculator 类表示计算器，在其中封装了对表达式类的 interpret()方法的调用。如果在客户类中输入字符串"2 ＋ 3 － 4 ＋ 1"，在 Calculator 类中，该字符串将以空格为分界符转换成一个字符串数组。根据对该字符串数组的分析，将构造如下表达式：newAddNode(new SubNode(new AddNode(new ValueNode(2), new ValueNode(3)), new ValueNode(4)), ValueNode(1))，该表达式对应一棵抽象语法树，如图 5-35 所示。

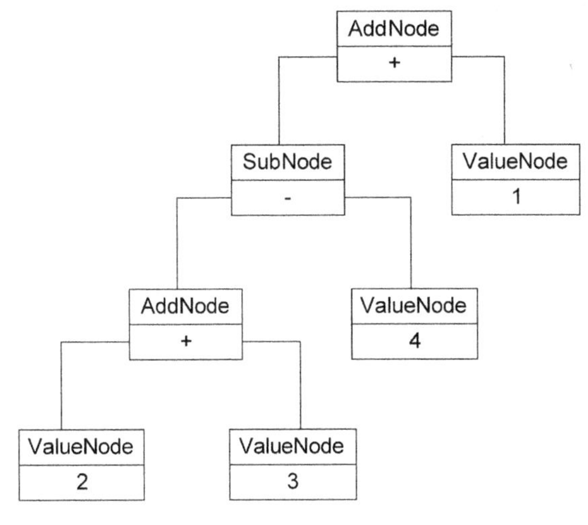

图 5-35　抽象语法树

Java 代码如下：

```
import java.util.*;
interface Node
{
    public int interpret();
}

//终结符表达式类，用于解释一个整型数值
class ValueNode implements Node
{
    private int value;
    public ValueNode(int value)
    {   this.value = value;   }

    public int interpret()
    {   return this.value;   }
}

//抽象终结符表达式类
________①________ SymbolNode implements Node
```

```
{
    protected Node left;
    protected Node right;
    public SymbolNode(Node left,Node right)
    {
        this.left = left;
        this.right = right;
    }
}

class AddNode extends SymbolNode
{
    public AddNode(Node left,Node right)
    {
        super(left,right);
    }

    public int interpret()                          //加法解释
    {
        return ______________②______________;
    }
}

class SubNode extends SymbolNode
{
    public SubNode(Node left,Node right)
    {
        super(left,right);
    }

    public int interpret()                          //减法解释
    {
        return ______________③______________;
    }
}

class Calculator
{
    private String statement;
    private Node node;

    public void build(String statement)
    {
        Node left = null,right = null;
        Stack stack = new Stack();                 //使用栈来存储表达式
        String[] statementArr = statement.____④____;   //使用空格分隔输入字符串
        for(int i = 0;i < statementArr.length;i++)
        {
```

```
            //如果输入的符号是加号，则将存储在栈中的表达式弹出后作为其左表达式，而将之
            //后的数值作为其右表达式，创建一个新的 AddNode 对象并存入栈中
            if(statementArr[i].equalsIgnoreCase("+"))
            {
                left = (Node)stack.pop();
                int val = Integer.parseInt(statementArr[++i]);
                right = new ValueNode(val);
                ________⑤________;
            }
            else if(statementArr[i].equalsIgnoreCase("-"))
            {
                left = (Node)stack.pop();
                int val = Integer.parseInt(statementArr[++i]);
                right = new ValueNode(val);
                ________⑥________;
            }
            //如果输入的符号既不是加号也不是减号，则为数值，创建一个新的 ValueNode 对象
            //并存储栈中
            else
            {
                stack.push(________⑦________);
            }
        }
        this.node = (Node)________⑧________; //弹出完整的表达式
    }

    public int compute()
    {
        return node.interpret();
    }
}

class Test
{
    public static void main(String args[])
    {
        String statement = "2 + 3 - 4 + 1";
        Calculator calculator = new Calculator();
        calculator.build(statement);
        int result = calculator.compute();
        System.out.println(statement + " = " + result);
    }
}
```

(4) 某软件公司欲基于迭代器模式开发一套用于遍历数组元素的类库，其基本结构如图 5-36 所示。

在图 5-36 中，Collection 类是抽象聚合类，ConcreteCollection 类是具体聚合类，Iterator 类是抽象迭代器类，ConcreteIterator 类是具体迭代器类。在聚合类中提供了创建迭代器的

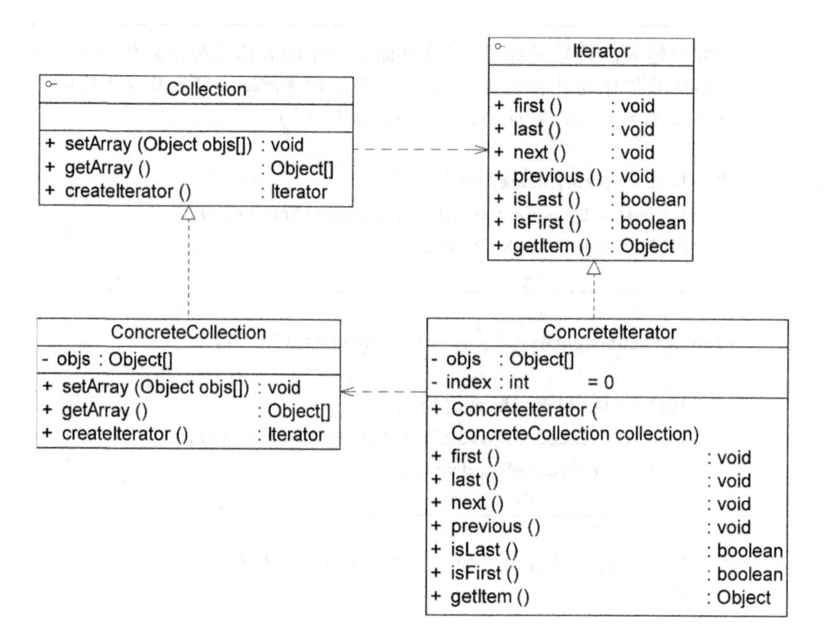

图 5-36 填空题(4)用图

工厂方法 createIterator()和数组的 Setter()和 Getter()方法，在迭代器中提供了用于遍历数组元素的相关方法，如 first()、last()、next()等。

Java 代码如下：

```
interface Collection
{
    public void setArray(Object objs[]);          //设置数组
    public Object[] getArray();                   //获取数组
    public Iterator createIterator();             //创建迭代器
}

interface Iterator
{
    public void first();                          //索引指向第一个元素
    public void last();                           //索引指向最后一个元素
    public void next();                           //索引指向下一个元素
    public void previous();                       //索引指向上一个元素
    public boolean isLast();                      //判断是否最后一个元素
    public boolean isFirst();                     //判断是否第一个元素
    public Object getItem();                      //获取当前索引所指向的元素
}

class ConcreteCollection implements Collection
{
    private Object[] objs;

    public void setArray(Object objs[])
```

```
    {   this.objs = objs;   }

    public Object[] getArray()
    {   return this.objs;   }

    public Iterator createIterator()
    {   return ________①________; }
}

class ConcreteIterator implements Iterator
{
    private Object[] objs;
    private int index = 0;                  //索引变量,初值为0

    public ConcreteIterator(ConcreteCollection collection)
    {   this.objs = ______②______;   }
    public void first()
    {   index = 0;   }
    public void last()
    {________③________;   }
    public void next()
    {
        if(index < objs.length)
        {
        ________④________;
        }
    }
    public void previous()
    {
        if(index >= 0)
        {
        ________⑤________;
        }
    }
    public boolean isLast()
    {________⑥________;   }
    public boolean isFirst()
    {________⑦________;   }
    public Object getItem()
    {   return objs[index];   }
}

class Test
{
    public static void main(String args[])
    {
        Collection collection;
        collection = new ConcreteCollection();
        Object[] objs = {"北京","上海","广州","深圳","长沙"};
```

```
            collection.setArray(objs);
            Iterator i = ______⑧______;
            i.last();
            //逆向遍历所有元素
            while(______⑨______)
            {
                System.out.println(i.getItem().toString());
                ______⑩______;
            }
        }
    }
```

(5) 某公司欲开发一套窗体图形界面类库。该类库需要包含若干预定义的窗格(Pane)对象,例如TextPane、ListPane、GraphicPane等,窗格之间不允许直接引用。基于该类库的应用由一个包含一组窗格的窗口(Window)组成,并需要协调窗格之间的行为。在相互之间不直接引用的前提下需要实现窗格之间的协作,现采用中介者模式设计该系统,类图如图5-37所示。

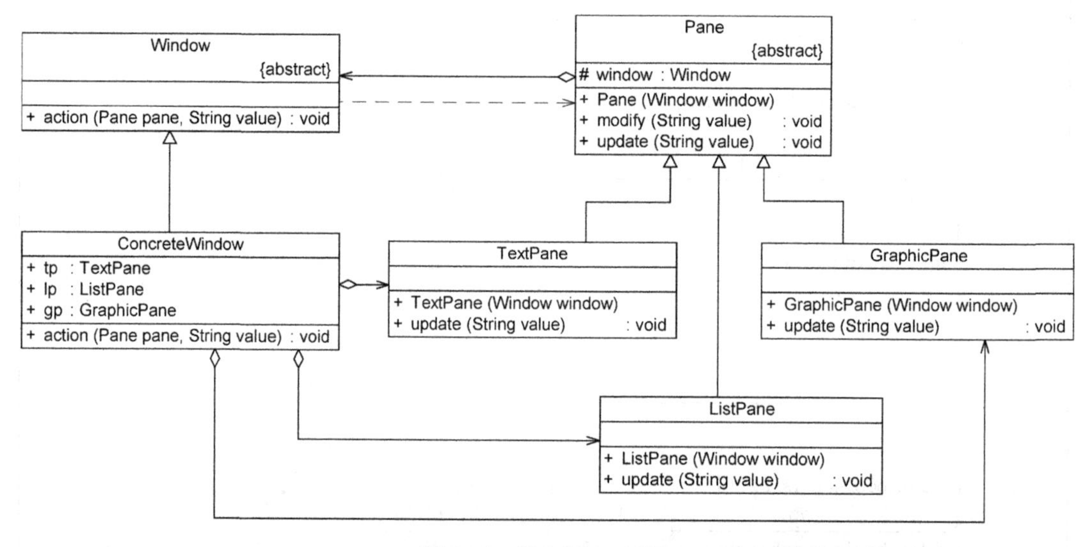

图5-37 填空题(5)用图

在图5-37中,抽象类Window充当抽象中介者,其中定义的action()方法用于协调窗格之间的相互调用,ConcreteWindow作为其子类充当具体中介者;抽象类Pane充当抽象同事类,包含改变方法modify()和响应方法update(),一个窗格的改变将引起其他窗格的响应,而且窗格与窗格之间不发生直接的相互引用。

Java代码如下:

```
//抽象中介者类
abstract class Window
{
    //协调窗格之间的相互调用
```

```
    public abstract void action(Pane pane,String value);
}

//具体中介者类
class ConcreteWindow extends Window
{
    public TextPane tp;
    public ListPane lp;
    public GraphicPane gp;
    public void action(Pane pane,String value)
    {
        if(pane == tp)                     //文本窗格发生改变,列表窗格和图形窗格得到响应
        {
            ______①______;
            ______②______;
        }
        else if(pane == lp)                //列表窗格发生改变
        {                                  //代码省略
        }
        else if(pane == gp)                //图形窗格发生改变
        {                                  //代码省略
        }
    }
}

//抽象同事类
abstract class Pane
{
    protected Window window;
    public Pane(Window window)
    {
        this.window = window;
    }
    public void modify(String value)
    {
    ______③______;                        //向中介者转发调用
    }
    public abstract void update(String value);
}

//具体同事类: 文本窗格
class TextPane extends Pane
{
    public TextPane(Window window)
    {
        ______④______;
    }
    public void update(String value)
    {
        System.out.println("文本窗格值更新,显示值为: " + value);
    }
```

```
    }

    //具体同事类: 列表窗格
    class ListPane extends Pane
    {                                   //代码省略
    }

    //具体同事类: 图形窗格
    class GraphicPane extends Pane
    {                                   //代码省略
    }

    class MainClass
    {
        public static void main(String args[])
        {
            ConcreteWindow window = new ConcreteWindow();
            TextPane tp = ______⑤______;
            ListPane lp = ______⑥______;
            GraphicPane gp = ______⑦______;
            window.tp = tp;
            window.lp = lp;
            window.gp = gp;
            tp.modify("天生我材必有用!");
            System.out.println("------------------------");
            lp.modify("大家好才是真的好!");
        }
    }
```

结合该实例,说明中介者模式的内涵。

(6) 某数据处理软件需要提供一个数据恢复功能,用户在操作过程中如果发生异常操作,可以将数据恢复到初始状态。采用备忘录模式设计该系统,要求初始数据能够独立保存且不能被当前数据对象以外的其他对象读取,设计类图如图 5-38 所示。

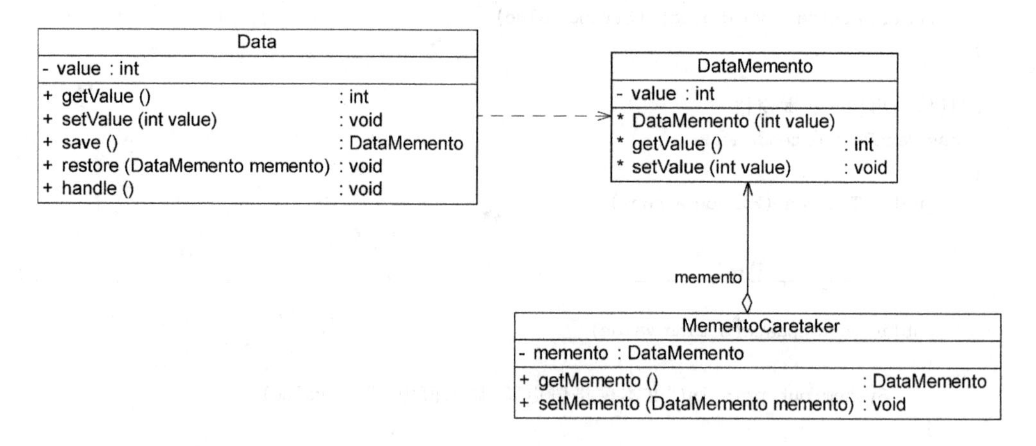

图 5-38 填空题(6)用图

在图 5-38 中，Data 类封装了数据，充当原发器角色，DataMemento 作为 Data 类的备忘录，MementoCaretaker 用于管理备忘录。Data 类的 save()方法用于创建备忘录，并通过 MementoCaretaker 的 setMemento()方法来保存备忘录；Data 类 restore()方法用于从备忘录中恢复数据。

Java 代码如下：

```
class Data
{
    private int value;
    public int getValue()
    {  return this.value;  }
    public void setValue(int value)
    {  this.value = value; }
    public void restore(DataMemento memento)
    {  this.value = ______①______ ;  }
    public DataMemento save()
    {  return ______②______ ;  }
    public void handle()
    {  System.out.println(this.value);  }
}

class DataMemento
{
    private int value;
    DataMemento(int value)
    {______③______ ;  }
    int getValue()
    {  return this.value;  }
    void setValue(int value)
    {  this.value = value; }
}

class MementoCaretaker
{
    private DataMemento memento;
    public DataMemento getMemento()
    {  return this.memento;  }
    public void setMemento(DataMemento memento)
    {  this.memento = memento;  }
}

class Test
{
    public static void main(String args[])
    {
        Data data = new Data();
```

```
        data.setValue(60);
        MementoCaretaker mc = new MementoCaretaker();
        mc.setMemento(______④______);
        System.out.println("****状态一****");
        data.handle();
        int temp = data.getValue();
        temp = (temp + 3 - 4) % 10;
        data.setValue(temp);
        System.out.println("****状态二****");
        data.handle();
        data.restore(______⑤______);
        System.out.println("****恢复状态一****");
        data.handle();
    }
}
```

在备忘录模式中需要实现对备忘录的封装，不允许除原发器以外的其他对象访问备忘录，Java 语言可以通过何种方式来实现？

(7) 某公司欲开发一套机房监控系统，如果机房达到某一指定温度，传感器将做出反应，将信号传递给响应设备，如警示灯将闪烁、报警器将发出警报、安全逃生门将自动开启、隔热门将自动关闭等，每一种响应设备的行为由专门的程序来控制。为支持将来引入新类型的响应设备，采用观察者模式设计该系统，类图如图 5-39 所示。

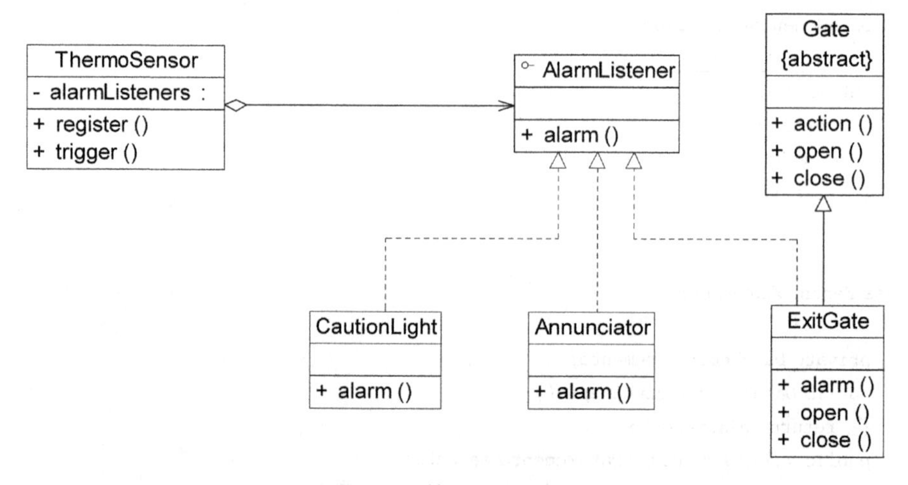

图 5-39 填空题(7)用图

在图 5-39 中，ThermoSensor 是温度传感器，定义了增加响应设备的方法 register()和触发方法 trigger()。AlarmListener 接口是抽象响应设备类，声明了警示方法 alarm()，而警示灯类 CautionLight、报警器类 Annunciator 和安全门类 ExitGate 是具体响应设备类，它们实现了警示方法 alarm()。ExitGate 是抽象类 Gate 类的子类，它将实现在 Gate 类中声明的 open()方法和 close()方法，用于开启逃生门并关闭隔热门，Gate 类中的 action()方法用于同时执行 open()方法和 close()方法。

Java 代码如下：

```
import java.util.*;

________①________
{
    public void alarm();
}

abstract class Gate
{
    public void action()
    {
        open();
        close();
    }

    public abstract void open();
    public abstract void close();
}

class CautionLight implements AlarmListener
{
    public void alarm()
    {
        System.out.println("警示灯闪烁!");
    }
}

class Annunciator implements AlarmListener
{
    public void alarm()
    {
        System.out.println("报警器发出警报!");
    }
}

class ExitGate ________②________
{
    public void alarm()
    {
        ________③________;
    }

    public void open()
    {
        System.out.println("逃生门开启!");
    }
```

```
        public void close()
        {
            System.out.println("隔热门关闭!");
        }
    }

    class ThermoSensor
    {
        private ArrayList alarmListeners = new ArrayList();

        public void register(AlarmListener al)
        {
            _______④_______;
        }

        public void trigger()
        {
            for(Object obj:alarmListeners)
            {
                _______________⑤_______________;
            }
        }
    }

    class Test
    {
        public static void main(String args[])
        {
            AlarmListener light,annunciator,exitGate;
            light = new CautionLight();
            annunciator = new Annunciator();
            exitGate = new ExitGate();

            ThermoSensor sensor;
            __________⑥__________;

            sensor.register(light);
            sensor.register(annunciator);
            sensor.register(exitGate);
            ________⑦________;              //触发警报
        }
    }
```

(8) 传输门是传输系统中的重要装置。传输门具有 Open(打开)、Closed(关闭)、Opening(正在打开)、StayOpen(保持打开)、Closing(正在关闭)五种状态。触发状态的转换事件有 click、complete 和 timeout 三种,事件与其相应的状态转换如图 5-40 所示。

下面的 Java 代码 1 与 Java 代码 2 分别用两种不同的设计思路对传输门进行状态模拟,请填补代码中的空缺。

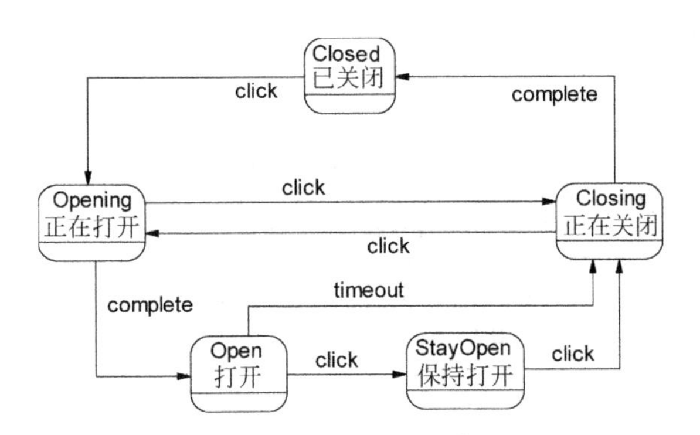

图 5-40 传输门响应事件与其状态转换图

Java 代码 1 如下：

```
public class Door {
    public static final int CLOSED = 1;
    public static final int OPENING = 2;
    public static final int OPEN = 3;
    public static final int CLOSING = 4;
    public static final int STAYOPEN = 5;
    private int state = CLOSED;
    //定义状态变量,用不同的整数表示不同状态

    private void setState(int state) {
        this.state = state;                    //设置传输门当前状态
    }
    public void getState() {
        //此处代码省略,本方法输出状态字符串,
        //例如,当前状态为 CLOSED 时,输出字符串为"CLOSED"
    }
    public void click() {
        if(    ①    )  setState(OPENING);
        else if(    ②    )  setState(CLOSING);
        else if(    ③    )  setState(STAYOPEN);
    }
    //发生 timeout 事件时进行状态转换
    public void timeout() {
        if(state == OPEN) setState(CLOSING);
    }
    public void complete() {                   //发生 complete 事件时进行状态转换
        if(state == OPENING)  setState(OPEN);
        else if(state == CLOSING)  setState(CLOSED);
    }
    public static void main(String[] args) {
        Door aDoor = new Door();
        aDoor.getState();  aDoor.click();  aDoor.getState();  aDoor.complete();
        aDoor.getState();  aDoor.click();  aDoor.getState();  aDoor.click();
        aDoor.getState();  return;
    }
}
```

Java 代码 2 如下：

```
public class Door {
    public final DoorState CLOSED = new DoorClosed(this);
    public final DoorState OPENING = new DoorOpening(this);
    public final DoorState OPEN = new DoorOpen(this);
    public final DoorState CLOSING = new DoorClosing(this);
    public final DoorState STAYOPEN = new DoorStayOpen(this);
    private DoorState state = CLOSED;

    //设置传输门当前状态
    public void setState(DoorState state) {
        this.state = state;
    }
    public void getState() {                    //根据当前状态输出对应的状态字符串
        System.out.println(state.getClass().getName());
    }
    public void click() {_____④_____;}         //发生 click 事件时进行状态转换
    public void timeout() {_____⑤_____;}       //发生 timeout 事件时进行状态转换
    public void complete() {_____⑥_____;}      //发生 complete 事件时进行状态转换
    public static void main(String[ ] args){
        Door aDoor = new Door();
        aDoor.getState();  aDoor.click();  aDoor.getState();  aDoor.complete();
        aDoor.getState();  aDoor.timeout();  aDoor.getState();  return;
    }
}
public abstract class DoorState {                //定义所有状态类的基类
    protected Door door;
    public DoorState(Door door) {
        this.door = door;
    }
    public abstract void click() {}
    public abstract void complete() {}
    public abstract void timeout() {}
}

class DoorClosed extends DoorState {             //定义一个基本的 Closed 状态
    public DoorClosed (Door door) {super(door); }
    public void click() {_____⑦_____;}
    //该类定义的其余代码省略
}
//其余代码省略
```

(9) 某软件公司现欲开发一款飞机模拟系统，该系统主要模拟不同种类飞机的飞行特征与起飞特征，需要模拟的飞机种类及其特征如表 5-2 所示。

表 5-2 填空题(9)用表

飞机种类	起飞特征	飞行特征
直升机(Helicopter)	垂直起飞(VerticalTakeOff)	亚音速飞行(SubSonicFly)
客机(AirPlane)	长距离起飞(LongDistanceTakeOff)	亚音速飞行(SubSonicFly)

续表

飞机种类	起飞特征	飞行特征
歼击机(Fighter)	长距离起飞(LongDistanceTakeOff)	超音速飞行(SuperSonicFly)
鹞式战斗机(Harrier)	垂直起飞(VerticalTakeOff)	超音速飞行(SuperSonicFly)

为支持将来模拟更多种类的飞机，采用策略设计模式(Strategy)设计的类图如图 5-41 所示。

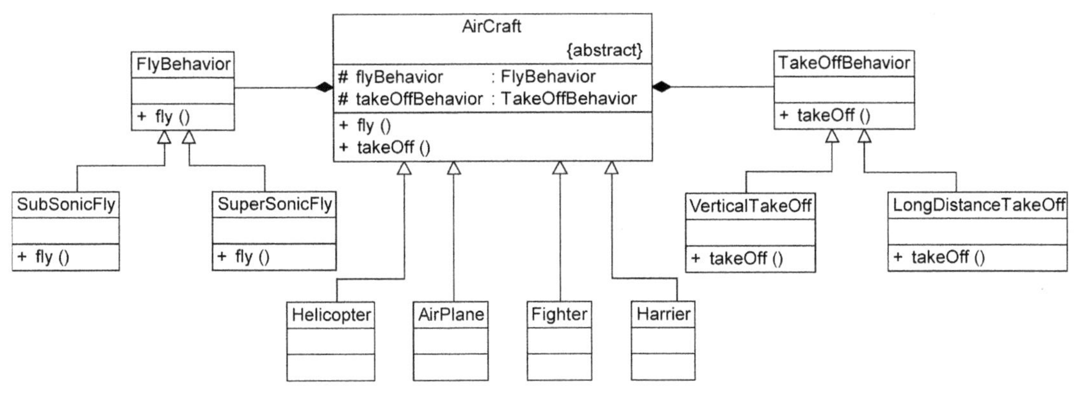

图 5-41　填空题(9)用图

图 5-41 中，AirCraft 为抽象类，描述了抽象的飞机，而类 Helicopter、AirPlane、Fighter 和 Harrier 分别描述具体的飞机种类，方法 fly()和方法 takeOff()分别表示不同飞机都具有飞行特征和起飞特征；类 FlyBehavior 与类 TakeOffBehavior 为抽象类，分别用于表示抽象的飞行行为与起飞行为；类 SubSonicFly 与类 SuperSonicFly 分别描述亚音速飞行和超音速飞行的行为；类 VerticalTakeOff 与类 LongDistanceTakeOff 分别描述垂直起飞与长距离起飞的行为。

Java 代码如下：

```
interface FlyBehavior{
    public void fly();
}

class SubSonicFly implements FlyBehavior{
    public void fly() {System.out.println("亚音速飞行!");}
}

class SuperSonicFly implements FlyBehavior{
    public void fly() {System.out.println("超音速飞行!");}
}

interface TakeOffBehavior{
    public void takeOff();
}
```

```
class VerticalTakeOff implements TakeOffBehavior{
    public void takeOff() {System.out.println("垂直起飞!");}
}

class LongDistanceTakeOff implements TakeOffBehavior{
    public void takeOff() {System.out.println("长距离起飞!");}
}

abstract class AirCraft{
    protected ____①____;
    protected ____②____;
    public void fly() {____③____; }
    public void takeOff() {____④____; }
}

class Helicopter ____⑤____ AirCraft {
    public Helicopter() {
      flyBehavior = new ____⑥____;
      takeOffBehavior = new ____⑦____;
    }
}
//其他代码省略
```

(10) 已知某类库开发商提供了一套类库,类库中定义了 Application 类和 Document 类,它们之间的关系如图 5-42 所示,其中,Application 类表示应用程序自身,而 Document 类则表示应用程序打开的文档。Application 类负责打开一个已有的以外部形式存储的文档,如一个文件,一旦从该文件中读出信息后,它就由一个 Document 对象表示。

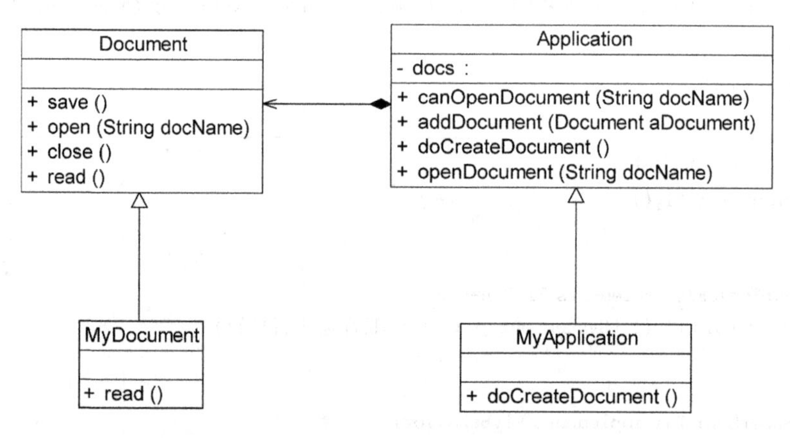

图 5-42 填空题(10)用图

当开发一个具体的应用程序时,开发者需要分别创建自己的 Application 和 Document 子类,例如图 5-42 中的类 MyApplication 和类 MyDocument,并分别实现 Application 和 Document 类中的某些方法。

已知 Application 类中的 openDocument()方法采用了模板方法设计模式,该方法定义了打开文档的每一个步骤,如下所示。

① 首先检查文档是否能够被打开，若不能打开，则给出出错信息并返回。

② 创建文档对象。

③ 通过文档对象打开文档。

④ 通过文档对象读取文档信息。

⑤ 将文档对象加入到 Application 的文档对象集合中。

Java 代码如下：

```
abstract class Document {
    public void save() { /* 存储文档数据,此处代码省略 */}
    public void open(String docName) { /* 打开文档,此处代码省略 */}
    public void close() { /* 关闭文档,此处代码省略 */}
    public abstract void read(String docName);
}

abstract class Application {
    private Vector<____①____> docs;              /* 文档对象集合 */
    public boolean canOpenDocument(String docName){
        /*判断是否可以打开指定文档,返回真值时表示可以打开,
         返回假值表示不可打开,此处代码省略 */
    }
    public void addDocument(Document aDocument){
        /*将文档对象添加到文档对象集合中 */
        docs.add(____②____);
    }
    public abstract Document doCreateDocument();  /* 创建一个文档对象 */
    public void openDocument(String docName) {    /* 打开文档 */
        if(____③____) {
            System.out.println("文档无法打开!");
            return;
        }
        ____④____ adoc = ____⑤____;
        ____⑥____;
        ____⑦____;
        ____⑧____;
    }
}
```

(11) 某图书管理系统中，需要处理每一个书库中资料的页数和作者等信息。书库中的资料包括图书、期刊和论文，其中有些论文是独立存在的，有些论文作为期刊的一部分。使用访问者模式设计该系统，类图如图 5-43 所示。

在图 5-43 中，ItemHandler 是抽象访问者，声明了访问不同类型元素的方法，PageHandler 和 AuthorHandler 作为具体访问者，分别用于对页数和作者信息进行处理；Item 是抽象元素类，其子类 Book 表示图书、Magazine 表示期刊、Paper 表示论文；Library 充当对象结构，用于存储图书、期刊和论文等资料信息。

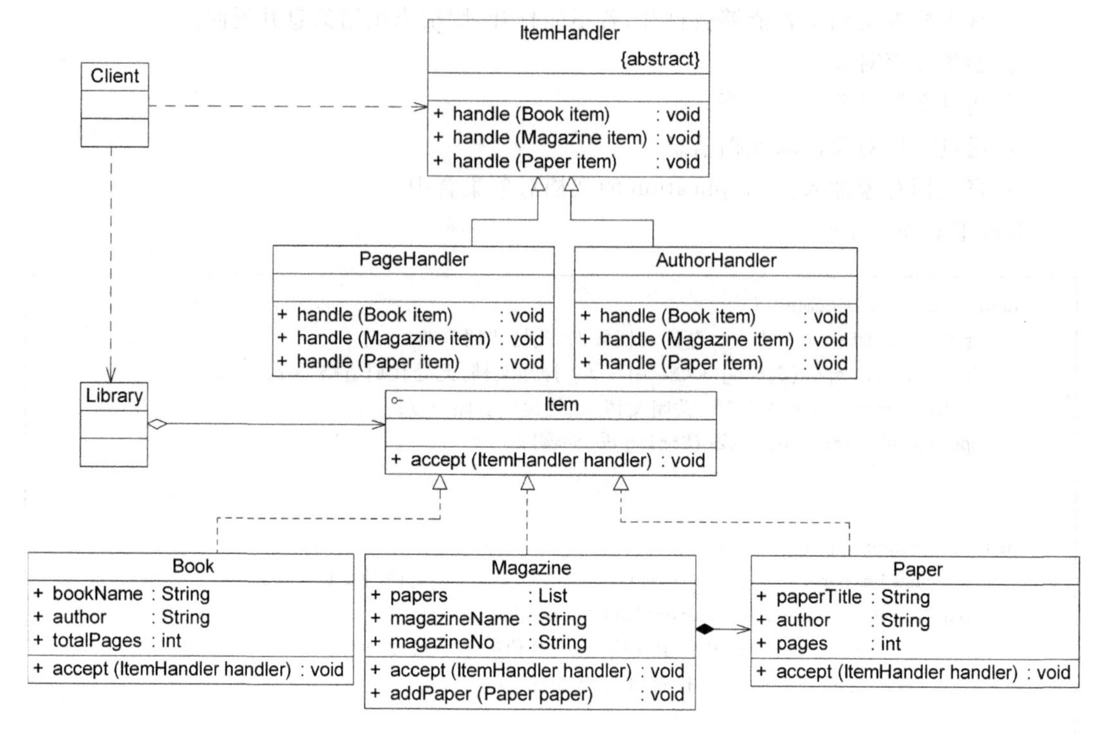

图 5-43 填空题(11)用图

Java 代码如下：

```
import java.util.*;
abstract class ItemHandler
{
    public abstract void handle(Book item);
    public abstract void handle(Magazine item);
    public abstract void handle(Paper item);
}

class PageHandler extends ItemHandler
{
    public void handle(Book item)
    {                                          //图书页数处理
        System.out.println("图书:《" + item.bookName + "》页数:" + item.totalPages);
    }
    public void handle(Magazine item)
    {                                          //期刊页数处理
        int pages = 0;
        for(Object obj : item.papers)
        {
            pages = ______①______;            //计算期刊总页数
        }
        System.out.println("期刊:《" + item.magazineName + item.magazineNo + "》页数:"
+ pages);
```

```
        System.out.println("  包含论文如下：");
        for(Object obj : item.papers)
        {
            System.out.println("       论文：《" + ((Paper)obj).paperTitle + "》页数："
+ ((Paper)obj).pages);
        }
    }
    public void handle(Paper item)
    {                                            //论文页数处理
        System.out.println("论文：《" + item.paperTitle + "》页数：" + item.pages);
    }
}

class AuthorHandler extends ItemHandler
{
    public void handle(Book item)
    {                                            //图书作者处理，代码省略
    }
    public void handle(Magazine item)
    {                                            //期刊作者处理，代码省略
    }
    public void handle(Paper item)
    {                                            //论文作者处理，代码省略
    }
}

interface Item
{
    public void accept(ItemHandler handler);
}

class Magazine implements Item
{
    public List papers = new ArrayList();
    public String magazineName;
    public String magazineNo;
    public void addPaper(Paper paper)
    {
        _______②_______;
    }
    public void accept(ItemHandler handler)
    {
        _______③_______;
    }
}

class Book implements Item
{
    public String bookName;
```

```
    public String author;
    public int totalPages;
    public void accept(ItemHandler handler)
    {
        ________④________;
    }
}

class Paper implements Item
{
    public String paperTitle;
    public String author;
    public int pages;
    public void accept(ItemHandler handler)
    {
        ________⑤________;
    }
}

class Libaray
{
    private List items = new ArrayList();
    public void addItem(Item item)
    {
        ________⑥________;
    }
    public void accept(ItemHandler handler)
    {
        for(Object obj : items)
        {
            ________⑦________;
        }
    }
}

class Test
{
    public static void main(String args[])
    {
        Book book = new Book();
        book.bookName = "21天精通九阳神功";
        book.author = "张无忌";
        book.totalPages = 450;
        Magazine magazine = new Magazine();
        magazine.magazineName = "功夫学报";
        magazine.magazineNo = "2011年第1期";
        Paper paper1 = new Paper();
        paper1.paperTitle = "如何单手制服敌人";
        paper1.author = "杨过";
```

```
        paper1.pages = 12;
        Paper paper2 = new Paper();
        paper2.paperTitle = "我和杨过的功夫情缘";
        paper2.author = "小龙女";
        paper2.pages = 8;
        Paper paper3 = new Paper();
        paper3.paperTitle = "研究报告 - 靖哥哥的九大弱点";
        paper3.author = "黄蓉";
        paper3.pages = 30;
        magazine.addPaper(paper1);
        magazine.addPaper(paper2);

        Libaray lib = new Libaray();
        lib.addItem(book);
        lib.addItem(magazine);
        lib.addItem(paper3);
        ItemHandler handler = new PageHandler();
        _______⑧_______;          //访问对象结构
    }
}
```

3. 综合题

(1) 在军队中，一般根据战争规模的大小和重要性由不同级别的长官(Officer)来下达作战命令，情报人员向上级递交军情(如敌人的数量)，作战命令需要上级批准，如果直接上级不具备下达命令的权力，则上级又传给上级，直到有人可以决定为止。现使用职责链模式来模拟该过程，客户类(Client)模拟情报人员，首先向级别最低的班长(Banzhang)递交任务书(Mission)，即军情，如果超出班长的权力范围，则传递给排长(Paizhang)，排长如果也不能处理则传递给营长(Yingzhang)，如果营长也不能处理则需要开会讨论。我们设置这几级长官的权力范围分别是：

① 敌人数量<10，班长下达作战命令。

② 10≤敌人数量<50，排长下达作战命令。

③ 50≤敌人数量<200，营长下达作战命令。

④ 敌人数量≥200，需要开会讨论再下达作战命令。

绘制类图并编程实现。

(2) 为了用户使用方便，某系统提供了一系列功能键，用户可以自定义功能键的功能，如功能键 FunctionButton 可以用于退出系统(SystemExitClass)，也可以用于打开帮助界面(DisplayHelpClass)。用户可以通过修改配置文件来改变功能键的用途，现使用命令模式来设计该系统，使得功能键类与功能类之间解耦，相同的功能键可以对应不同的功能。

(3) 使用解释器模式设计一个简单的解释器，使得系统可以解释 0 和 1 的或(or)运算和与(and)运算(不考虑或运算和与运算的优先级)，语句表达式和输出结果的几个实例如表 5-3 所示。

(4) 某教务管理系统中一个班级(Class)包含多个学生(Student)，使用 Java 内置迭代器实现对学生信息的遍历，要求按学生年龄由大到小的次序输出学生信息。用 Java 语言模拟实现该过程。

表 5-3 综合题(3)用表

表 达 式	输出结果	表 达 式	输出结果
1 and 0	0	0 or 0	0
1 or 1	1	1 and 1 or 0	1
1 or 0	1	0 or 1 and 0	0
1 and 1	1	0 or 1 and 1 or 1	1
0 and 0	0	1 or 0 and 1 and 0 or 0	0

(5) 使用中介者模式来说明联合国的作用,要求绘制相应的类图并分析每个类的作用(注:可以将联合国定义为抽象中介者类,联合国下属机构如 WTO、WHO 等作为具体中介者类,国家作为抽象同事类,而将中国、美国等国家作为具体同事类)。

(6) 某中国象棋软件允许用户多次悔棋,即需要在系统中存储棋子的多个历史状态(如棋子所处位置等)。使用备忘录模式模拟实现该过程。

(7) 某在线游戏支持多人联机对战,每个玩家都可以加入某一战队组成联盟,当战队中某一成员受到敌人攻击时将给所有盟友发送通知,盟友收到通知后将做出响应。使用观察者模式设计并实现该过程。

(8) 某纸牌游戏软件中,人物角色具有入门级(Primary)、熟练级(Secondary)、高手级(Professional)和骨灰级(Final)四种等级,角色的等级与其积分相对应,游戏胜利将增加积分,失败则扣除积分。入门级具有最基本的游戏功能 play(),熟练级增加了游戏胜利积分加倍功能 doubleScore(),高手级在熟练级基础上再增加换牌功能 changeCards(),骨灰级在高手级基础上再增加偷看他人的牌功能 peekCards()。现使用状态模式来设计该系统,绘制类图并编程实现。

(9) 某系统需要对重要数据(如用户密码)进行加密,并提供了几种加密方案(如凯撒加密、DES 加密等),对该加密模块进行设计,使得用户可以动态选择加密方式。要求绘制类图并编程模拟实现。

(10) 某银行软件的利息计算流程如下:系统根据账户查询用户信息;根据用户信息判断用户类型;不同类型的用户使用不同的利息计算方式计算利息(如活期账户 CurrentAccount 和定期账户 SavingAccount 具有不同的利息计算方式);显示利息。现使用模板方法模式来设计该系统,绘制类图并编程实现。

(11) 某公司 OA 系统中包含一个员工信息管理子系统,该公司员工包括正式员工和临时工,每周人力资源部和财务部等部门需要对员工数据进行汇总,汇总数据包括员工工作时间、员工工资等。该公司基本制度如下:

① 正式员工每周工作时间为 40 小时,不同级别、不同部门的员工每周基本工资不同;如果超过 40 小时,超出部分按照 100 元/小时作为加班费;如果少于 40 小时,所缺时间按照请假处理,请假所扣工资以 80 元/小时计算,直到基本工资扣除到零为止。除了记录实际工作时间外,人力资源部需记录加班时长或请假时长,作为员工平时表现的一项依据。

② 临时工每周工作时间不固定,基本工资按小时计算,不同岗位的临时工小时工资不同。人力资源部只需记录实际工作时间。

现使用访问者模式设计该系统,绘制类图并编码实现。

第6章

模式联用与综合实例实训

在很多情况下，我们需要同时使用两种甚至多种设计模式一起来完成某个设计方案，此时，每一种设计模式并不是孤立存在的，它们可以通过相互协作和联用，相辅相成，实现一些复杂的系统设计。本章将结合一些实例来分析如何实现模式联用并使用多个设计模式来完成一些软件系统的设计。

6.1 设计模式补充知识

设计模式在现代软件开发中已经得到广泛应用，关于模式概念和运用的研究也越来越深入，本节将对 GoF 设计模式进行适当的补充，其内容包括反射与配置文件、GRASP 模式以及 MVC 与架构模式。

6.1.1 反射与配置文件

为了满足开闭原则，大部分设计模式都引入了抽象层，如工厂方法模式、抽象工厂模式、适配器模式、桥接模式、命令模式、策略模式等。客户端代码针对抽象层编程，而在程序运行的时候再指定其子类，根据里氏代换原则和面向对象的多态性，子类对象在运行时将覆盖父类对象。如果需要对系统进行扩展或修改，只需修改子类类名即可。在具体实现时，通过引入配置文件可以使得用户在不修改任何客户端代码的前提下增加或替换子类，其基本实现过程如下：

(1) 客户端针对抽象层编程，客户端代码中不能出现任何具体类类名，即客户端不直接实例化对象。

(2) 引入纯文本格式的配置文件，通常是 XML 文件，将具体类类名存储在配置文件中。

(3) 通过 DOM(Document Object Model，文档对象模型)、SAX(Simple API for XML)等 XML 解析技术获取存储在配置文件中的类名。

(4) 在客户端代码中通过反射(Reflection)机制根据类名创建对象，用反射所创建的对象替换父类对象的引用，程序运行时，将调用子类方法来实现业务功能。

(5) 如果需要扩展功能，只需增加一个新的子类继承抽象父类，再修改配置文件，重新运行程序即可；如果需要替换功能，只需用另一个子类类名替换存储在配置文件中的原有子类类名即可。无论是扩展还是替换都无须修改既有类库和客户端源代码，完全符合开闭原则。

下面通过工厂方法模式来说明如何使用配置文件和反射机制。

实例说明：宝马(BMW)工厂可以生产宝马轿车，奔驰(Benz)工厂可以生产奔驰轿车，使用工厂方法模式来设计该场景，所得类图如图 6-1 所示。

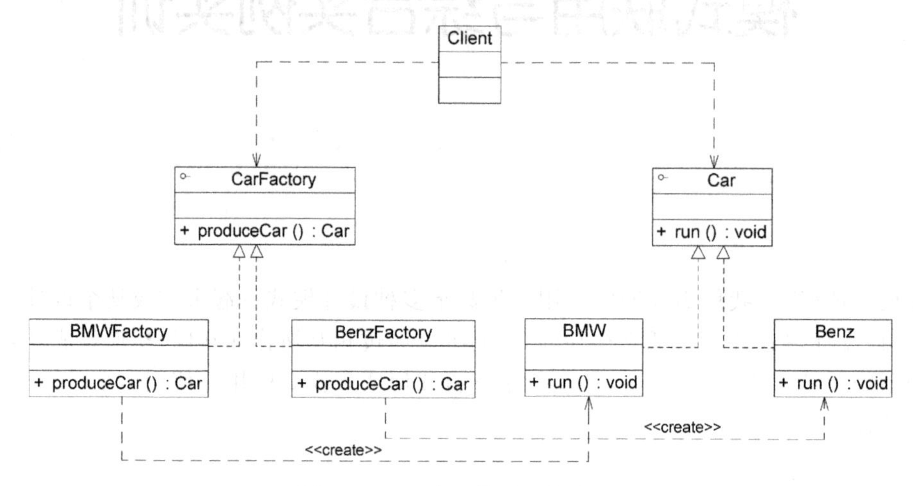

图 6-1 工厂方法模式实例类图

在图 6-1 中，CarFactory 是抽象工厂，声明了工厂方法 produceCar()，在其子类中实现了该方法，用于返回具体的产品。在客户端将出现如下代码：

```
CarFactory cf;
Car car;
cf = new BMWFactory();          //创建具体工厂
car = cf.produceCar();          //使用工厂方法创建产品对象
car.run();                      //调用产品的业务方法
```

在上述代码中，客户端针对抽象层编程，但是在创建具体工厂的时候还是要涉及具体工厂类类名，注意加粗的代码行。如果需要更换产品，如将 BMW 改为 Benz，则需要更换工厂，要将 BMWFactory 改为 BenzFactory，这将导致客户端代码发生修改。从客户端的角度而言违反了开闭原则，因此需要对上述代码进行改进。引入配置文件和反射机制是最佳的改进方法之一。

首先，我们将具体工厂类类名存储在如下 XML 文档中：

```
<?xml version="1.0"?>
<config>
    <className>BMWFactory</className>
</config>
```

该 XML 文档即为配置文件，用于存储具体类的类名。Spring 等主流业务层框架都使用了 XML 格式的配置文件。

为了动态创建子类对象，需要再设计一个工具类 XMLUtil 用于读取该 XML 配置文件，在此使用 Java 语言实现该工具类。在 XMLUtil 的设计中需要使用 Java 语言的两个技术点，其一是 DOM，即对 XML 文件的操作，关于 DOM 的详细介绍可以参考其他相关书籍和资料，在此不予扩展；其二是 Java 反射机制，下面对 Java 反射机制做一个简单的介绍。

Java 反射(Java Reflection)是指在程序运行时获取已知名称的类或已有对象的相关信息的一种机制，包括类的方法、属性、父类等信息，还包括实例的创建和实例类型的判断等。在反射中使用最多的类是 Class，Class 类的实例表示正在运行的 Java 应用程序中的类和接口，其 forName(String className)方法可以返回与带有给定字符串名的类或接口相关联的 Class 对象，再通过 Class 对象的 newInstance()方法创建此对象所表示的类的一个新实例，即通过一个类名字符串得到类的实例。如创建一个字符串类型的对象，其代码如下所示：

```
//通过类名生成实例对象并将其返回
Class c = Class.forName("String");
Object obj = c.newInstance();
return obj;
```

此外，在 JDK 中还提供了 java.lang.reflect 包，封装了一些其他与反射相关的类，在本书中只用到上述简单的反射代码，在此不予扩展。

通过引入 DOM 和反射机制后，可以在 XMLUtil 中实现读取 XML 文件并根据存储在 XML 文件中的类名创建对应的对象，XMLUtil 类的详细代码如下：

```
import javax.xml.parsers.*;
import org.w3c.dom.*;
import org.xml.sax.SAXException;
import java.io.*;
public class XMLUtil
{
    //该方法用于从 XML 配置文件中提取具体类类名，并返回一个实例对象
    public static Object getBean()
    {
        try
        {
            //创建 DOM 文档对象
            DocumentBuilderFactory dFactory = DocumentBuilderFactory.newInstance();
            DocumentBuilder builder = dFactory.newDocumentBuilder();
            Document doc;
            doc = builder.parse(new File("config.xml"));

            //获取包含类名的文本节点
            NodeList nl = doc.getElementsByTagName("className");
            Node classNode = nl.item(0).getFirstChild();
```

```
                String cName = classNode.getNodeValue();

                //通过类名生成实例对象并将其返回
                Class c = Class.forName(cName);
                Object obj = c.newInstance();
                return obj;
            }
                catch(Exception e)
                {
                    e.printStackTrace();
                    return null;
                }
            }
}
```

有了 XMLUtil 类后，我们在客户端代码中不再直接使用 new 关键字来创建具体的工厂类，而是将具体工厂类的类名存放在 XML 文件中，再通过 XMLUtil 类的静态工厂方法 getBean()进行对象的实例化，代码修改如下：

```
CarFactory cf;
Car car;
cf = (CarFactory)XMLUtil.getBean(); //getBean()的返回类型为 Object,此处需要进行强制类型转换
car = cf.produceCar();
car.run();
```

在 C# 中实现读取配置文件和反射更为简单，我们只需先增加一个 XML 格式的配置文件，如 App.config，代码如下所示：

```
<?xml version = "1.0" encoding = "utf - 8" ?>
<configuration>
  <appSettings>
    <add key = "factory" value = "Demo.CarFactory"/>
  </appSettings>
</configuration>
```

在.NET 中反射生成对象也很简单，由于在.NET 的程序集中封装了类型元数据信息，因此可以先通过 Assembly 的 Load("程序集名称")方法加载一个程序集，再通过其 CreateInstance("命名空间.类")方法根据类名创建一个 object 类型的对象，用户可以根据需要转换为所需类型。示意代码如下：

```
//导入命名空间
using System.Reflection;
object obj = Assembly.Load("程序集名称").CreateInstance("命名空间.类");
```

在上述代码中，“命名空间.类”可以存储在配置文件中，使用 ConfigurationManager 类

的 AppSettings 属性可以获取存储在配置文件中的类名字符串。客户端代码如下：

```
CarFactory cf;
Car car;
//读取配置文件
string factoryStr = ConfigurationManager.AppSettings["factory"];
//反射生成对象,程序集名为 Demo
cf =   (CarFactory)Assembly.Load("Demo").CreateInstance(factoryStr);
car = cf.ProduceCar();
car.Run();
```

由于 C++语言的特性，在 C++中实现类似 Java 或 C＃来反射生成对象的过程相对较为复杂，感兴趣的读者可以参考其他相关资料，在此不予扩展。

在引入配置文件和反射机制后，需要更换或增加新的具体类将变得很简单，只需增加新的具体类并修改配置文件即可，无须对现有类库和客户端代码进行任何修改，完全符合开闭原则。在很多设计模式中都可以通过引入配置文件和反射机制来对客户端代码进行改进，如在抽象工厂模式中可以将具体工厂类类名存储在配置文件中，在适配器模式中可以将适配器类类名存储在配置文件中，在策略模式中可以将具体策略类类名存储在配置文件中等。通过对代码的改进，可以让系统具有更好的扩展性和灵活性，更加满足各种面向对象设计原则的要求。

6.1.2　GRASP 模式

GRASP 全称为 General Responsibility Assignment Software Pattern，即通用职责分配软件模式，它由 *Applying UML and Patterns*（UML 和模式应用）一书作者 Craig Larman 提出。与其将它称为设计模式，不如称为设计原则，因为它是站在面向对象设计的角度，告诉我们怎样设计问题空间中的类与分配它们的行为职责，以及明确类之间的相互关系等，而不像 GoF 模式一样是针对特定问题而提出的解决方案。因此 GRASP 站在一个更高的角度来看待面向对象软件的设计，它是 GoF 设计模式的基础。

GRASP 是对象职责分配的基本原则，其核心思想是职责分配（Responsibility Assignment），用职责设计对象（Designing Objects with Responsibilities）。它包含如下 9 个基本模式。

1. 信息专家模式（Information Expert Pattern）

（1）问题：给对象分配职责的通用原则是什么？

（2）解决方案：将职责分配给拥有履行一个职责所必需信息的类，即信息专家。

（3）分析：信息专家模式是面向对象设计的最基本原则。通俗地讲，就是一个类只干该干的事情，不该干的事情不干。在系统设计时，需要将职责分配给具有实现这个职责所需要信息的类。信息专家模式对应于面向对象设计原则中的单一职责原则。

2. 创造者模式（Creator Pattern）

（1）问题：谁应该负责产生类的实例？

（2）解决方案：如果符合下面的一个或者多个条件，则可将创建类 A 实例的职责分配给类 B：

- B 包含 A。
- B 聚合 A。
- B 拥有初始化 A 的数据并在创建类 A 的实例时将数据传递给类 A。
- B 记录 A 的实例。
- B 频繁使用 A。

此时，我们称类 B 是类 A 对象的创建者。如果符合多个条件，类 B 聚合或者包含类 A 的条件优先。

(3) 分析：创建对象是面向对象系统中最普遍的活动之一，因此，确定一个分配创建对象的通用职责非常重要。如果职责分配合理，设计就能降低耦合，提高设计的清晰度、封装性和重用性。通常情况下，如果对象的创建过程不是很复杂，则根据上述原则，由使用对象的类来创建对象。但是如果创建过程非常复杂，而且可能需要重复使用对象实例或者需要从外部注入一个对象实例，此时，可以委托一个专门的工厂类来辅助创建对象。创建者模式与各种工厂模式(简单工厂模式、工厂方法模式和抽象工厂模式)相对应。

3. 低耦合模式(Low Coupling Pattern)

(1) 问题：怎样支持低的依赖性，减少变更带来的影响，提高重用性？

(2) 解决方案：分配一个职责，使得保持低耦合度。

(3) 分析：耦合是评价一个系统中各个元素之间连接或依赖强弱关系的尺度，具有低耦合的元素不过多依赖其他元素。此处的元素可以是类，也可以是模块、子系统或者系统。具有高耦合的类过多地依赖其他类，这种设计将会导致：一个类的修改导致其他类产生较大影响；系统难以维护和理解；系统重用性差，在重用一个高耦合的类时不得不重用它所依赖的其他类。因此需要对高耦合的系统进行重构。

类 A 和类 B 之间的耦合关系体现如下：A 具有一个 B 类型的属性；A 调用 B 的方法；A 的方法包含对 B 的引用，如方法参数类型为 B 或返回类型为 B；A 是 B 的直接或者间接子类；B 是一个接口，A 实现了该接口。低耦合模式鼓励在进行职责分配时不增加耦合性，从而避免高耦合可能产生的不良后果。在进行类设计时，需要保持类的独立性，减少类变更所带来的影响，它通常与信息专家模式和高内聚模式一起出现。为了达到低耦合，我们可以通过如下方式对设计进行改进：

- 在类的划分上，应当尽量创建松耦合的类，类之间的耦合度越低，就越有利于复用，一个处在松耦合中的类一旦被修改，不会对关联的类造成太大波及。
- 在类的设计上，每一个类都应当尽量降低其成员变量和成员函数的访问权限。
- 在类的设计上，只要有可能，一个类型应当设计成不变类。
- 在对其他类的引用上，一个对象对其他对象的引用应当降到最低。

4. 高内聚模式(High Cohesion Pattern)

(1) 问题：怎样使得复杂性可管理？

(2) 解决方案：分配一个职责，使得保持高内聚。

(3) 分析：内聚是评价一个元素的职责被关联和关注强弱的尺度。如果一个元素具有很多紧密相关的职责，而且只完成有限的功能，则这个元素就具有高内聚性。此处的元素可以是类，也可以是模块、子系统或者系统。

在一个低内聚的类中会执行很多互不相关的操作，这将导致系统难于理解、难于重用、难于维护、过于脆弱，容易受到变化带来的影响。因此我们需要控制类的粒度，在分配类的职责时使其内聚保持为最高，提高类的重用性，控制类设计的复杂程度。为了达到低内聚，我们需要对类进行分解，使得分解出来的类具有独立的职责，满足单一职责原则。在一个类中只保留一组相关的属性和方法，将一些需要在多个类中重用的属性和方法或完成其他功能所需的属性和方法封装在其他类中。类只处理与之相关的功能，它将与其他类协作完成复杂的任务。

5. 控制器模式（Controller Pattern）

(1) 问题：谁应该负责处理一个输入系统事件？

(2) 解决方案：把接收或者处理系统事件消息的职责分配给一个类。这个类可以代表：

- 整个系统、设备或者子系统；
- 系统事件发生时对应的用例场景，在相同的用例场景中使用相同的控制器来处理所有的系统事件。

(3) 分析：一个控制器是负责接收或者处理系统事件的非图形用户界面对象。一个控制器定义一组系统操作方法。在控制器模式中，要求系统事件的接收与处理通常由一个高级类来代替；一个子系统需要定义多个控制器，分别对应不同的事务处理。通常，一个控制器应当把要完成的功能委托给其他对象，它只负责协调和控制，本身不完成太多的功能。它可以将用户界面所提交的请求转发给其他类来处理，控制器可以重用，且不能包含太多业务逻辑，一个系统通常也不能设计一个统一的控制器。控制器模式与下一节(6.1.3节)中的MVC模式相对应，MVC是一种比设计模式更加高级的架构模式。

6. 多态模式（Polymorphism Pattern）

(1) 问题：如何处理基于类型的不同选择？如何创建可嵌入的软件组件？

(2) 解决方案：当相关选择或行为随类型(类)变化而变化时，用多态操作为行为变化的类型分配职责。

(3) 分析：由条件变化引发同一类型的不同行为是程序的一个基本主题。如果用if-else或switch-case等条件语句来设计程序，当系统发生变化时必须修改程序的业务逻辑，这将导致很难方便地扩展有新变化的程序。另外对于服务器/客户端结构中的可视化组件，有时候需要在不影响客户端的前提下，将服务器的一个组件替换成另一个组件。此时可以使用多态来实现，将不同的行为指定给不同的子类，多态是设计系统如何处理相似变化的基本方法，基于多态分配职责的设计可以方便地处理新的变化。在使用多态模式进行设计时，如果需要对父类的行为进行修改，可以通过其子类来实现，不同子类可以提供不同的实现方式，将具体的职责分配给指定的子类。新的子类增加到系统中也不会对其他类有任何影响，多态是面向对象的三大基本特性之一(另外两个分别是封装和继承)，通过引入多态，子类对象可以覆盖父类对象的行为，更好地适应变化，使变化点能够“经得起未来验证”。多态模式在多个GoF设计模式中都有所体现，如适配器模式、命令模式、组合模式、观察者模式、策略模式等。

7. 纯虚构模式(Pure Fabrication Pattern)

(1) 问题:当不想破坏高内聚和低耦合的设计原则时,谁来负责处理这种情况?

(2) 解决方案:将一组高内聚的职责分配给一个虚构的或处理方便的“行为”类,它并不是问题域中的概念,而是虚构的事务,以达到支持高内聚、低耦合和重用的目的。

(3) 分析:纯虚构模式用于解决高内聚和低耦合之间的矛盾,它要求将一部分类的职责转移到纯虚构类中,在理想情况下,分配给这种虚构类的职责是为了达到高内聚和低耦合的目的。在实际操作过程中,纯虚构有很多种实现方式,例如将数据库操作的方法从数据库实体类中剥离出来,形成专门的数据访问类,通过对类的分解来实现类的重用,新增加的数据访问类对应于数据持久化存储,它不是问题域中的概念,而是软件开发者为了处理方便而产生的虚构概念。纯虚构可以消除由于信息专家模式带来的低内聚和高耦合的坏设计,得到一个具有更好重用性的设计。在系统中引入抽象类或接口来提高系统的扩展性也可以认为是纯虚构模式的一种应用。在很多设计模式中都体现了纯虚构模式,例如适配器模式、策略模式等。

8. 中介模式(Indirection Pattern)

(1) 问题:如何分配职责以避免两个(或多个)事物之间的直接耦合?如何解耦对象以降低耦合度并提高系统的重用性?

(2) 解决方案:分配职责给中间对象以协调组件或服务之间的操作,使得它们不直接耦合。中间对象就是在其他组件之间建立的中介。

(3) 分析:要避免对象之间的直接耦合,最常用的做法是在对象之间引入一个中间对象或中介对象,通过中介对象来间接相连。中介模式对应于面向对象设计原则中的迪米特法则,在外观模式、代理模式、中介者模式等设计模式中都体现了中介模式。

9. 受保护变化模式(Protected Variations Pattern)

(1) 问题:如何分配职责给对象、子系统和系统,使得这些元素中的变化或不稳定的点不会对其他元素产生不利影响?

(2) 解决方案:找出预计有变化或不稳定的元素,为其创建稳定的“接口”而分配职责。

(3) 分析:受保护变化模式简称PV,它是大多数编程和设计的基础,是模式的基本动机之一,它使系统能够适应和隔离变化。它与面向对象设计原则中的开闭原则相对应,即在不修改原有元素(类、模块、子系统或系统)的前提下扩展元素的功能。开闭原则又可称为“可变性封装原则(Principle of Encapsulation of Variation, EVP)”,要求找到系统的可变因素并将其封装起来。如将抽象层的不同实现封装到不同的具体类中,而且EVP要求尽量不要将一种可变性和另一种可变性混合在一起,这将导致系统中类的个数急剧增长,增加系统的复杂度。在具体实现时,为了符合受保护变化模式,我们通常需要对系统进行抽象化设计,定义系统的抽象层,再通过具体类来进行扩展。如果需要扩展系统的行为,无须对抽象层进行任何改动,只需要增加新的具体类来实现新的业务功能即可,在不修改已有代码的基础上扩展系统的功能。大多数设计原则和GoF模式都是受保护变化模式的体现。

6.1.3 架构模式与MVC

软件架构(Software Architecture)通常也称为软件体系结构,它是指可以预制和重构的软件框架结构。按照软件体系结构创始人 Mary Shaw 和 David Garlan 的定义,架构包含构件(Component)、连接件(Connector)和约束(Constrain)三大组成单元。其中构件可以是一组代码,如一个类或一个程序模块,也可以是一个独立的程序,如数据库服务器;连接件用于表示构件之间的相互作用,可以是方法调用、管道或者远程过程调用等;约束用于说明构件连接时的规则和条件,如对象之间不能递归发送消息、服务调用的先后关系等。

架构模式(Architecture Pattern)用于描述软件系统的基本组织结构,它提供一些预先定义好的子系统,指定它们的职责,并给出把它们组织在一起的规则和指南。一个架构模式通常可以分解成多个设计模式的联合使用。常见的架构模式包括分层(Layers)模式、黑板(Blackboard)模式、管道/过滤器(Pipes/Filters)模式、客户/服务器(Client/Server)模式、点对点(Peer to Peer)模式等。

MVC(Model/View/Controller,模型/视图/控制器)是最常用的架构模式之一,它包含三个角色:模型(Model)、视图(View)和控制器(Controller)。其中视图表示界面元素,可以是基于桌面的图形用户界面,也可以是网页,如 JSP 页面;模型用于封装与应用程序的业务逻辑相关的数据以及对数据的处理方法,用于实现系统中的业务逻辑;控制器负责转发用户请求,并对请求进行处理,它是模型和视图之间沟通的桥梁,用于分派用户的请求并选择恰当的视图用于显示,同时它也可以解释用户的输入并将它们映射为模型层可执行的操作。

在 MVC 模式中应用了多种设计模式,包括观察者模式、中介者模式等。在 MVC 中,模型充当观察者模式的观察目标角色,而视图充当观察者角色,如果模型层的数据发生变化,视图层将自动更新显示内容,而控制器充当两者之间的中介者,用于协调模型和视图之间的关系,图 6-2 为 MVC 模式结构示意图。

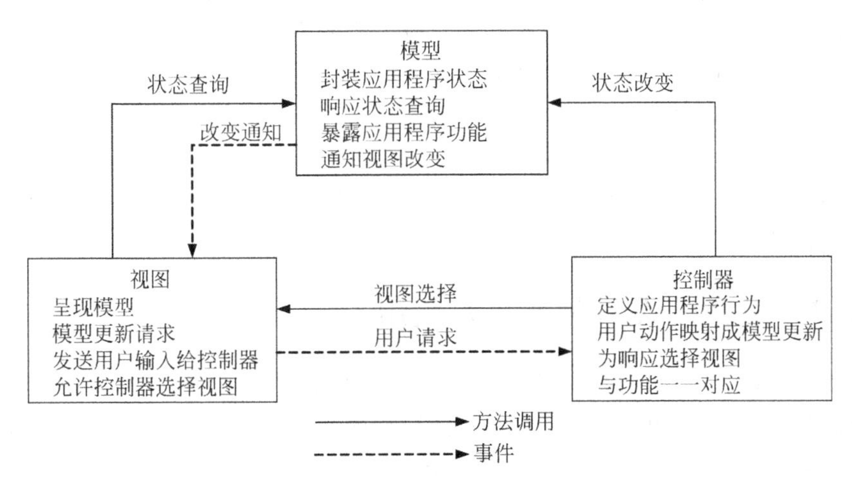

图 6-2 MVC 模式结构示意图

除了观察者模式和中介者模式外,在应用 MVC 模式时还可以使用其他设计模式,例如视图可以通过策略模式来使用不同的控制器,从而对应不同的行为;控制器也可以使用策略模式来对应不同的模型;视图还可以使用组合模式来实现存在组件嵌套的复杂用户界面等。

大家可以查询相关资料对 MVC 模式进行深入的了解和学习。如 Oracle 公司提供的技术文档 Java SE Application Design With MVC,参考网址:http://www.oracle.com/

technetwork/ articles/ javase/index-142890. html。

6.2 模式联用实训

在软件开发中,有时我们需要发挥多个模式的特点并将它们联合起来使用,下面我们来学习几种常用的模式联用技术。

6.2.1 适配器模式与桥接模式联用

在软件开发中,适配器模式通常可以与桥接模式联合使用。适配器模式可以解决两个已有接口间不兼容的问题,在这种情况下被适配的类往往是一个黑盒子,有时候我们不想也不能改变这个被适配的类,也不能控制其扩展。适配器模式通常用于现有系统与第三方产品功能的集成,采用增加适配器的方式将第三方类集成到系统中。桥接模式则不同,用户可以通过接口继承或类继承的方式来对系统进行扩展。

桥接模式和适配器模式用于设计的不同阶段,桥接模式用于系统的初步设计,对于存在两个独立变化维度的类可以将其分为抽象化和实现化两个角色,使它们可以分别进行变化;而在初步设计完成之后,当发现系统与已有类无法协同工作时,可以采用适配器模式。但有时候在设计初期也需要考虑适配器模式,特别是那些涉及大量第三方应用接口的情况。

下面通过一个实例来说明适配器模式和桥接模式的联合使用。

在某系统的报表处理模块中,需要将报表显示和数据采集分开,系统可以有多种报表显示方式也可以有多种数据采集方式,如可以从文本文件中读取数据,也可以从数据库中读取数据,还可以从 Excel 文件中获取数据。如果需要从 Excel 文件中获取数据,则需要调用与 Excel 相关的 API,而这个 API 是现有系统所不具备的,该 API 由厂商提供。使用适配器模式和桥接模式设计该模块。

在设计过程中,由于存在报表显示和数据采集两个独立变化的维度,因此可以使用桥接模式进行初步设计;为了使用 Excel 相关的 API 来进行数据采集则需要使用适配器模式。系统的完整设计中需要将两个模式联用,如图 6-3 所示。

6.2.2 组合模式与命令模式联用

在使用命令模式时,我们有时需要用到一种称为“宏命令”的复合命令,在宏命令中可以包含多个成员命令,它是组合模式和命令模式联用的产物。宏命令也是一个具体命令,不过它包含了对其他命令对象的引用,在调用宏命令的 execute()方法时,将递归调用它所包含的每个成员命令的 execute()方法,一个宏命令的成员对象可以是简单命令,还可以继续是宏命令。执行一个宏命令将执行多个具体命令,从而实现对命令的批处理,其类图如图 6-4 所示。在图 6-4 中,MacroCommand 是宏命令,它一般不直接与请求接收者交互,而是通过组合多个简单命令来执行多条命令,从而实现命令的批量处理,为客户端的使用提供便利。用户可以根据需要创建自己的宏命令对象,在宏命令中实现对简单命令的递归调用,即可以调用多个不同请求接收者的业务方法。

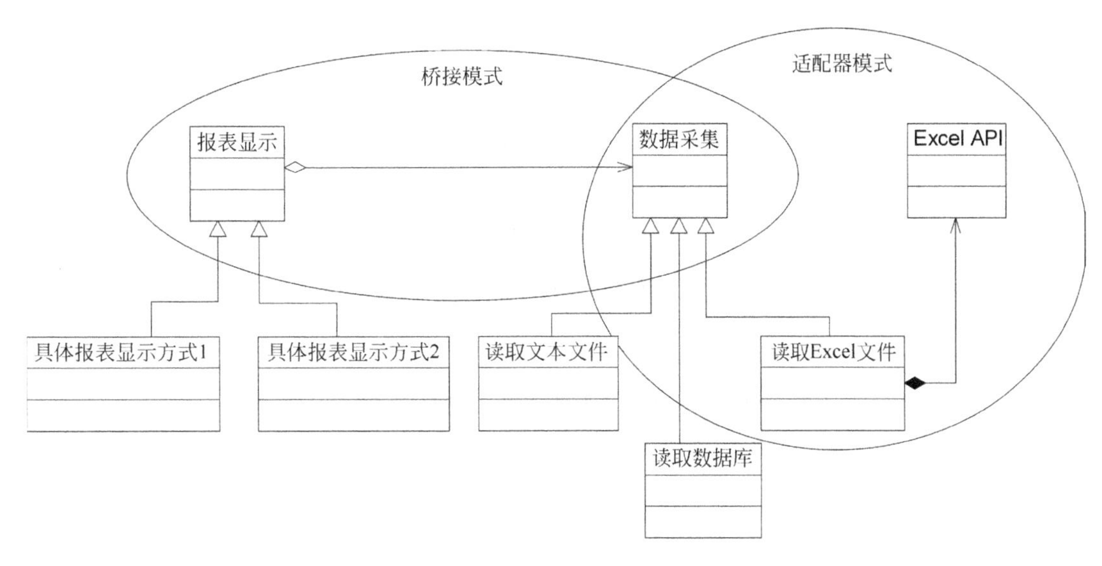

图 6-3 适配器模式与桥接模式联用示意图

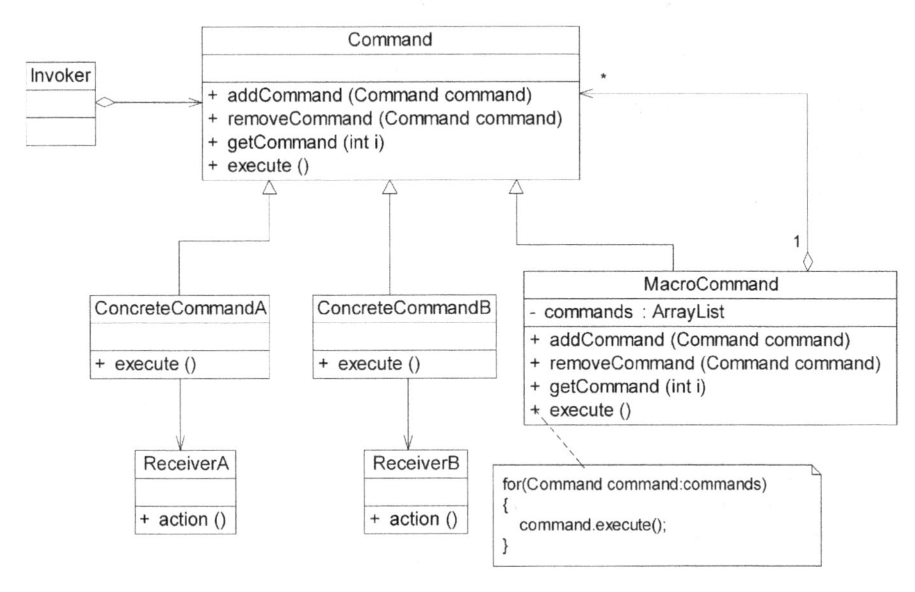

图 6-4 宏命令类图

6.2.3 外观模式与单例模式联用

在很多情况下为了节约系统资源，在外观模式中，通常只需要一个外观类，并且此外观类只有一个实例，换言之它是一个单例类。因此可以通过单例模式来设计外观类，从而确保系统中只有唯一一个访问子系统的入口，并提高系统资源利用率。引入单例模式的外观模式类图如图 6-5 所示。

在图 6-5 中，Facade 类被设计为单例类，在其中定义了一个静态的 Facade 类型的成员变量 instance，其构造函数为私有(private)，且通过一个静态的公有工厂方法 getInstance()返回自己的唯一实例。

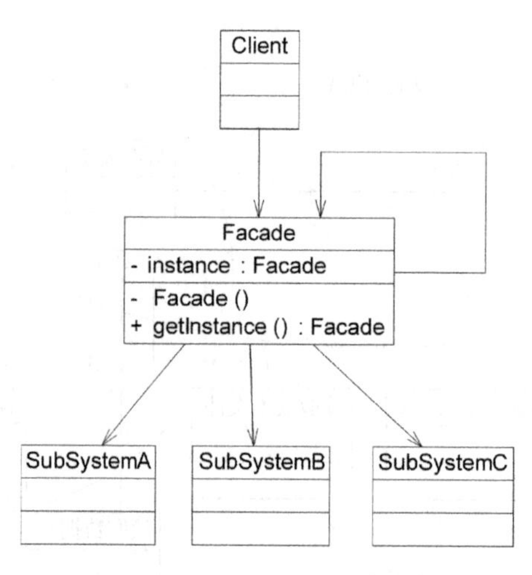

图 6-5 单例外观类类图

6.2.4 原型模式与备忘录模式联用

在备忘录模式中，原发器(Originator)需要创建备忘录(Memento)，并将备忘录交给负责人(Caretaker)来保存和管理。在创建备忘录时可以通过克隆原发器对象来实现，即使用原型模式，此时原发器需要支持自我复制。为了简化系统设计，可以将原发器和备忘录合并，直接将克隆生成的原发器对象保存在负责人中。引入原型模式的原发器类的 Java 代码如下：

```
class Originator implements Cloneable, Serializable{
    private String state;
    //省略 Getter 和 Setter 方法
    public Originator(){}

    //通过浅克隆创建一个备忘录对象
    public Originator createMementoC() {
        return (Originator)this.clone();
    }

    //通过深克隆创建一个备忘录对象
    public Originator createMementoDC(){
        try {
            return (Originator)this.deepClone();
        }
        catch(Exception e) {
            return null;
        }
    }

    public void restoreMemento(Originator m){
    state = m.getState();
```

```
    }

    //浅克隆
    public Object clone(){
        Object object = null;
        try {
            object = super.clone();
        }
        catch (CloneNotSupportedException exception) {
            System.err.println("Not support cloneable");
        }
        return object;
    }

    //深克隆
    public Object deepClone() throws IOException, ClassNotFoundException, OptionalDataException {
        //将对象写入流中
        ByteArrayOutputStream bao = new ByteArrayOutputStream();
        ObjectOutputStream oos = new ObjectOutputStream(bao);
        oos.writeObject(this);

        //将对象从流中取出
        ByteArrayInputStream bis = new ByteArrayInputStream(bao.toByteArray());
        ObjectInputStream ois = new ObjectInputStream(bis);
        return(ois.readObject());
    }
}
```

6.2.5 观察者模式与组合模式联用

在办公自动化(OA)等系统中存在树形结构,如一个公司的组织结构,此时可以使用组合模式进行设计。在这些系统中,对于有些消息并不是一个简单的对象产生响应,而是一个组合对象产生响应,例如如果某个部门需要集体加班,该部门所有员工都将收到加班通知;如果是某个员工需要加班,则只有该员工收到通知,此时,可以考虑观察者模式与组合模式的联用,将一些事务性通知作为观察主题,而公司行政机构及员工作为观察者,并且公司的各级行政机构作为容器对象,而员工作为叶子对象,示意类图如图 6-6 所示。

6.2.6 访问者模式、组合模式与迭代器模式联用

在访问者模式中,由于存在对象结构,因此可以使用迭代器来遍历对象结构,同时具体元素之间可以存在整体与部分的关系,有些元素作为容器对象,有些元素作为成员对象,可以使用组合模式组织元素,在组合模式中遍历成员时也可以使用迭代器,引入组合模式后的访问者模式结构图如图 6-7 所示。

需要注意的是,在图 6-7 所示结构中,由于叶子元素的遍历操作已经在容器元素中完成,因此要防止再单独将已增加到容器元素中的叶子元素加入对象结构中,对象结构中只保存容器对象和孤立的叶子对象。

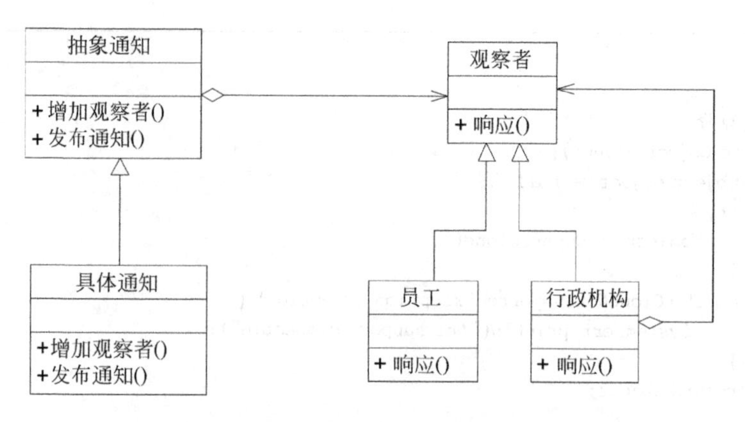

图 6-6 观察者模式与组合模式联用示意图

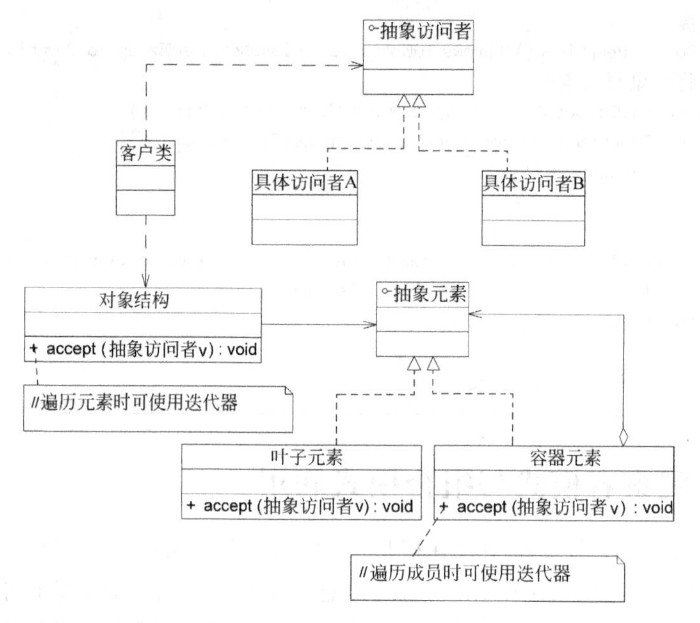

图 6-7 访问者模式与组合模式联用示意图

6.3 综合实例实训

为了更加系统地掌握各种常用的设计模式，下面通过两个项目实例来学习如何在实际开发中综合使用设计模式。

6.3.1 多人联机射击游戏

反恐精英(Counter-Strike，CS)、三角洲部队、战地等多人联机射击游戏广受玩家欢迎，在多人联机射击游戏的设计中，可以使用多种设计模式。下面我们将选取一些较为常用的设计模式进行分析。

1. 抽象工厂模式

在联机射击游戏中提供了多种游戏场景，不同的游戏场景提供了不同的地图、不同的背景音乐、不同的天气等，因此可以使用抽象工厂模式进行设计，类图如图 6-8 所示。

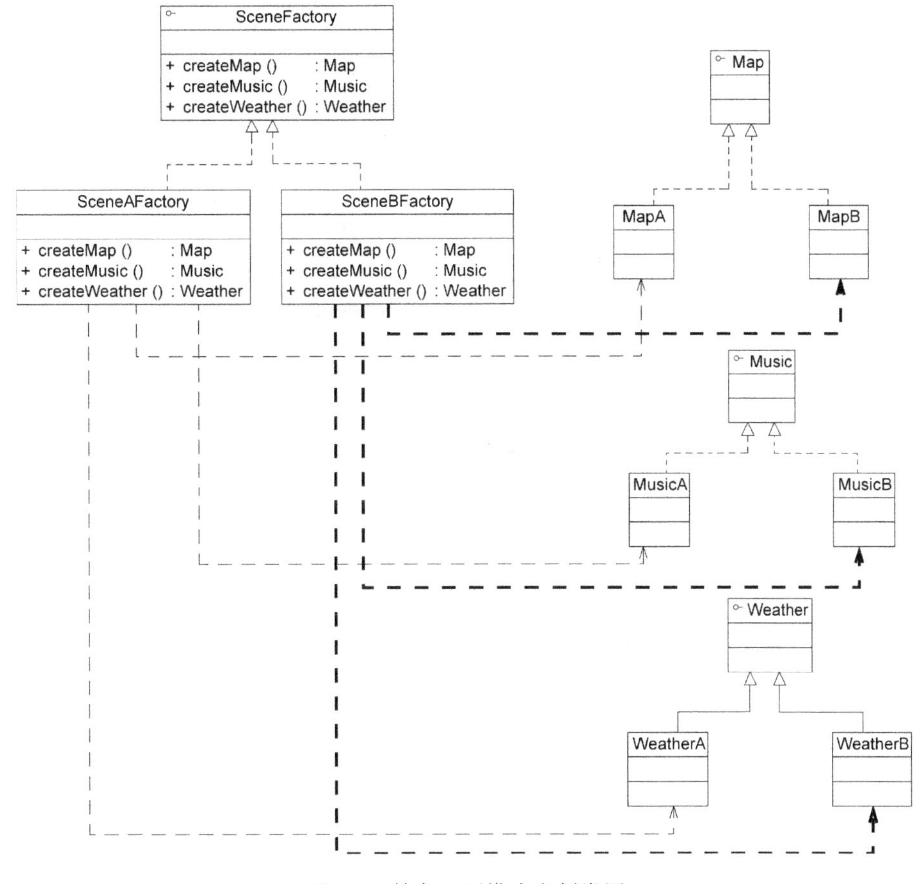

图 6-8 抽象工厂模式实例类图

在图 6-8 中，SceneFactory 充当抽象工厂，其子类 SceneAFactory 等充当具体工厂，可以创建地图(Map)、背景音乐(Music)和天气(Weather)等产品对象，如果需要增加新场景，只需增加新的具体场景工厂类即可。

2. 建造者模式

在联机射击游戏中每一个游戏人物角色都需要提供一个完整的角色造型，包括人物造型、服装、武器等，可以使用建造者模式来创建一个完整的游戏角色，类图如图 6-9 所示。

在图 6-9 中，PlayerCreatorDirector 充当指挥者角色，PlayerBuilder 是抽象建造者，其子类 PlayerBuilderA 和 PlayerBuilderB 是具体建造者，用于创建不同的游戏角色，Player 表示所创建的完整产品，即完整的游戏角色，它包含形体(body)、服装(costume)和武器(weapon)等组成部分。

3. 工厂方法模式

在射击游戏中，AK 47 冲锋步枪、狙击枪、手枪等不同武器(Weapon)的外观、使用方法和杀伤力都不相同，玩家可以使用不同的武器，而且游戏升级时还可以增加新的武器，无须对现有系统做太多修改，可使用工厂方法模式来设计武器系统，类图如图 6-10 所示。

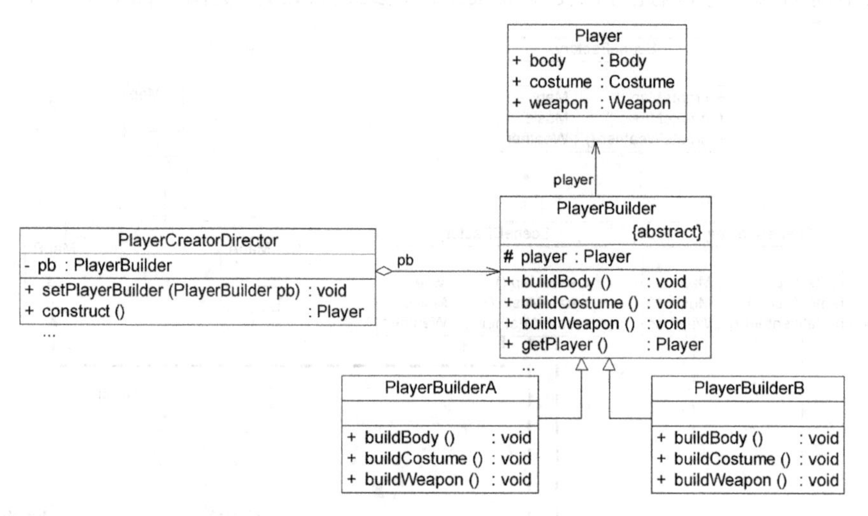

图 6-9　建造者模式实例类图

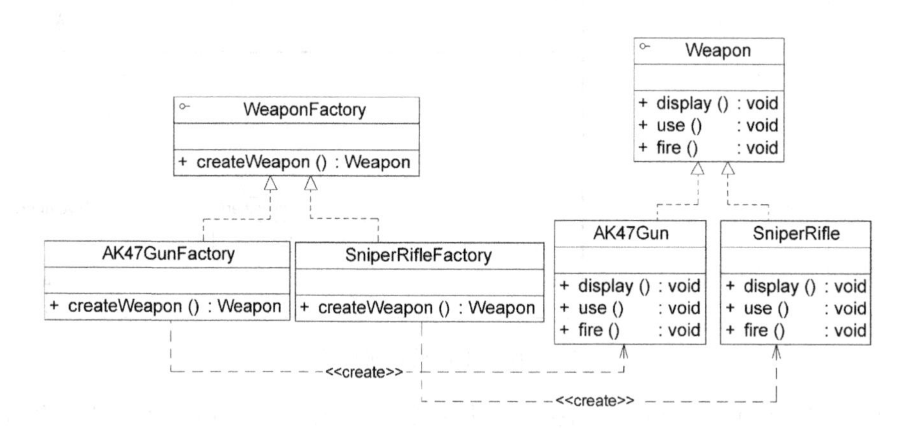

图 6-10　工厂方法模式实例类图

在图 6-10 中，WeaponFactory 接口表示抽象武器工厂，其子类 AK47GunFactory 生产 AK47Gun，SniperRifleFactory 生产 SniperRifle，不同武器的 display()、use()和 fire()等方法拥有不同的实现方式。

4. 迭代器模式

在射击游戏中，一个玩家可以拥有多种武器，如既可以拥有 AK 47 冲锋枪，还可以拥有手枪和匕首，因此系统需要定义一个弹药库(武器的集合)，在游戏过程中可以遍历弹药库(Magazine)，选取合适的武器，在遍历弹药库时可使用迭代器模式，类图如图 6-11 所示。

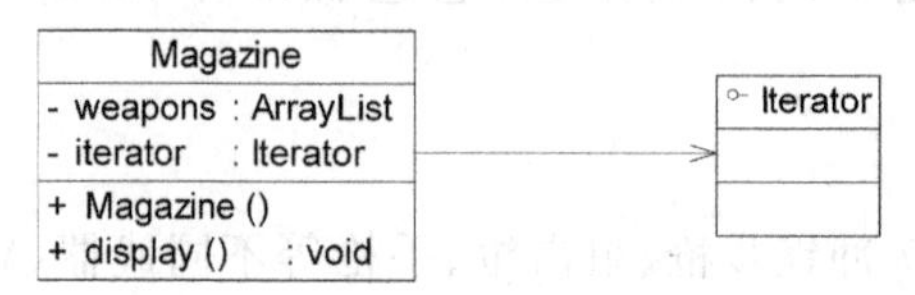

图 6-11　迭代器模式实例类图

在类 Magazine 中，可以通过迭代器遍历弹药库，Magazine 类的代码片段如下：

```
public class Magazine
{
    private ArrayList weapons;
    private Iterator iterator;
    public Magazine()
    {
        weapons = new ArrayList();
        iterator = weapons.iterator();
    }
    public void display()
    {
        while(iterator.hasNext())
        {
            ((Weapon)iterator.next()).display();
        }
    }
        ...
}
```

除了遍历弹药库外，迭代器模式还可以用于遍历战队盟友列表等聚合对象。

5. 命令模式

在射击游戏中，用户可以自定义快捷键，根据使用习惯来设置快捷键，如“W”键可以设置为“开枪”的快捷键，也可以设置为“前进”的快捷键，可通过命令模式来实现快捷键设置，类图如图 6-12 所示。

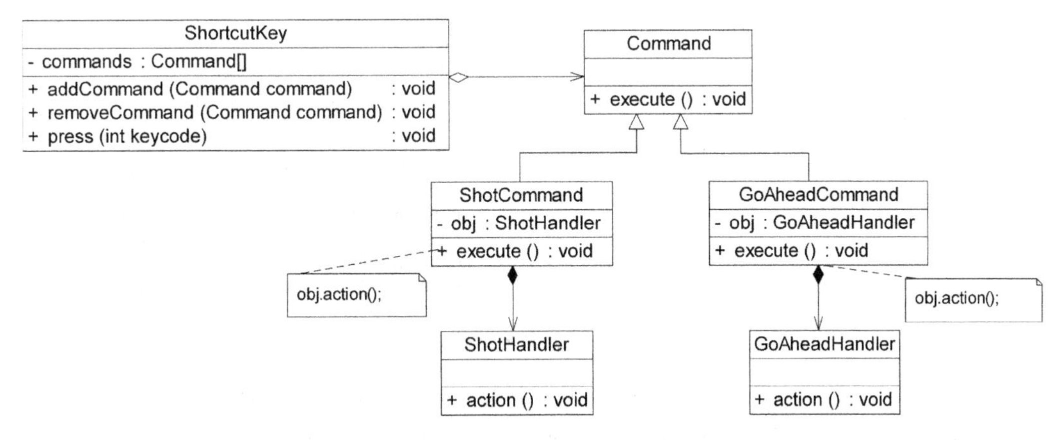

图 6-12　命令模式实例类图

在图 6-12 中，ShortcutKey 充当请求调用者，在 press()方法中将判断用户按的是哪个按键，再调用命令对象的 execute()方法，在具体命令对象的 execute()方法中将调用接收者如 ShotHandler、GoAheadHandler 的 action()方法来执行具体操作。在实现时可以将具体命令类类名和键盘按键的键码(Keycode)存储在配置文件中，配置文件格式如下：

```
<FunctionMapping keycode = "87" commandClass = "ShotCommand"/>
<FunctionMapping keycode = "38" commandClass = "GoAheadCommand"/>
```

如果需要更换快捷键，只需修改键码和具体命令类的映射关系即可；如果需要在游戏的升级版本中增加一个新功能，只需增加一个新的具体命令类，可通过修改配置文件来为其设置对应的按键，原有类库代码无须任何修改，符合开闭原则。

6. 观察者模式

联机射击游戏可以实时显示队友和敌人的存活信息，如果有队友或敌人阵亡，所有在线游戏玩家将收到相应的消息，可以提供一个统一的中央角色控制类(CenterController)来实现消息传递机制，在中央角色控制器中定义一个集合用于存储所有的玩家信息，如果某玩家角色(Player)阵亡，则调用CenterController的通知方法notifyPlayers()，该方法将遍历用户信息集合，调用每一个Player的display()方法显示阵亡信息，队友阵亡和敌人阵亡的提示信息有所不同，在使用notifyPlayers()方法通知其他用户的同时，阵亡的角色对象将从用户信息集合中被删除。可使用观察者模式来实现信息的一对多发送，类图如图6-13所示。

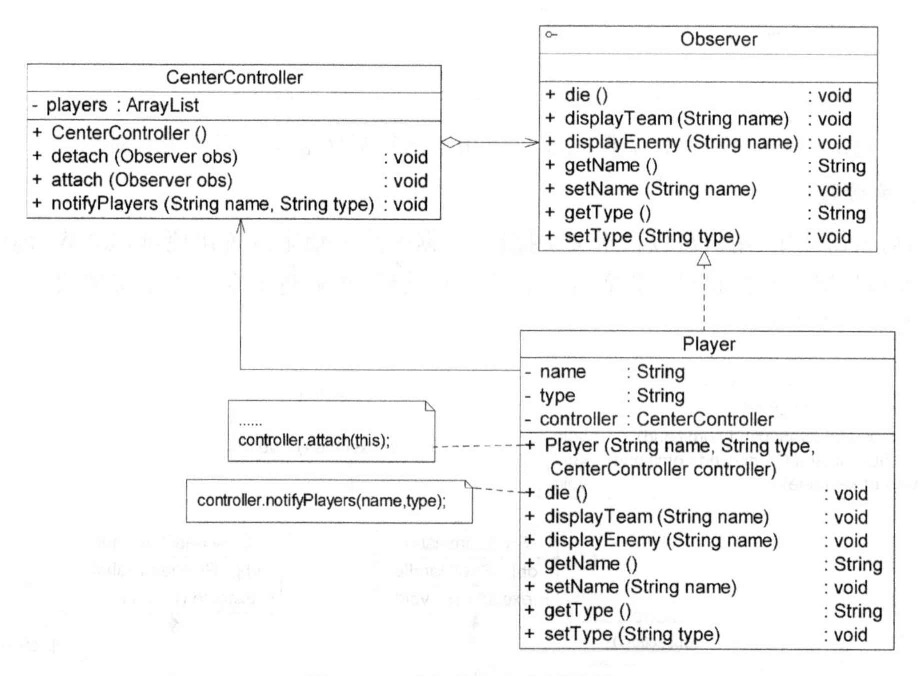

图6-13　观察者模式实例类图

在图6-13中，CenterController充当观察目标，Observer充当抽象观察者，Player充当具体观察者。在Player类中，name属性表示角色名，type属性表示角色类型(所属战队)，如“战队A”或“战队B”等。Player的die()方法执行时将调用CenterController的notifyPlayers()方法，在notifyPlayers()方法中调用其他Player对象的提示方法，如果是队友阵亡则调用displayTeam()，如果是敌人阵亡则调用displayEnemy()；还将调用detach()方法删除阵亡的Player对象，其中CenterController类的notifyPlayers()方法代码片段如下：

```
for(Object player : players)
{
    if(player.getName().equals(name))
    {
        this.detach(player);                    //删除阵亡的角色
    }
    else
    {
        if(player.getType().equals(type))
        {
            player.displayTeam(name);           //队友显示提示信息
        }
        else
        {
            player.displayEnemy(name);          //敌人显示提示信息
        }
    }
}
```

7. 单例模式

为了节约系统资源，在联机射击游戏中可以使用单例模式来设计一些管理器(Manager)，如场景管理器(SceneManager)、声音管理器(SoundManager)等，如图 6-14 所示是场景管理器 SceneManager 类。

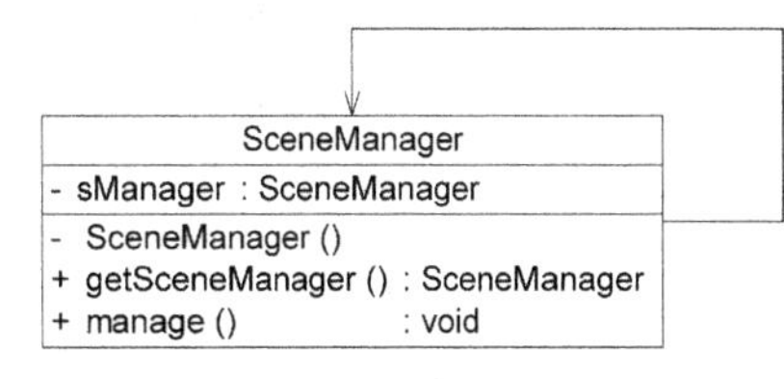

图 6-14　单例模式实例类图

SceneManager 类的实现代码片段如下：

```
class SceneManager
{
    private static SceneManager sManager = null;
    private SceneManager()
    {
        //初始化代码
    }
    public synchronized static SceneManager getInstance()
    {
        if(sManager == null)
        {
            sManager = new SceneManager();
        }
        return sManager;
    }
    public void manage()
    {
        //业务方法
    }
}
```

8. 状态模式

在射击游戏中,游戏角色存在几种不同的状态,如正常状态、暂停状态、阵亡状态等,在不同状态下角色对象的行为不同,可使用状态模式来设计和实现角色状态的转换,类图如图 6-15 所示。

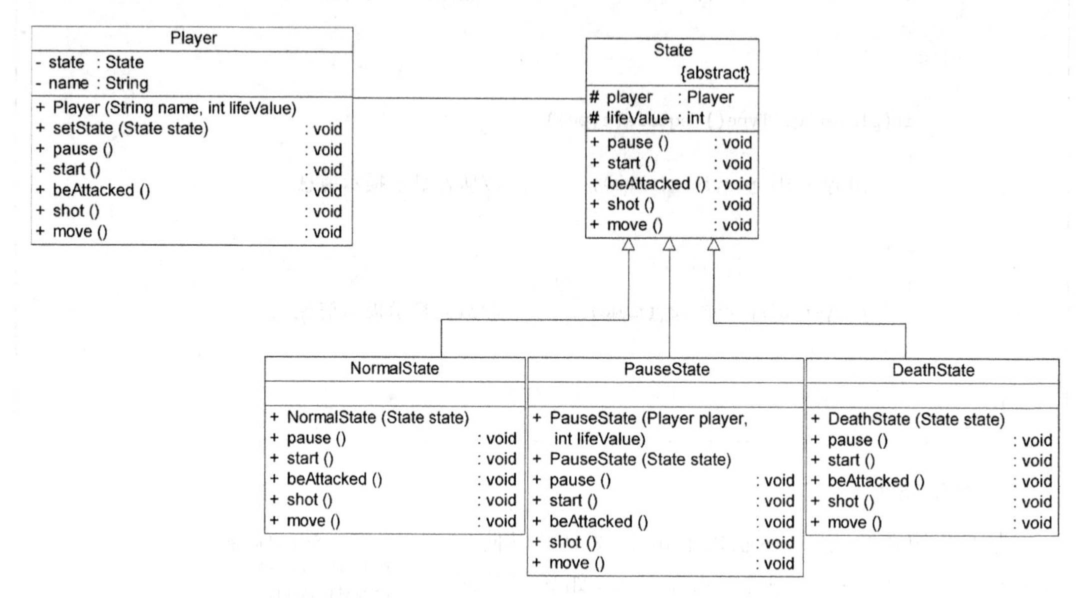

图 6-15 状态模式实例类图

在图 6-15 中,游戏角色类 Player 充当环境类,State 充当抽象状态类,其子类 NormalState、PauseState 和 DeathState 充当具体状态类,在具体状态类的 pause()、start()、beAttacked()等方法中可实现状态转换,其中 NormalState 类的代码片段如下:

```
class NormalState extends State
{
    public void pause()                                 //游戏暂停
    {
                                                        //暂停代码省略
        player.setState(new PauseState(this));          //转为暂停状态
    }
    public void start()                                 //游戏启动
    {
                                                        //游戏程序正在运行中,该方法不可用
    }
    public void beAttacked()                            //被攻击
    {
                                                        //其他代码省略
        if(lifeValue<=0)
        {
            player.setState(new DeathState(this));      //转为阵亡状态
        }
    }
```

```
    public void shot()                      //射击
    {
                                            //代码省略
    }
    public void move()                      //移动
    {
                                            //代码省略
    }
}
```

9. **适配器模式**

为了增加游戏的灵活性，某些射击游戏还可以通过游戏手柄来进行操作，游戏手柄的操作程序和驱动程序由游戏手柄制造商提供，为了让当前的射击游戏可以与游戏手柄兼容，可使用适配器模式来进行设计，类图如图 6-16 所示。

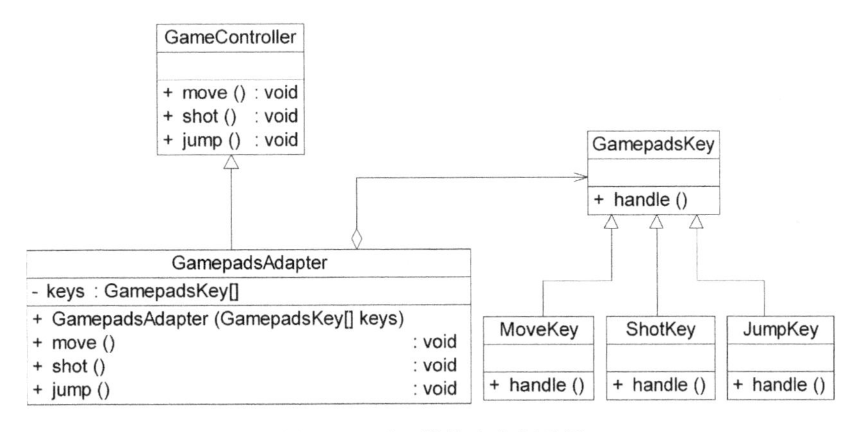

图 6-16 适配器模式实例类图

在图 6-16 中，GamepadsAdapter 充当适配器，它将游戏手柄中按键(GamepadsKey)的方法适配到现有系统中，在其 move()方法中可以调用 MoveKey 类的 handle()方法，在 shot()方法中可以调用 ShotKey 的 handle()方法，在 jump()方法中可以调用 JumpKey 类的 handle()方法，从而实现通过手柄来控制游戏运行。

6.3.2 数据库同步系统

本系统以某省级移动公司应急管理系统数据备份(数据库同步)功能需求为原型，基本需求如下所述。

为了在数据库发生故障的情况下不影响核心业务的运行，需要将生产数据库定期备份到应急数据库，以备生产数据库发生故障时，能切换到应急数据库，保证业务的正常运行。由于移动公司的数据量非常大，所以只需要对基础数据和关键数据进行备份，为了确保切换到应急数据库时核心业务能够运行，还需要备份整个数据库结构。

系统目前需求仅要求支持 Oracle 数据库的同步，但系统设计时需要考虑以后可以方便地支持其他数据库。Oracle 数据库的结构由各种数据库对象组成，要求完成对各种数据库对象的同步,包括表(包括约束)、索引、触发器、分区表、视图、存储过程、函数、包、数据库连接、序列、物化视图和同义词。各类数据库对象的同步有一定的顺序关系,总体流程如图 6-17 所示。

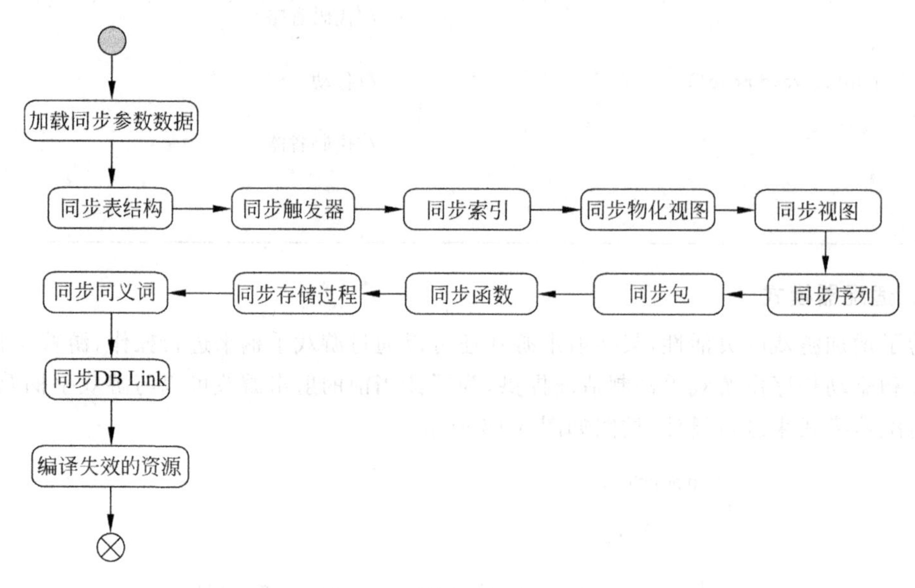

图 6-17 数据库同步流程图

数据库同步系统界面如图 6-18 所示。

用户在操作界面指定源数据库、目标数据库、控制数据库(用于读取配置信息)的数据库连接串,同时选取需要同步的数据库对象类型,对象类型存储在配置文件 database_syn_config.xml 中,通过输入 SQL 语句可以获取需要同步的表数据。

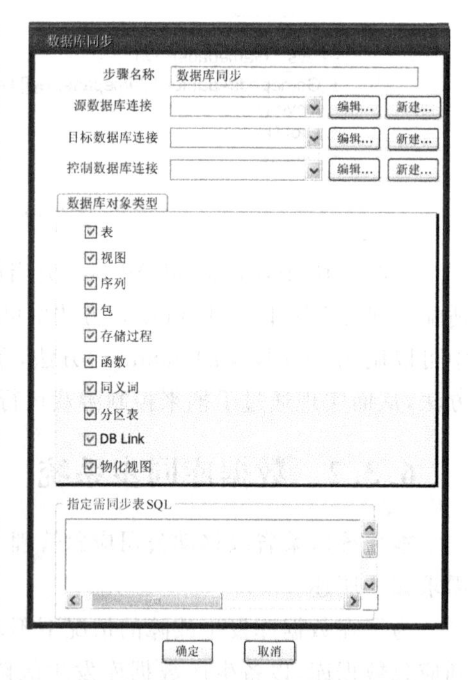

图 6-18 数据库同步系统界面

数据库对象同步的处理逻辑描述如下:

(1) 对于一般的数据库对象,同步时先取出源数据库与目标数据库的同类数据库对象进行对比,然后将对象更新到目标数据库。

(2) 对于 DBLink 对象,由于数据库环境发生变化,需要手工调整,同步过程只记录新增的 DBLink 信息,而不执行创建操作。

(3) 表的同步处理由于其包含数据,因此较为特殊,需先对表结构变化进行分析,再同步数据。表数据的同步有三种方式:增量同步、先 Delete 后 Insert 方式、临时表方式。

① 增量同步。适用于可确定最后修改时间戳字段的情况。

② 先 Delete 后 Insert 方式。即先删除表的数据,再将源数据库的该表数据插入到目标数据库,为确保数据安全,要求在一个事务内完成。

③ 临时表方式。用于最大限度保证数据的完整性，是一种在发生意外情况时，不丢失数据而使用的较为复杂的方式。

由于对数据库结构修改无法做事务回滚，因此如果后面的步骤发生异常，需要通过手工编码方式来实现目标数据库结构变化的回滚。

在本系统实现过程中使用了多种设计模式，下面对其进行简要分析（为了简化代码和类图，省略了关于包的描述，在实际应用中已将不同的类封装在不同的包中）。

1. 建造者模式

在本系统实现时提供了一个数据库同步流程管理器 DBSynchronizeManager 类，它用于负责控制数据库同步的具体执行步骤。用户在前台界面可以配置同步参数，程序运行时，需要根据这些参数来创建 DBSynchronizeManager 对象，创建完整 DBSynchronizeManager 对象的过程由类 DBSynchronizeManagerBuilder 负责，此时可以使用建造者模式来一步一步构造一个完整的复杂对象，类图如图 6-19 所示。

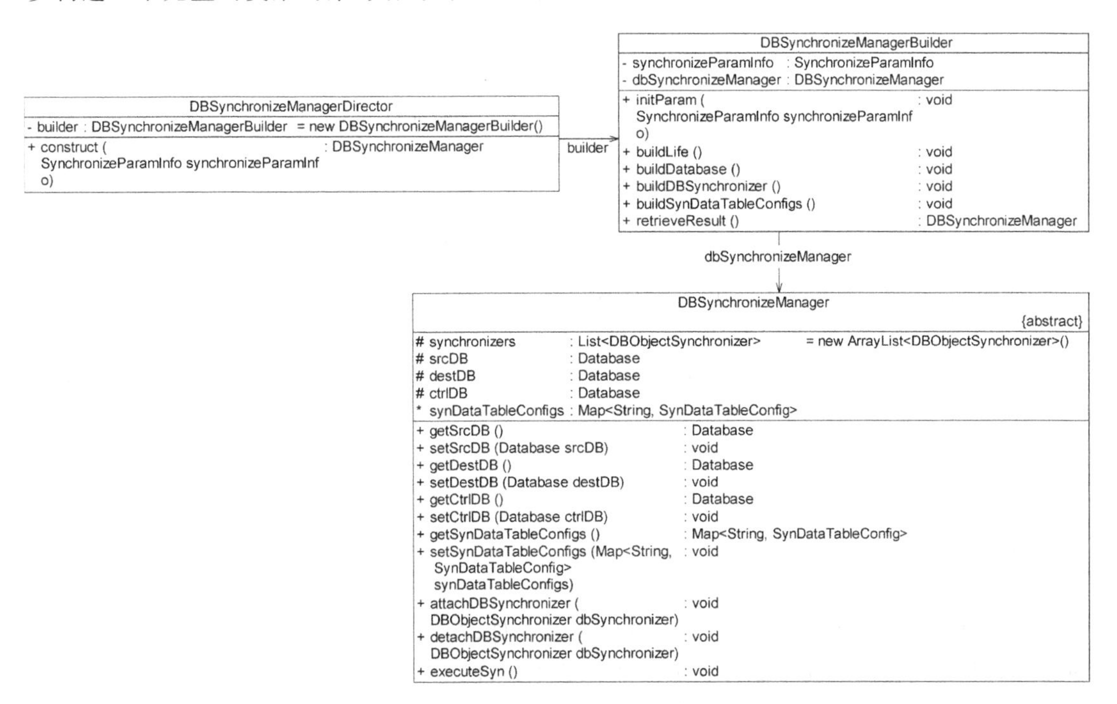

图 6-19　建造者模式实例类图

在图 6-19 中省略了抽象建造者，DBSynchronizeManagerDirector 充当指挥者类，DBSynchronizeManagerBuilder 充当建造者，DBSynchronizeManager 充当复杂产品。

2. 简单工厂模式

DBSynchronizeManagerBuilder 类的 buildLife() 方法可以创建一个初始的 DBSynchronizeManager 实例，再一步一步为其设置属性，为了保证在更换数据库时无须修改 DBSynchronizeManagerBuilder 类的源代码，在此处使用简单工厂模式进行设计，将数据库类型存储在配置文件中，片段代码如下：

```
<dbSynchronizeManager dbType = "oracle" class = "com.chinacreator.dbSyn.oracle.OracleDB
SynchronizeManager"/>
```

类图如图 6-20 所示。

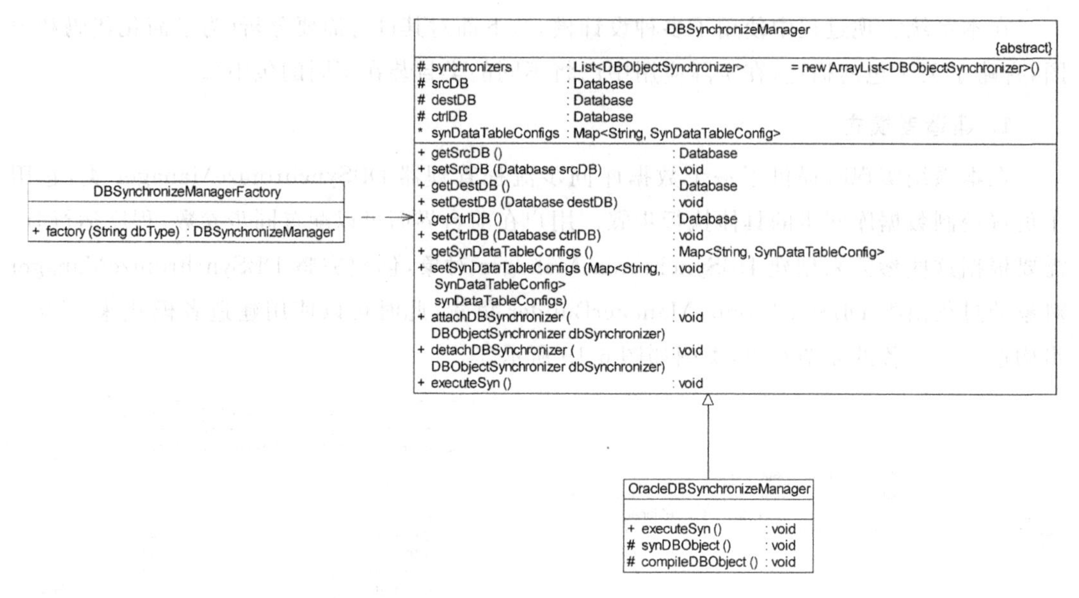

图 6-20 简单工厂模式实例类图

使用简单工厂模式设计的工厂类 DBSynchronizeManagerFactory 代码如下：

```
public class DBSynchronizeManagerFactory {
    public static DBSynchronizeManager factory(String dbType) throws Exception {
        String className = DBSynConfigParser.getSynchronizeManagerClass(dbType);
        return (DBSynchronizeManager)Class.forName(className).newInstance();
    }
}
```

其中 DBSynConfigParser 类用于读取配置文件，在图 6-20 中，DBSynchronizeManager-Factory 类充当数据库同步流程管理器的简单工厂，DBSynchronizeManager 是抽象产品，而 OracleDBSynchronizeManager 为具体产品。

3. 享元模式和单例模式

在数据库同步系统中，抽象类 DBObjectSynchronizer 表示需要同步的数据库对象，对于不同的数据库对象类型，提供了不同的子类实现，在数据库同步时可能有多个线程在同时进行同步工作，为了节省系统资源，可以使用享元模式来共享 DBObjectSynchroizer 对象，提供了享元工厂类 DBObjectSynchronizerFlyweightFactory，且享元工厂类使用单例模式实现，类图如图 6-21 所示。

在图 6-21 中，DBObjectSynchronizerFlyweightFactory 充当数据库对象同步执行者的享元工厂，同步对象执行类 DBObjectSynchronizer 充当抽象享元，其间接子类

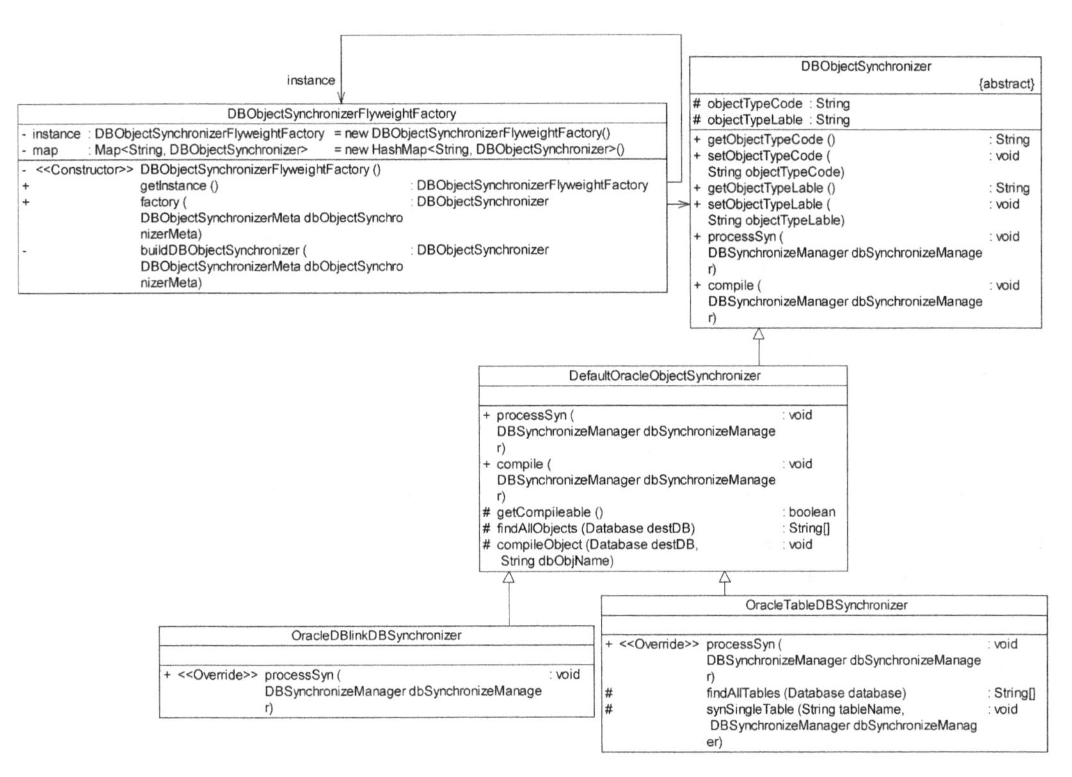

图 6-21　享元模式和单例模式实例类图

OracleDBlinkDBSynchronizer、OracleTableDBSynchronizer 等充当具体享元(限于篇幅,未将所有数据库对象类一一列出)。

在实现 DBObjectSynchronizerFlyweightFactory 时使用了单例模式(饿汉式单例),其代码片段如下:

```
public class DBObjectSynchronizerFlyweightFactory {
    private static DBObjectSynchronizerFlyweightFactory instance = new DBObjectSynchronizerFlyweightFactory();
    private Map < String, DBObjectSynchronizer > map = new HashMap < String, DBObjectSynchronizer >();
    private DBObjectSynchronizerFlyweightFactory(){    }
    public static DBObjectSynchronizerFlyweightFactory getInstance(){
        return instance;
    …
}
```

4. 观察者模式

在数据库同步系统中,用户可以自行决定需要同步哪些对象,需要同步的 DBObjectSynchronizer 子类对象将注册到 DBSynchronizeManager 中,DBSynchronizeManager 类的代码片段如下:

```java
public abstract class DBSynchronizeManager{
    ...
    public void attachDBSynchronizer(DBObjectSynchronizer dbSynchronizer) {
        synchronizers.add(dbSynchronizer);
    }
    public void detachDBSynchronizer(DBObjectSynchronizer dbSynchronizer) {
        synchronizers.remove(dbSynchronizer);
    }
    public abstract void executeSyn() throws Exception;
}
```

其中 attachDBSynchronizer(DBObjectSynchronizer dbSynchronizer)为注册方法，detachDBSynchronizer(DBObjectSynchronizer dbSynchronizer)为注销方法，executeSyn()为抽象的通知方法，其子类 OracleDBSynchronizeManager 为 executeSyn()方法提供了具体实现，类图如图 6-22 所示。

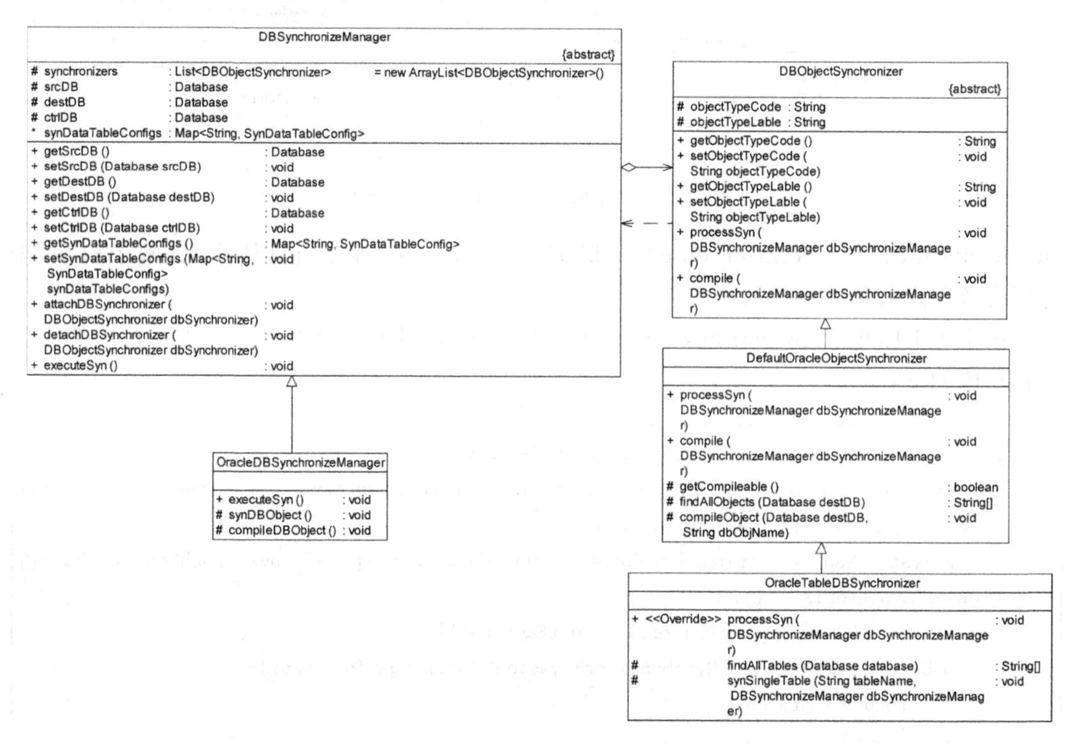

图 6-22　观察者模式实例类图

在数据库同步时，如果 DBSynchronizeManager 的 executeSyn()方法被调用，将遍历观察者集合，调用每一个 DBObjectSynchronizer 对象的 executeSyn()方法和 compileDBObject()方法，此时 DBSynchronizeManager 充当抽象观察目标，OracleDBSynchronizeManager 充当具体观察目标，DBObjectSynchronizer 充当抽象观察者，OracleTableDBSynchronizer 充当具体观察者。

5. 模板方法模式

在执行同步时，OracleDBSynchronizeManager 的 executeSyn()方法将依次调用 synDBObject()和 compileDBObject()方法，并在这两个方法中分别调用 DBObjectSynchronizer 的 processSyn()和 compile()方法，在 OracleDBSynchronizeManager 的子类中可以覆盖 synDBObject()和 compileDBObject()方法，如图 6-23 所示。

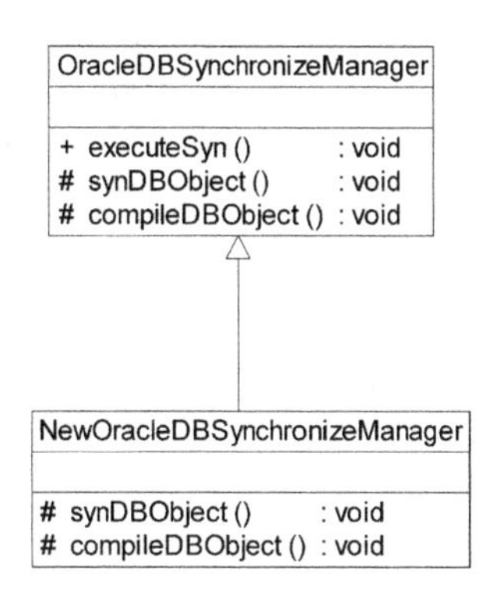

图 6-23 模板方法模式实例类图

在图 6-23 中，OracleDBSynchronizeManager 充当抽象父类，其中定义了模板方法 executeSyn()，NewOracleDBSynchronizeManager 充当具体子类，其中 OracleDBSynchronize Manager 的代码片段如下：

```
public class OracleDBSynchronizeManager extends DBSynchronizeManager {
    public void executeSyn() throws Exception {
        synDBObject();
        compileDBObject();
    }
    protected void synDBObject(){
        for (DBObjectSynchronizer dbSynchronizer : synchronizers) {
            try {
                dbSynchronizer.processSyn(this);
            } catch (Exception e) {
                e.printStackTrace();
            }
        }
    }
    protected void compileDBObject(){
        for (DBObjectSynchronizer dbSynchronizer : synchronizers) {
            try {
                dbSynchronizer.compile(this);
            } catch (Exception e) {
                e.printStackTrace();
            }
        }
    }
}
```

由于 Oracle 数据库对象类型较多，而大部分对象的处理逻辑大同小异，只有少部分对象类型同步结构后需要重新编译，因此在设计 DefaultOracleObjectSynchronizer 类时也可以使用模板方法模式，在其中定义一个钩子方法 getCompileable()，由子类决定是否要调用编译逻辑，代码片段如下：

```
public class DefaultOracleObjectSynchronizer extends DBObjectSynchronizer {
    ⋮
    public void compile(DBSynchronizeManager dbSynchronizeManager)
            throws Exception {
        if (getCompileable()){
```

```
            Database destDB = dbSynchronizeManager.getDestDB();
            String[] compileObjs = findAllObjects(destDB);
            int iLen = compileObjs.length;
            for (int i = 0; i < iLen; i++) {
                compileObject(destDB, compileObjs[i]);
            }
        }

    }
    ⋮
}
```

6. 策略模式

由于表数据的同步方式有三种，分别是增量同步、先 Delete 后 Insert 方式、临时表方式，因此可以定义一个同步策略接口 DataSynStrategy，并提供三个具体实现类：IncSynStrategy、DelAndInsSynStrategy 和 TempTableSynStrategy，类图如图 6-24 所示。

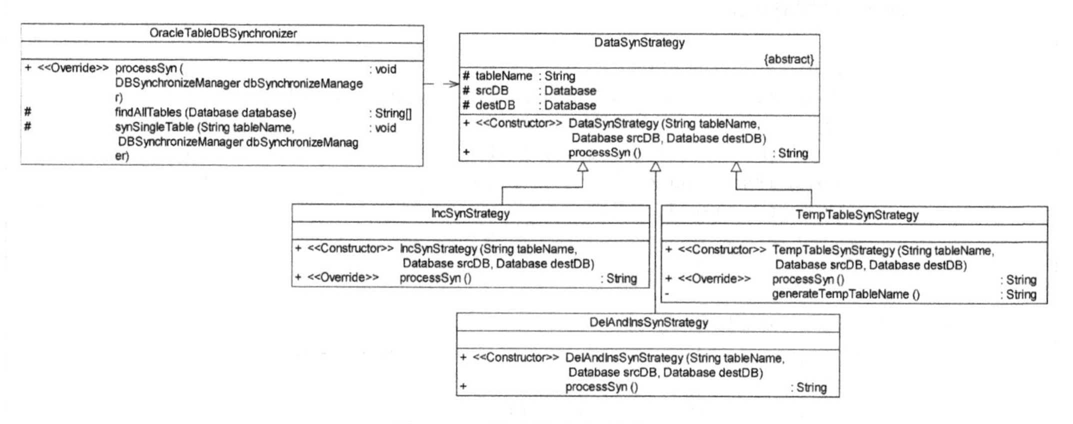

图 6-24　策略模式实例类图

在图 6-24 中，Oracle 表同步对象类 OracleTableDBSynchronizer 充当环境类，DataSynStrategy 充当抽象策略类，其子类 IncSynStrategy、DelAndInsSynStrategy 和 TempTableSynStrategy 充当具体策略类。

在 OracleTableDBSynchronizer 中将 DataSynStrategy 作为方法 synSingleTable()的局部变量，因此 OracleTableDBSynchronizer 与 DataSynStrategy 为依赖关系，如果为全局变量，则为关联关系。

7. 组合模式、命令模式和职责链模式

在使用临时表方式实现表同步时可以定义一系列命令对象，这些命令封装对数据库的操作，由于有些操作修改了数据库结构，因此传统的 JDBC 事务控制起不到作用，需要自己实现操作失败后的回滚逻辑。此时可以使用命令模式进行设计，在设计时还可以提供宏命令 MacroCommand，用于将一些具体执行数据库操作的命令组合起来，形成复合命令，类图如图 6-25 所示(由于原始类图比较复杂，考虑到可读性，对图 6-25 进行了适当简化)。

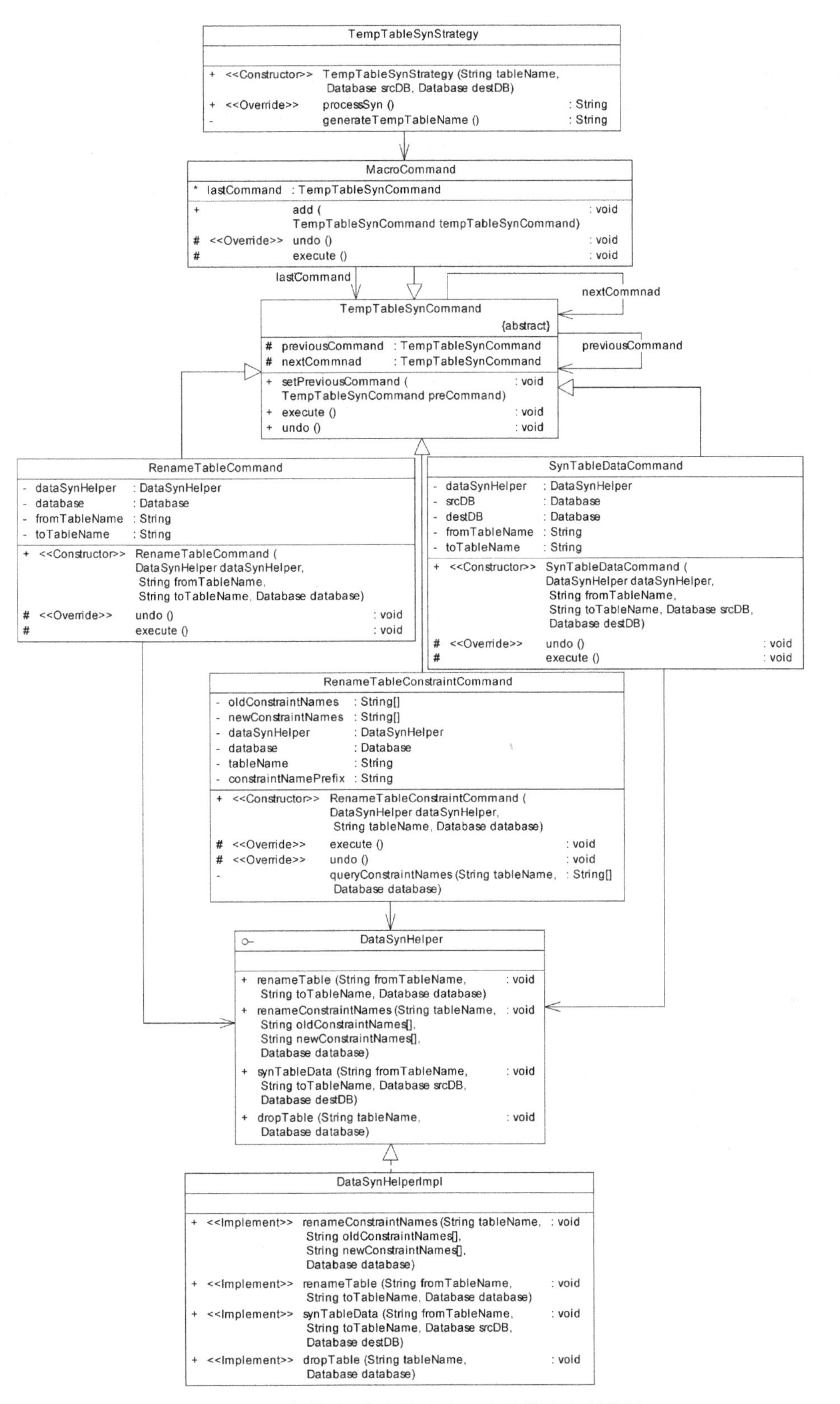

图 6-25　组合模式、命令模式和职责链模式实例类图

在图 6-25 中，TempTableSynCommand 充当抽象命令，MacroCommand 充当宏命令类，RenameTableCommand、SynTableDataCommand 和 RenameTableConstraintCommand 充当具体命令，TempTableSynStrategy 充当请求调用者，DataSynHelper 充当请求接收者，在 DataSynHelper 中定义了辅助实现临时表方式同步的一些方法，在命令类中将调用这些方法。在 TempTableSynCommand 中声明了公共的 execute()方法，并提供了回滚方法 undo()，其子类实现具体的执行操作与恢复操作。DataSynHelper 接口声明了进行数据库操作的方法，在其子类 DataSynHelperImpl 中实现了这些方法。

在 TempTableSynCommand 中还定义了两个自类型的成员变量 previousCommand、nextCommnad 用于保存前一个命令和后一个命令，其中 nextCommnad 用于在执行完当前命令的业务逻辑后，再执行下一个命令的业务逻辑；而 previousCommand 用于在出现异常时，调用上一个命令的 undo()方法实现恢复操作。此时使用了职责链模式，nextCommnad. execute()实现正向职责链，而 previousCommand. undo()加上 Java 的异常处理机制实现反向职责链。

MacroCommand 是宏命令，其代码片段如下：

```
public class MacroCommand extends TempTableSynCommand {
    TempTableSynCommand lastCommand = this;
    public void add(TempTableSynCommand tempTableSynCommand) {
        tempTableSynCommand.setPreviousCommand(lastCommand);
        lastCommand = tempTableSynCommand;           //创建命令链
    }
    protected void execute() throws Exception {
        ⋮
    }
    protected void undo() throws Exception {
        ⋮
    }
}
```

在请求调用者类 TempTableSynStrategy 中通过如下代码片段来调用宏命令对象的 execute()方法：

```
public class TempTableSynStrategy extends DataSynStrategy {
    public String processSyn() {
        //其他代码省略
        String tempTableName = generateTempTableName();
        String backupTableName = "BAK_" + tempTableName;
        DataSynHelper dataSynHelper = new DataSynHelperImpl();
        MacroCommand marcoCommand = new MacroCommand();
        marcoCommand.add(new RenameTableConstraintCommand(dataSynHelper, tableName, destDB));
        marcoCommand.add(new SynTableDataCommand(dataSynHelper, tableName, tempTableName,
srcDB,destDB));
        marcoCommand.add(new RenameTableCommand(dataSynHelper, tableName, backupTableName,
destDB));
```

```
        marcoCommand.add(new RenameTableCommand(dataSynHelper, tempTableName, tableName, destDB));
        try{
            marcoCommand.execute();
            try {
                //其他代码省略
            } catch (Exception e) {
                e.printStackTrace();
            }
        } catch (Exception e){
            e.printStackTrace();
        }
        //其他代码省略
    }
}
```

6.4　实训练习

以下练习题部分来自于一些知名 IT 企业的笔试和面试题。

（1）以下代码实现了设计模式中的哪种模式（代码使用 C#语言实现）？

```
public sealed class SampleSingleton1
{
    private int m_Counter = 0;
    private SampleSingleton1()
    {
        Console.WriteLine(""初始化 SampleSingleton1。"");
    }
    public static readonly SampleSingleton1 Singleton = new SampleSingleton1();
    public void Counter()
    {
        m_Counter ++;
    }
}
```

A. 原型　　B. 抽象工厂

C. 单例　　D. 生成器

（2）某房地产公司欲开发一套房产信息管理系统，根据如下描述选择合适的设计模式进行设计：

① 该公司有多种房型，如公寓、别墅等，在将来可能会增加新的房型；

② 销售人员每售出一套房子，主管将收到相应的销售消息。

（3）现有一种空调，它支持三种运行模式：制冷模式、制热模式和自动模式。当选择制冷模式，在设置温度时空调将输送冷风；选择制热模式，在设置温度时空调将输送热风；选择自动模式，在设置温度时空调将比较室温和设置温度，如果室温高于设置温度则输送冷风，否则输送热风。如何设计该空调控制程序使得在将来可以支持新的运行模式？

(4) 某游戏公司现欲开发一款面向儿童的模拟游戏，该游戏主要模拟现实世界中各种鸭子的发声特征、飞行特征和外观特征。游戏需要模拟的鸭子种类及其特征如表 6-1 所示。

表 6-1 鸭子种类及其特征

鸭子种类	发声特征	飞行特征	外观特征
灰鸭	发出“嘎嘎”声	用翅膀飞行	灰色羽毛
红头鸭	发出“嘎嘎”声	用翅膀飞行	灰色羽毛、头部红色
棉花鸭	不发声	不能飞行	白色
橡皮鸭	发出橡皮与空气摩擦的声音	不能飞行	黑白橡皮颜色

为支持将来能够模拟更多种类鸭子的特征，选择一种合适的设计模式设计该模拟游戏，提供相应的解决方案。

(5) 电视机遥控器的设计原理中蕴涵了哪两种设计模式？绘制这两种设计模式的类图并简单论述其适用场景。

(6) 程序设计：猫大叫一声，所有的老鼠都开始逃跑，主人被惊醒。

要求：①要有联动性，老鼠和主人的行为是被动的；②考虑可扩展性，猫的叫声可能引起其他联动效应。

(7) 使用 UML 图来表示 Windows 下文件目录结构，并分析其所使用的设计模式。

(8) MVC(Model-View-Controller，模型-视图-控制器)模式是一个复合模式，其中应用了多种设计模式，请写出两种 MVC 中所使用的模式并对这些模式进行简要介绍。

(9) Windows Media Player 和 RealPlayer 是两种常用的媒体播放器，它们的 API 结构和调用方法存在区别。现在我们的应用程序需要支持这两种播放器 API，而且在将来可能还需要支持新的媒体播放器，请问如何设计该应用程序？

(10) 利用设计模式，设计并实现一个加减计算器，设计时需考虑系统的可扩展性。

(11) 列举几个 Java SE 或 Java EE API 中使用的 GoF 设计模式。

(12) 谈谈框架与设计模式的区别。

(13) In the selling system of the Beefsteak Coffee Stall, there is a series of flavor beefsteak, such as philli, curry beefsteak, cheese beefsteak. Now we try to use the design pattern to describe beefsteak flavor. Which pattern we should use?

译文：在一个牛排咖啡摊销售系统中包含一系列“风味牛排”，例如菲利牛排、咖喱牛排、奶酪牛排等。现在我们使用设计模式来描述牛排的风味，该使用哪种设计模式？(　　)

A. Singleton Pattern　　　　B. Bridge Pattern

C. Flyweight Pattern　　　　D. Observer Pattern

(14) In object-oriented programming, one is advised to avoid case (and if) statements. Select one design pattern that helps avoid case statements and explain how it helps.

译文：在面向对象编程中往往提倡尽量不使用 case(和 if)语句。选择一种设计模式，有助于避免使用 case 语句，并解释它是如何避免的。

(15) There is a coffee shop to server HouseBlend and Espresso coffee. Each coffee can be served with the following condiments: Milk, Mocha. Using Decorator pattern to construct the coffee shop program to compute every beverage's cost with its description.

```
abstract class Beverage
{
    public abstract String getDescription();
    public abstract double getCost();
}
```

Draw the pattern class diagram, and full code (class CondimentDecorator, HouseBlend, Espresso, Milk, Mocha, StarBuzzCoffee and other classes required) to construct the program including a test drive (StarBuzzCoffee class).

译文：有一家咖啡店提供 HouseBlend 咖啡和 Espresso 咖啡。每一种咖啡需要用到如下配料：牛奶,摩卡。使用装饰模式构建咖啡店程序,输出其描述并计算每种饮料的花费。

```
abstract class Beverage
{
    public abstract String getDescription();
    public abstract double getCost();
}
```

画出模式类图,实现完整的代码(包括类 CondimentDecorator, HouseBlend, Espresso, Milk, Mocha, StarBuzzCoffee 以及其他所需的类)构建程序,包括一个测试驱动类(StarBuzzCoffee 类)。

(16) Implement the simplest singleton pattern (initialize if necessary)。

译文：实现一个最简单的单例模式,如果有必要的话可以初始化。

(17) Audi is offering cars in three product ranges: economy, medium and luxury.

Audi A3 economy car

Audi A4 medium car

Audi S8 luxury car

Design a system for Audi that will help the car manufacturer to produce all this three ranges and handle different car models. Obviously, each model offer different options for things such as gearbox, wheels, color, stereo, air conditioning, etc. Select the most appropriate design pattern to implement such a system for Audi. In particular, show an appropriate class diagram(s) and enough code fragments to illustrate your use of the pattern to solve the problem.

译文：奥迪公司提供了三种不同类型的汽车：经济型车、中级车和豪华车。为奥迪公司设计一个系统，帮助汽车制造商生产这三种不同类型和不同操作难度的汽车模型。很明显，每一种汽车模型都存在一些不同的地方，如变速箱、车轮、颜色、立体声系统、空调等。针对奥迪的该系统，选择一个最合适的设计模式来实现。特别说明：要求绘制类图并提供充分的代码片段来说明你是如何使用该模式解决问题的。

(18) Design a Mediator between web services and web customer. As web services, the eBay auction house and Amazon are available. Plan functions to search for an item with a textual description, and to buy an item from the service that gives you the best price.

译文：在 Web Services(Web 服务)和 Web 用户之间设计一个中介者。eBay 的拍卖行和 Amazon 都是可用的 Web 服务，预想的功能包括通过文本去查询产品，或通过 Web 服务去购买产品，Web 服务将给用户返回最佳的价格。

第7章

设计模式综合模拟试题

7.1 综合模拟试题一

注：《模拟试题一》总分为100分，参考测试时间为120分钟。

1. **单项选择题**(每题2分，共20分)

(1) (   )全为对象行为型设计模式。

A. 单例模式、建造者模式和工厂方法模式

B. 组合模式、桥接模式和代理模式

C. 职责链模式、备忘录模式和访问者模式

D. 迭代器模式、解释器模式和模板方法模式

(2) 迪米特法则要求一个软件实体应当尽可能少地与其他软件实体发生相互作用，这样，当一个模块修改时，就会尽量少地影响其他模块，扩展会相对容易。为了满足迪米特法则，一种常见的方法是在系统中适当引入一些“第三者”类，通过这些“第三者”类来降低系统的耦合度，这种思想在某些设计模式中得以实现，(   )设计模式是迪米特法则的具体实现。

A. 抽象工厂和策略　　B. 组合和迭代器

C. 享元和单例　　D. 外观和中介者

(3) 撤销(Undo)操作是很多软件系统的基本功能之一，在设计模式中，(   )模式可以用于设计和实现撤销功能。

A. 适配器或代理　　B. 访问者或观察者

C. 命令或备忘录　　D. 职责链或迭代器

(4) (   )可以避免在设计方案中使用庞大的多层继承结构，从而减少系统中类的总数量。

A. 桥接模式和装饰模式　　B. 适配器模式和职责链模式

C. 策略模式和模板方法模式　　D. 中介者模式和迭代器模式

(5)(　　)模式可用于将请求发送者与请求接收者解耦,请求在发送完之后,客户端无须关心请求的接收者是谁,系统根据预定义的规则将请求转发给指定的对象处理。

A. 状态和策略

B. 观察者和访问者

C. 解释器和迭代器

D. 职责链和命令

(6)(　　)设计模式考虑到了系统的性能,它们的引入将使得程序在运行时能够节约一定的系统资源。

A. 工厂方法和模板方法

B. 单例和享元

C. 访问者与迭代器

D. 适配器和建造者

(7) 单一职责原则要求一个类只负责一个功能领域中的相应职责,在设计模式中,(　　)体现了单一职责原则。

A. 单例模式和适配器模式

B. 模板方法模式和外观模式

C. 代理模式和中介者模式

D. 迭代器模式和工厂方法模式

(8) 有些设计模式的目的是处理一些较为复杂的算法问题,(　　)用于在应用程序中分离一些复杂的算法。

A. 策略模式和访问者模式

B. 状态模式和组合模式

C. 代理模式和外观模式

D. 模板方法模式和解释器模式

(9) 开闭原则是最重要的面向对象设计原则之一,它指导我们如何建立一个稳定的、灵活的软件系统。在常用的设计模式中,有些设计模式对开闭原则的支持具有一定的倾斜性,即在增加某些类时符合开闭原则,而在增加另外一些类时违背了开闭原则。在以下设计模式中,(　　)对开闭原则的支持具有倾斜性。

A. 原型模式和装饰模式

B. 代理模式和工厂方法模式

C. 抽象工厂模式和访问者模式

D. 中介者模式和组合模式

(10)(　　)可以避免在程序代码中使用复杂的条件判断语句。

A. 桥接模式和单例模式

B. 职责链模式和备忘录模式

C. 模板方法模式和适配器模式

D. 工厂方法模式和策略模式

2. 连线题(每题 10 分,共 20 分)

(1) 请将以下设计模式的名称与对应的模式描述用线段连接在一起(10 分):

模式名称	模式描述
[1] 工厂方法模式	A.将抽象部分与它的实现部分分离，使它们都可以独立地变化
[2] 建造者模式	B.允许一个对象在其内部状态改变时改变它的行为
[3] 适配器模式	C.动态地给一个对象增加一些额外的职责
[4] 桥接模式	D.通过运用共享技术有效地支持大量细粒度对象的复用
[5] 装饰模式	E.提供了一种方法来访问聚合对象，而不用暴露这个对象的内部表示
[6] 外观模式	F.将类的实例化操作延迟到子类中完成，即由子类来决定究竟应该实例化（创建）哪一个类
[7] 享元模式	G.定义一个操作中算法的骨架，而将一些步骤延迟到子类中
[8] 迭代器模式	H.将一个复杂对象的构建与它的表示分离，使得同样的构建过程可以创建不同的表示
[9] 模板方法模式	I.为复杂子系统提供一个一致的接口
[10] 状态模式	J.将一个接口转换成客户希望的另一个接口，从而使接口不兼容的那些类可以一起工作

(2) 请将以下应用场景与对应的设计模式名称用线段连接在一起(10 分):

应用场景	设计模式名称
[1] 某系统中的物品采购单采用逐级审批机制，不同金额的采购单由不同级别的领导来审批	A. 抽象工厂模式
[2] 某国际象棋软件需要提供“悔棋”功能	B. 单例模式
[3] 某系统提供多种数据加密算法，用户可以根据需要来动态选择其中的一种	C. 解释器模式
[4] 在某基于GUI的系统中界面组件之间存在复杂的引用关系	D. 代理模式
[5] 某数据库管理系统需提供一个唯一的序号生成器	E. 职责链模式
[6] 为了提升运行速度，某系统在加载时先使用简单符号来表示一些大图像文件	F. 备忘录模式
[7] 某系统提供了一个皮肤库，其中包含多套皮肤，在每一套皮肤中对不同界面组件的显示风格都进行了定制	G. 原型模式
[8] 某系统需要自定义一组指令，通过这组指令可以实现对XML文档的增删改查等操作	H. 中介者模式
[9] 某系统提供一个资讯订阅功能，所有已订阅的用户都将会以邮件的方式定时接收到相应的资讯	I. 策略模式
[10] 某系统中经常需要重复创建一些相同或者相似的对象	J. 观察者模式

3. 综合应用题(每题10分,共60分)

(1) 请结合一种合适的设计模式,谈谈你对依赖倒转原则的理解,要求给出依赖倒转原则的定义并结合代码片段或结构图进行说明。

(2) 某大型电子商务系统采用分布式系统结构,为了保证主从数据库中数据的一致性,需要设计和实现一个数据库同步工具(Database Synchronization Tool),通过该工具,实现自动将一个本地数据库服务器中的数据发送到远程服务器。为了保证数据的完整性和一致性,同时降低网络负载,不允许在本地服务器中同时运行多个数据库同步工具。

根据以上说明,选择一种合适的设计模式来设计该数据库同步工具,请给出设计模式的名称和定义,并结合实例绘制解决方案的结构图。(类名、方法名和属性名可自行定义)

(3) 某移动支付系统(PaySystem)在实现账户资金转入和转出时需进行身份验证,该系统为用户提供了多种身份验证方式,例如密码验证(PasswordValidator)、指纹验证(FingerprintValidator)等,将来可能还会增加新的验证方式。该系统在实现指纹验证时需要调用手机自带的指纹识别模块中FingerprintReader类的process()方法来进行指纹识别和处理。

根据以上说明,选择两种合适的设计模式设计该身份验证模块,请给出设计模式的名称和定义,并结合实例绘制解决方案的结构图。(类名、方法名和属性名可自行定义)

(4) 某公司欲使用面向对象技术开发一套个性化的界面控件库,界面控件(UIComponent)分为两大类,一类是容器控件(Container),例如窗体(Form)、面板(Panel)等;另一类是基本控件,例如按钮(Button)、文本框(TextBox)等。

根据以上说明,选择一种合适的设计模式设计该界面控件库,请给出设计模式的名称和定义,并结合实例绘制解决方案的结构图。(类名、方法名和属性名可自行定义)

(5) 某广告公司的宣传产品有宣传册、文章、传单等多种形式,宣传产品的出版方式包括纸质方式、CD、DVD、在线发布等,现要求为该广告公司设计一个管理这些宣传产品的应用。

根据以上说明,选择一种合适的设计模式设计该应用,请给出设计模式的名称和定义,并绘制该设计模式的结构图。

(6) 某实验室欲建立一个实验室环境监测系统,能够显示实验室的温度、湿度以及洁净度等环境数据。当获取到最新的环境测量数据时,显示的环境数据能够自动更新。

根据以上说明,选择一种合适的设计模式设计该实验室环境监测系统,请给出设计模式的名称和定义,并绘制该设计模式的结构图。

7.2 综合模拟试题二

注:《模拟试题二》总分为100分,参考测试时间为120分钟。

1. 判断题(每题1分,共20分)

(1) 一个类承担的职责越多,越容易复用,被复用的可能性越大。

(2) 工厂方法模式对应唯一一个产品等级结构,而抽象工厂模式则需要面对多个产品等级结构。

(3) 命令模式将一个请求封装为一个对象,从而使我们可用不同的请求对客户进行参数化。

(4) 在某酒店客房预订系统中,房间具有空闲、已预订、已入住等多个不同的状态,且在不同的状态下用户对于房间具有不同的操作行为,例如空闲的房间不支持退房操作,已入住的房间不支持再次入住操作等。可使用状态模式来设计该系统,状态模式可以封装对象状态的转换过程,增加新的状态无须修改已有代码,完全符合开闭原则。

(5) 在某系统中经常需要重复创建一些相同或者相似的对象,可以考虑采用模板方法模式。

(6) 控制对一个对象的访问,给不同的用户提供不同级别的使用权限时可以考虑使用虚拟代理。

(7) 在某电子商务系统中,站内检索功能的基本实现过程如下:先搜索商品表查询相关信息,再搜索商品类型表查询相关信息,然后搜索新闻表查询相关信息。该搜索次序可以灵活地调整并且可能会加入新的待查询的数据表。对于该站内检索功能,可采用职责链模式进行设计。

(8) Windows 操作系统中的应用程序桌面快捷方式体现了代理模式。

(9) 建造者模式允许用户可以只通过指定复杂对象的类型就可以创建它们,而不需要知道内部的具体构建细节。

(10) Java IO 库的设计应用了组合模式,其中 OutputStream 类和 InputStream 类充当抽象构件角色。

(11) 合成复用将已有对象纳入新对象中,使之成为新对象的一部分,新对象可以调用已有对象的方法,从而实现行为的复用。

(12) 一个软件实体应当尽可能少地与其他软件实体发生相互作用,这样,当一个模块修改时,就会尽量少地影响其他模块,扩展会相对容易。

(13) 接口应该尽量细化,同时接口中的方法应该尽可能少,理想情况是在每个接口中只定义一个方法,该接口使用起来最为方便。

(14) 在某多功能文本编辑器中允许用户插入图片、动画和视频等多媒体素材,为了节约系统资源,可使用享元模式来处理相同的素材。

(15) 在某财务系统中,需要将阿拉伯数字(例如 1,2,3,……)转换成中文大写数字(例如壹、贰、叁、……),并且系统需要支持中文大写数字的基本数学运算,例如"壹拾贰加贰拾捌"可计算得到"肆拾"。可以使用解释器模式来设计和实现该数字转换和计算功能。

(16) 某数据处理软件需要提供一个数据恢复功能,用户在操作过程中如果发生异常操作,可以将数据恢复到某一个历史状态。针对该需求可以采用备忘录模式来设计该数据恢复功能。

(17) 访问者模式让我们可以在不改变各元素对应的类的前提下定义作用于这些元素的新操作,在访问者模式中,增加新的操作和元素都很方便,完全符合开闭原则。

(18) 采用模板方法模式可以定义一个操作中算法的骨架,而将一些步骤延迟到子类中实现。模板方法模式是一种代码复用技术,可让系统更加符合合成复用原则。

(19) 中介者模式通过引入一个中介对象来封装一系列其他对象之间的交互,降低对象之间的耦合度,使得系统更加符合迪米特法则。

(20) 电视机遥控器的设计中蕴含了迭代器模式和命令模式的思想。

2. (15分)什么是开闭原则?简要说明如何实现开闭原则。分别讨论三种工厂模式(简单工厂模式、工厂方法模式、抽象工厂模式)是否支持开闭原则,并结合类图加以说明。

3. (10分)在某图形绘制软件中,提供了多种不同类型的图形,例如圆形(Circle)、三角形(Triangle)、长方形(Rectangle)等,并为每种图形提供了多种样式(Style),例如平面(Plane)图形、立体(Stereo)图形等。该软件需经常增加新的图形及新的图形样式,其初始设计方案如图7-1所示。

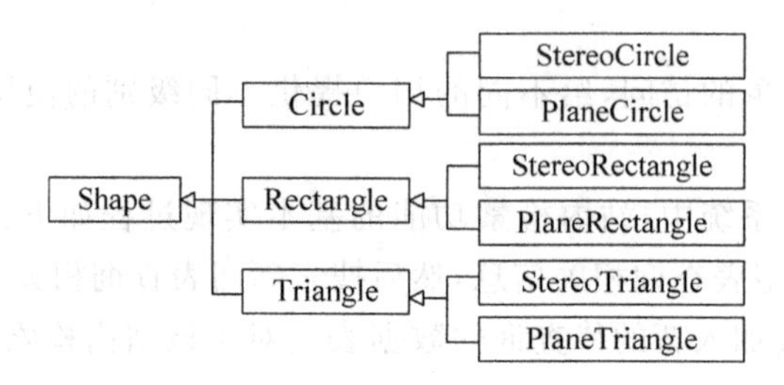

图7-1 某图形绘制软件初始设计方案图

结合面向对象设计原则分析该设计方案存在的问题。选择一种合适的设计模式对该方案进行重构,请给出设计模式的名称以及重构之后的设计方案。

4. (15分)某工业控制系统的"主控界面(MainFrame)"说明如下:

(1) 该主控界面所占内存较多,需采用一种合适的解决方案控制主控界面实例数量,进而节约系统资源,提高系统性能。

(2) 该主控界面需提供"一键启动"和"一键停止"功能,通过该功能可以一次性控制多台设备(Device)的启动和关闭。

根据以上说明,选择两种合适的设计模式设计该"主控界面",请给出设计模式的名称和定义,并结合实例绘制解决方案的结构图。(类名、方法名和属性名可自行定义)

5. (15分)某会议管理系统的"会议通知发送"模块说明如下:

(1) 行政管理人员可以给某个或某些员工(Employee)发送会议通知,也可以给某个部门(Department)发送通知,如果给某个部门发送通知,将逐个给该部门每个员工发送会议通知。

(2) 如果员工或者部门希望能够收到会议通知,必须先注册到一个会议列表(MeetingList)中,在发送通知时,系统将遍历会议列表,逐个将会议通知发送给注册用户(User)。

根据以上说明,选择两种合适的设计模式设计该"会议通知发送"模块,请给出设计模式的名称和定义,并结合实例绘制解决方案的结构图。(类名、方法名和属性名可自行定义)

6. (25分)某软件企业为XYZ影音产品销售公司开发一套在线销售系统,以提升服务的质量和效率。项目组经过讨论后决定采用面向对象方法开发该系统。在设计建模阶段需要满足以下设计要求:

(1) XYZ公司经常进行促销活动。根据不同的条件(如订单总额、商品数量、产品种类等),公司可以提供百分比折扣或现金减免等多种促销方式供提交订单的用户选择。实现每种促销活动的代码量很大,且会随促销方式不同经常修改。系统设计中需要考虑现有的促销和新的促销，而不用经常重写控制器类代码。

(2) 该在线销售系统需要计算每个订单的税率，不同商品的税率及计算方式会有所区别。所以XYZ公司决定在系统中直接调用不同商品供应商提供的税率计算类，但每个供应商的类提供了不同的调用方法。系统设计中需要考虑如果公司更换了供应商，应该尽可能少地在系统中修改或创建新类。

项目组架构师决定采用设计模式来满足上述设计要求，并确定从当前已经熟练掌握的设计模式中进行选择，这些设计模式包括：适配器模式、单例模式、命令模式、组合模式、抽象工厂模式、原型模式、代理模式、职责链模式和策略模式等。

[**问题1**] 设计模式按照其应用目的可以分为三类：创建型、结构型和行为型，请简要说明三类设计模式的作用。(6分)

[**问题2**] 请将该项目组已经掌握的设计模式按照其作用分别归类到创建型、结构型和行为型模式中。(9分)

[**问题3**] 针对题目中所提出的设计要求(1)和(2)，项目组应该分别选择何种设计模式？请给出设计模式的名称并分别绘制解决方案的结构图。(10分)

附录A

参考答案

A.1　第1章实训练习参考答案

1. 选择题

(1)	(2)	(3)	(4)	(5)	(6)	(7)	(8)
AD	AC	D	C	B	B	A	D
(9)	**(10)**	**(11)**	**(12)**	**(13)**	**(14)**	**(15)**	**(16)**
BA	C	B	D	B	BD	BC	BAD

2. 填空与简答题

(1)

［问题1］ A：Artist　B：Song　C：Band　D：Musician
E：Track　F：Album

［问题2］ ① 0..* ② 2..* ③ 0..1 ④ 1..* ⑤ 1..* ⑥ 1..1

［问题3］

类	多　重　度	类	多　重　度
Track	0..2	Track	0..2

(2)

［问题1］ 类Customer的属性：客户标识；类Person的属性：姓名、住宅电话、E-mail。

［问题2］ ① 1..1 ② 0..* ③ 1..1 ④ 1..1 ⑤ 1..1 ⑥ 1..*

［问题3］ CustomerInformationSystem的方法：addCustomer()，getCustomer()和removeCustomer()；InstitutionalCustomer的方法：addContact()，getContact()和removeContact()

3. 综合题

（1）参考类图如图 A1-1 所示。

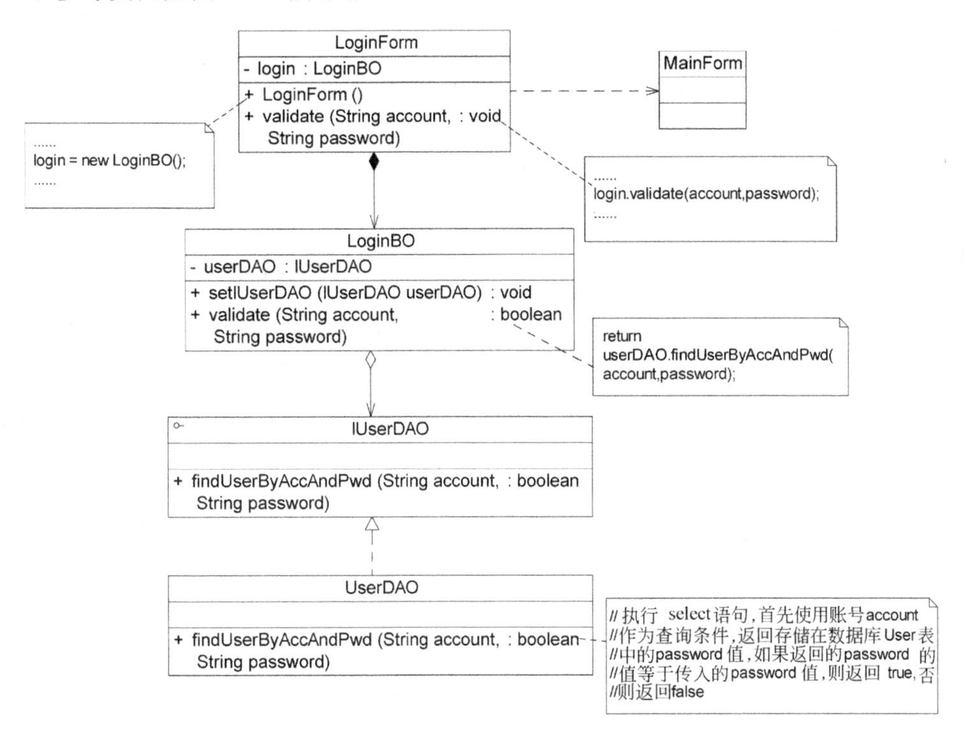

图 A1-1 综合题(1)类图

考虑到系统扩展性，在本实例中引入了抽象数据访问接口 IUserDAO，再将具体数据访问对象注入业务逻辑对象中，可通过配置文件(如 XML 文件)等方式来实现，将具体的数据访问类类名存储在配置文件中，如果需要更换新的具体数据访问对象，只需修改配置文件即可，原有程序代码无须做任何修改。

类说明见表 A1-1。

表 A1-1 综合题(1)中的类

类　名	说　明
LoginForm	登录窗口，省略界面组件和按钮事件处理方法(边界类)
LoginBO	登录业务逻辑类，封装实现登录功能的业务逻辑(控制类)
IUserDAO	抽象数据访问类接口，声明对 User 表的数据操作方法，省略除查询外的其他方法(实体类)
UserDAO	具体数据访问类，实现对 User 表的数据操作方法，省略除查询外的其他方法(实体类)
MainForm	主窗口(边界类)

方法说明见表 A1-2。

表 A1-2 综合题(1)中的方法

方 法 名	说 明
LoginForm 类的 LoginForm()方法	LoginForm 构造函数,初始化实例成员
LoginForm 类的 validate()方法	界面类的验证方法,通过调用业务逻辑类 LoginBO 的 validate()方法实现对用户输入信息的验证
LoginBO 类的 validate()方法	业务逻辑类的验证方法,通过调用数据访问类的 findUserByAccAndPwd()方法验证用户输入信息的合法性
LoginBO 类的 setIUserDAO()方法	Setter()方法,在业务逻辑对象中注入数据访问对象(注意:此处针对抽象数据访问类编程)
IUserDAO 接口的 findUserByAccAndPwd()方法	业务方法声明,通过用户账号和密码在数据库中查询用户信息,判断该用户身份的合法性
UserDAO 类的 findUserByAccAndPwd()方法	业务方法实现,实现在 IUserDAO 接口中声明的数据访问方法

(2) 参考类图如图 A1-2 所示。

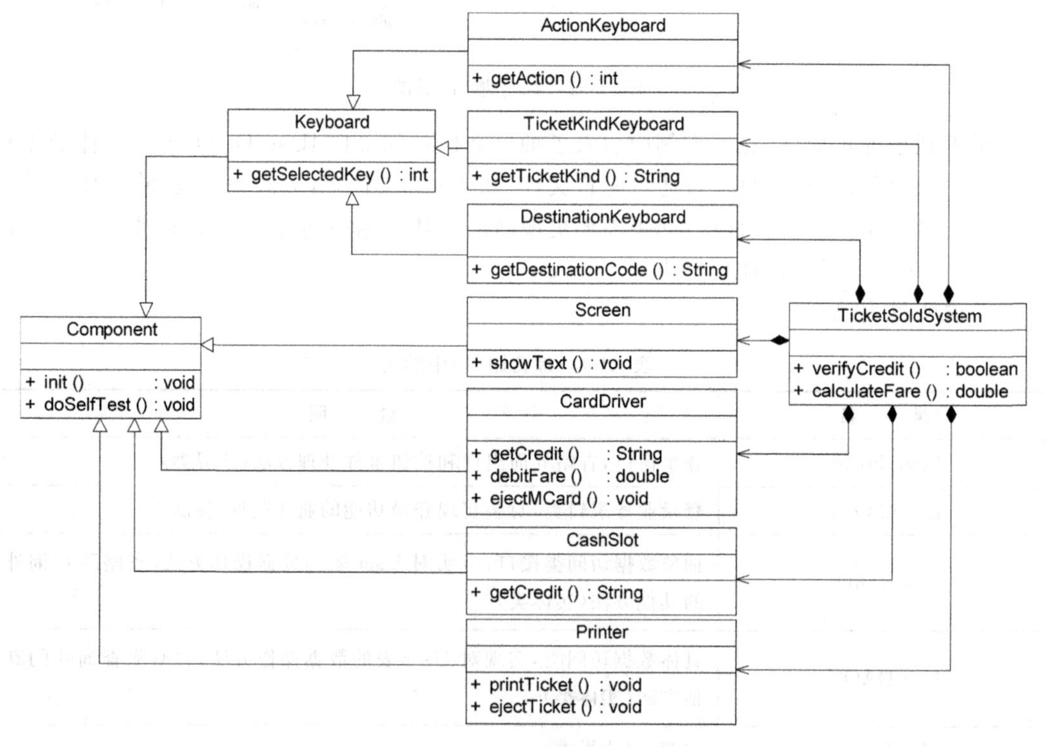

图 A1-2 综合题(2)类图

类说明见表 A1-3。

表 A1-3 综合题(2)中的类

类名	说明
Component	抽象部件类,所有部件类的父类
Keyboard	抽象键盘类
ActionKeyboard	继续/取消键盘类
TicketKindKeyboard	车票种类键盘类
DestinationKeyboard	目的地键盘类
Screen	显示屏类
CardDriver	卡驱动器类
CashSlot	现金(硬币/纸币)槽类
Printer	打印机类
TicketSoldSystem	售票系统类

方法说明见表 A1-4。

表 A1-4 综合题(2)中的方法

方法名	说明
Component 的 init()方法	初始化部件
Component 的 doSeltTest()方法	自检
Keyboard 的 getSelectedKey()方法	获取按键值
ActionKeyboard 的 getAction()方法	继续/取消键盘事件处理
TicketKindKeyboard 的 getTicketKind()方法	车票种类键盘事件处理
DestinationKeyboard 的 getDestinationCode()方法	目的地键盘事件处理
Screen 的 showText()方法	显示信息
CardDriver 的 getCredit()方法	获取金额
CardDriver 的 debitFare()方法	更新卡余额
CardDriver 的 ejectMCard()方法	退卡
CashSlot 的 getCredit()方法	获取金额
Printer 的 printTicket()方法	打印车票
Printer 的 ejectTicket()方法	出票
TicketSoldSystem 的 verifyCredit()方法	验证金额
TicketSoldSystem 的 calculateFare()方法	计算费用

A.2 第 2 章实训练习参考答案

1. 选择题

(1)	(2)	(3)	(4)	(5)	(6)	(7)	(8)
C	B	D	D	A	AB	D	BACDDC

续表

(9)	(10)	(11)	(12)	(13)	(14)	(15)	(16)
D	B	A	A	C	D	A	D

2. 综合题

(1) 本练习可以通过依赖倒转原则和合成复用原则进行重构,重构方案如图 A2-1 所示。

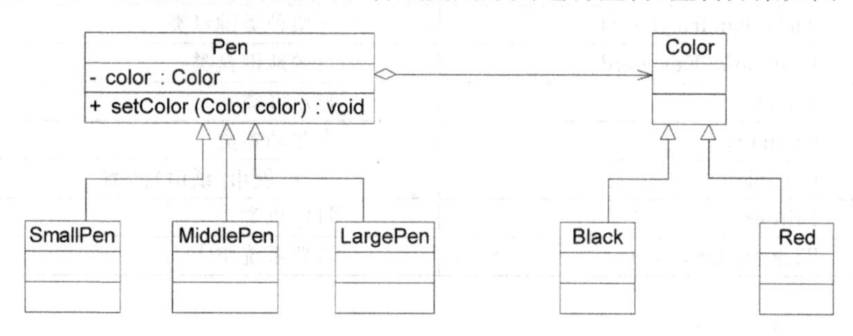

图 A2-1 综合题(1)重构后类图

在本重构方案中,将笔的大小和颜色设计为两个继承结构,两者可以独立变化,根据依赖倒转原则,建立一个抽象的关联关系,将颜色对象注入画笔中;再根据合成复用原则,画笔在保持原有方法的同时还可以调用颜色类的方法,保持原有性质不变。如果需要增加一种新的画笔或增加一种新的颜色,只需对应增加一个具体类即可,客户端可以针对高层类 Pen 和 Color 编程,在运行时再注入具体的子类对象,系统具有良好的可扩展性,满足开闭原则(注:本重构方法即为桥接模式,第 4 章中对该模式进行进一步讲解并提供代码来实现该模式)。

(2) 可使用里氏代换原则来分析正方形类是否是长方形类的子类,具体分析过程如下:

```
class Rectangle                                    //长方形
{
    private double width;
    private double height;

    public Rectangle(double width,double height)
    {
        this.width = width;
        this.height = height;
    }
    public double getHeight()
    {
        return height;
    }
    public void setHeight(double height)
    {
        this.height  =  height;
    }
    public double getWidth()
    {
```

```
        return width;
    }
    public void setWidth(double width)
    {
        this.width = width;
    }
}

class Square extends Rectangle                    //正方形
{
    public Square(double size)
    {
        super(size,size);
    }

    public void setHeight(double height)
    {
        super.setHeight(height);
        super.setWidth(height);
    }
    public void setWidth(double width)
    {
        super.setHeight(width);
        super.setWidth(width);
    }
}

class Client
{
    public static void main(String args[])
    {
        Rectangle r;
        r = new Square(0.0);
        r.setWidth(5.0);
        r.setWidth(10.00);
        double area = calculateArea(r);
        if(50.00 == area)
        {
            System.out.println("这是长方形或长方形的子类!");
        }
        else
        {
            System.out.println("这不是长方形!");
        }
    }

    public static double calculateArea(Rectangle r)
    {
        return r.getHeight() * r.getWidth();
    }
}
```

由代码输出可以得知，在客户端代码中使用长方形类来定义正方形对象，将输出“这不是长方形!”，即将正方形作为长方形的子类，在使用正方形替换长方形之后正方形已经不再是长方形，接受基类对象的地方接受子类对象时出现问题，违反了里氏代换原则，因此从面向对象的角度分析，正方形不是长方形的子类，它们都可以作为四边形类的子类。关于该问题的进一步讨论，大家可以参考其他相关资料，如 Bertrand Meyer 的基于契约设计(Design By Contract)，在长方形的契约(Contract)中，长方形的长和宽是可以独立变化的，但是正方形破坏了该契约。

(3) 在本练习中，组件类之间交互关系复杂，耦合度高，根据迪米特法则，可以通过引入一个中间类 Mediator 来降低组件之间的耦合度，组件与组件之间的直接调用改为通过中间类转发的间接调用，重构后的代码如下：

```
abstract class Component                    //抽象构件类
{
    protected Mediator mediator;
    public void change()
    {
        mediator.change(this);              //将调用转发给中间类
    }
    public abstract void update();
}

class Button extends Component
{
    …
    public void update()
    {…}
    …
}
class List extends Component
{
    …
    public void update()
    {…}
    …
}
class ComboBox extends Component
{
    …
    public void update()
    {…}
    …
}
class TextBox extends Component
{
    …
    public void update()
```

```
    { … }
    …
}
class Label extends Component
{
    …
    public void update()
    { … }
    …
}

class Mediator                              //中间类，又称为中介者，它封装了组件对象之间的交互关系
{
    private Button button;
    private List list;
    private ComboBox cb;
    private TextBox tb;
    private Label label;
    …
    public void change(Component component)
    {
        if(component == button)
        {
            list.update();
            cb.update();
            tb.update();
            label.update();
        }
        else if(component == list)
        {
            cb.update();
            tb.update();
        }
        else if(component == cb)
        {
            list.update();
            tb.update();
        }
        else if(component == tb)
        {
            list.update();
            cb.update();
        }
    }
    …
}
```

为了使得代码更加简洁,系统设计更加灵活,在上述代码中引入了抽象组件类Component,各种具体组件类都作为其子类。通过上述代码重构后,现有组件如果需要和新的组件类之间交互,只需修改中间类Mediator代码即可,组件类本身代码无须做任何改动。如果引入抽象的中间类,可以让系统具有更好的可扩展性(注:本重构方法即为中介者模式,第5章将对该模式进行进一步讲解并提供代码来实现该模式)。

(4) 本练习可以通过单一职责原则和依赖倒转原则进行重构,具体过程可分为如下两步:

① 由于图形对象的创建过程较为复杂,因此可以将创建过程封装在专门的类中(这种专门用于创建对象的类称为工厂类),将对象的创建和使用分离,符合单一职责原则。

② 引入抽象的图形类Shape,并对应提供一个抽象的创建类,将具体图形类作为Shape的子类,而具体的图形创建类作为抽象创建类的子类,根据依赖倒转原则,客户端针对抽象图形类和抽象图形创建类编程,而将具体的图形创建类类名存储在配置文件中。

重构之后的类图如图A2-2所示。

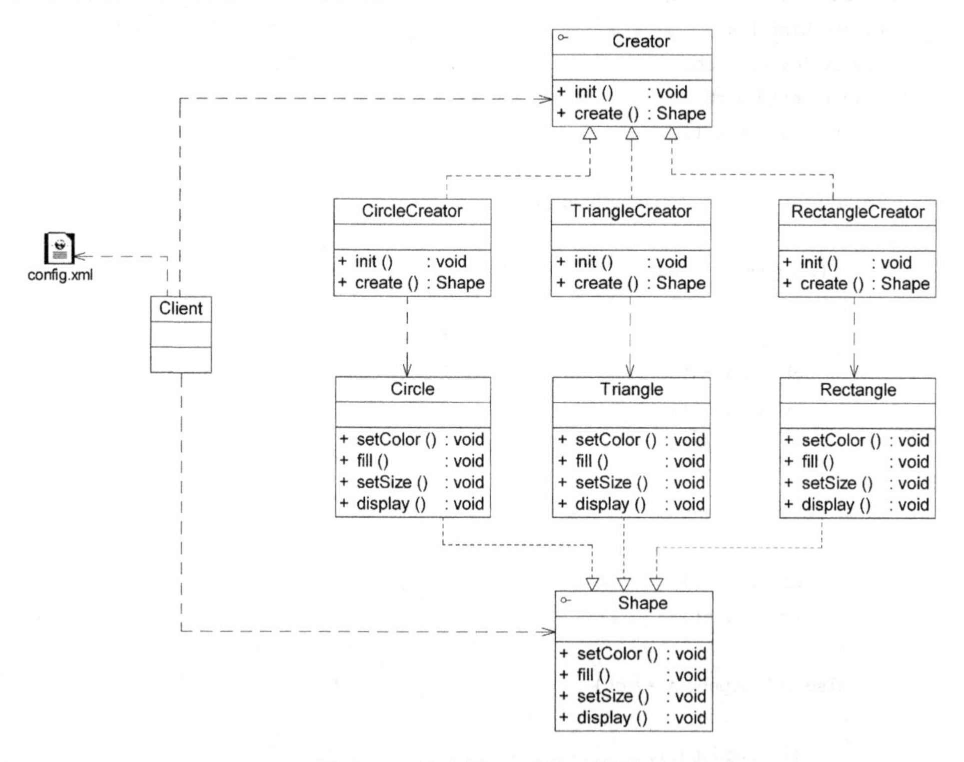

图A2-2 综合题(4)重构后类图

通过上述重构,在抽象类Creator中声明了创建图形对象的方法create(),在其子类中实现了该方法,用于创建具体的图形对象。客户端针对抽象Creator编程,而将其具体子类类名存储在配置文件config.xml中,如果需要更换图形,只需在配置文件中更改Creator的具体子类类名即可;如果需要增加图形,则对应增加一个新的Creator子类用于创建新增图形对象,再修改配置文件,在配置文件中存储新的图形创建类类名。更换和增加图形都无须修改源代码,完全符合开闭原则。

注意:本重构方法即为工厂方法模式,第3章对该模式进行进一步讲解并提供代码来实现该模式。

A.3 第3章实训练习参考答案

1. 选择题

(1)	(2)	(3)	(4)	(5)	(6)	(7)	(8)	(9)	(10)
B	D	A	C	C	C	A	B	D	AB
(11)	(12)	(13)	(14)	(15)	(16)	(17)	(18)	(19)	(20)
A	B	D	D	A	D	C	D	D	C
(21)	(22)	(23)	(24)	(25)	(26)	(27)	(28)	(29)	(30)
D	A	C	B	B	D	B	D	C	A

2. 填空题

(1) ①abstract ②static Operation ③switch(operator) ④new AddOperation() ⑤new SubOperation() ⑥return op ⑦op1. getResult()

(2) ①public Convertor getConvertor() ②return new DBConvertor() ③return new TXTConvertor() ④Convertor convertor ⑤creator. getConvertor() ⑥2 ⑦ABD

(3) ①return new SymbianOperationController() ②return new SymbianInterfaceController() ③implements AbstractFactory ④implements OperationController ⑤implements OperationController ⑥OperationController ⑦InterfaceController ⑧af. getOperationController() ⑨af. getInterfaceController()

如果需要增加对 Windows Mobile 操作系统的支持,需要增加三个类,其中 WindowsOperationController 作为 OperationController 接口的子类,WindowsInterfaceController 作为 InterfaceController 接口的子类,再对应增加一个具体工厂类 WindowsFactory 实现 AbstractFactory 接口,并实现在其中声明的工厂方法,创建 WindowsOperationController 对象和 WindowsInterfaceController 对象。

(4) ①abstract ②return screen ③ModeBuilder mb ④mb. getScreen() ⑤new ScreenModeController() ⑥mb ⑦smc. construct()

(5) ①Object ②ObjectOutputStream(bao) ③this ④ObjectInputStream(bis) ⑤ois. readObject() ⑥false ⑦false ⑧true ⑨只有实现了 Serializable 接口的类的对象才能写入流中

(6) ①static ②private ③mcc = new MainControllerCenter() ④true ⑤懒汉式 ⑥使用的时候再实例化,可节约资源 ⑦必须处理好多线程访问问题,速度和反应时间相对“饿汉式”较慢

3. 综合题

(1) 简单工厂模式。参考类图如图 A3-1 所示。

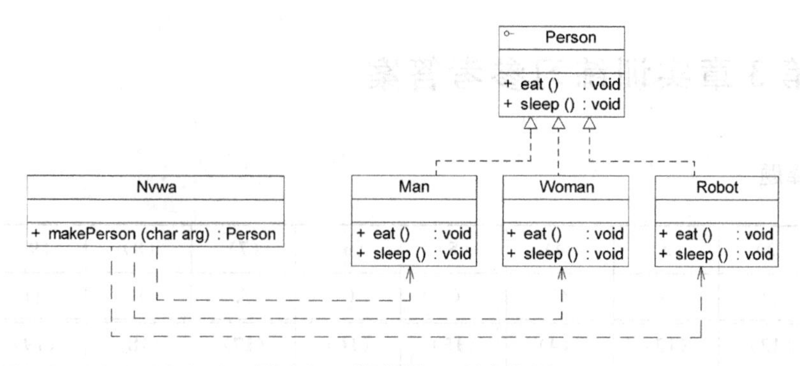

图 A3-1 综合题(1)所求类图

分析：在本实例中，Nvwa 类充当工厂类，其中定义了工厂方法 makePerson()，Person 类充当抽象产品类，Man、Woman 和 Robot 充当具体产品类。工厂方法 makePerson()的代码如下：

```
public static Person makePerson(char arg)
{
    Person person = null;
    switch(arg)
    {
        case 'M':
        person = new Man();  break;
        case 'W':
        person = new Woman();  break;
        case 'R':
        person = new Robot();  break;
    }
    return person;
}
```

如果需要增加一个新的具体产品，则必须修改 makePerson()方法中的判断语句，需增加一个新的 case 语句，违背了开闭原则。

(2) 工厂方法模式。参考类图如图 A3-2 所示。

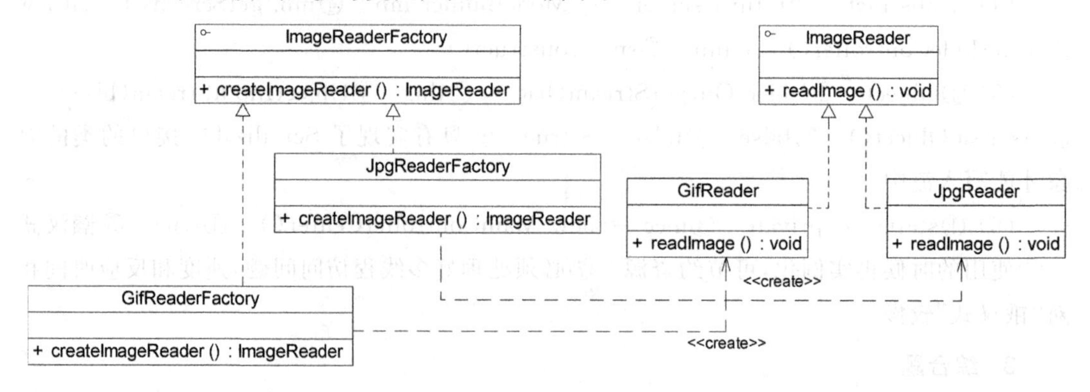

图 A3-2 综合题(2)所求类图

分析：在本实例中，ImageReaderFactory 充当抽象工厂，GifReaderFactory 和 JpgReaderFactory 充当具体工厂，ImageReader 充当抽象产品，GifReader 和 JpgReader 充当具体产品。

(3) 抽象工厂模式。参考类图如图 A3-3 所示。

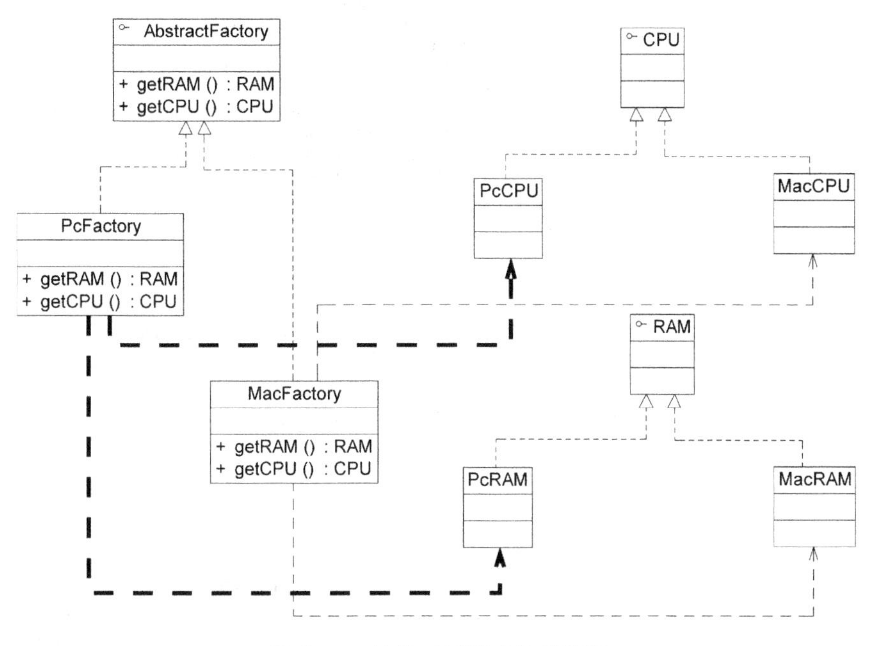

图 A3-3 抽象工厂模式参考类图

分析：在本实例中，AbstractFactory 充当抽象工厂，PcFactory 和 MacFactory 充当具体工厂，CPU 和 RAM 充当抽象产品，PcCPU、MacCPU、PcRAM 和 MacRAM 充当具体产品。CPU、PcCPU 和 MacCPU 构成一个产品等级结构，RAM、PcRAM 和 MacRAM 构成一个产品等级结构，PcCPU 和 PcRAM 构成一个产品族，MacCPU 和 MacRAM 构成一个产品族。

(4) 建造者模式。参考类图如图 A3-4 所示。

分析：在本实例中，Computer 充当复合产品，ComputerBuilder 充当抽象建造者，NotebookBuilder、Desktop Builder 和 Server Builder 充当具体建造者，ComputerAssembleDirector 充当指挥者，其 assemble()方法用于定义产品的构造过程，ComputerAssembleDirector 代码如下：

```
public Computer assemble()
{
    cb.buildCpu();
    cb.buildRam();
    cb.buildHarddisk();
    cb.buildMainframe();
    cb.buildMonitor();
    return cb.produceComputer();
}
```

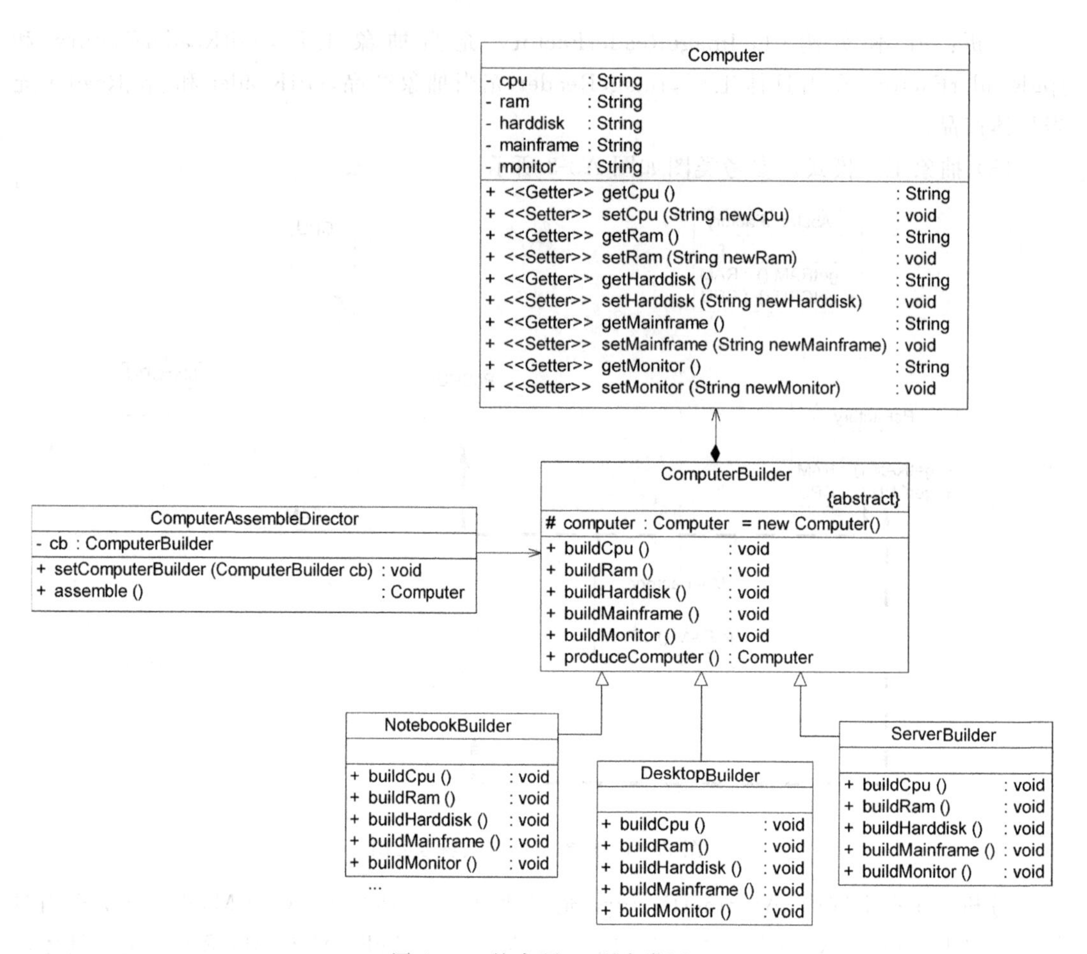

图 A3-4 综合题(4)所求类图

(5) 原型模式。浅克隆参考类图如图 A3-5 所示。

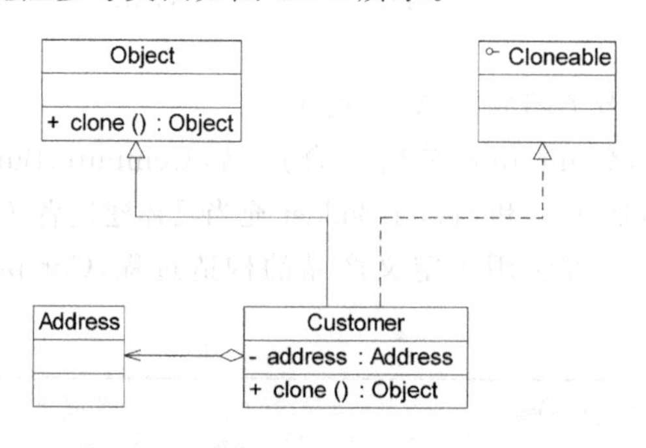

图 A3-5 综合题(5)所求类图(浅克隆)

分析：本实例实现了浅克隆，Object 类充当抽象原型类，Customer 类充当具体原型类，浅克隆只复制容器对象，不复制成员对象。Customer 类的代码片段如下：

```
public class Customer implements Cloneable
{
```

```
    private Address address = null;
    public Customer()
    {
        this.address = new Address();
    }
    //浅克隆方法
    public Object clone()
    {
        Object obj = null;
        try
        {
            obj = super.clone();
        }
        catch(CloneNotSupportedException e)
        {
            System.out.println("Clone failure!");
        }
        return obj;
    }
    //其他代码省略
}
```

深克隆参考类图如图 A3-6 所示。

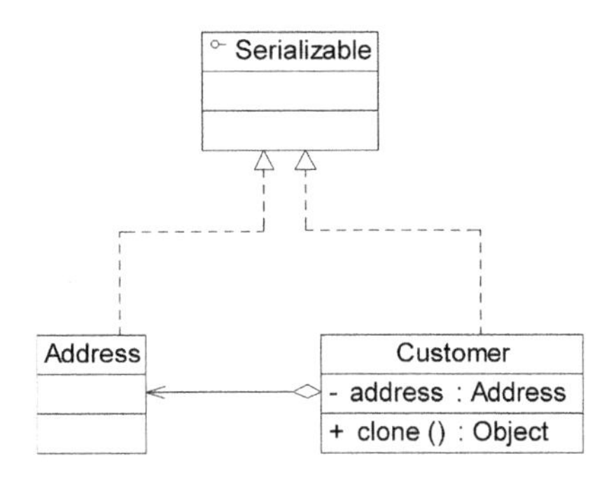

图 A3-6 综合题(5)所求类图(深克隆)

分析：本实例实现了深克隆，Customer 和 Address 类均实现了 Serializable 接口，深克隆既复制容器对象，又复制成员对象。Customer 的代码如下：

```
import java.io.*;
public class Customer implements Serializable
{
    private Address address = null;
    public Customer()
    {
        this.address = new Address();
    }
    //深克隆方法
    public Object deepClone() throws IOException, ClassNotFoundException, OptionalDataException
```

```
    {
        //将对象写入流中
        ByteArrayOutputStream bao = new ByteArrayOutputStream();
        ObjectOutputStream oos = new ObjectOutputStream(bao);
        oos.writeObject(this);

        //将对象从流中取出
        ByteArrayInputStream bis = new ByteArrayInputStream(bao.toByteArray());
        ObjectInputStream ois = new ObjectInputStream(bis);
        return(ois.readObject());
    }
    //其他代码省略
}
```

(6) 单例模式。参考类图如图 A3-7 所示。

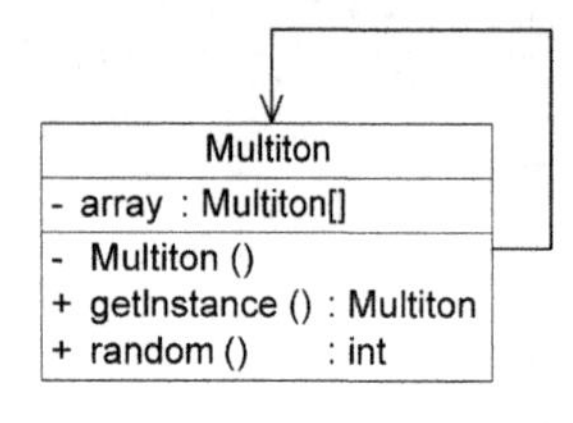

图 A3-7 综合题(6)所求类图

分析：多例模式(Multiton Pattern)是单例模式的一种扩展形式，多例类可以有多个实例，而且必须自行创建和管理实例，并向外界提供自己的实例，可以通过静态集合对象来存储这些实例，多例类 Multiton 的代码如下：

```
import java.util.*;

public class Multiton
{
    //定义一个数组用于存储 4 个实例
    private static Multiton[] array = {new Multiton(), new Multiton(), new Multiton(), new
Multiton()};
    //私有构造函数
    private Multiton()
    {
    }
    //静态工厂方法,随机返回数组中的一个实例
    public static Multiton getInstance()
    {
        return array[random()];
    }
    //随机生成一个整数作为数组下标
    public static int random()
    {
        Random random = new Random();
        int value = Math.abs(random.nextInt());
        value = value % 4;
        return value;
    }
    public static void main(String args[])
```

```
    {
        Multiton m1,m2,m3,m4;
        m1 = Multiton.getInstance();
        m2 = Multiton.getInstance();
        m3 = Multiton.getInstance();
        m4 = Multiton.getInstance();

        System.out.println(m1 == m2);
        System.out.println(m1 == m3);
        System.out.println(m1 == m4);
    }
}
```

A.4 第4章实训练习参考答案

1. 选择题

(1)	(2)	(3)	(4)	(5)	(6)	(7)	(8)	(9)	(10)
A	A	A	D	BD	DB	B	C	B	C
(11)	**(12)**	**(13)**	**(14)**	**(15)**	**(16)**	**(17)**	**(18)**	**(19)**	**(20)**
A	A	D	B	C	C	B	D	C	B
(21)	**(22)**	**(23)**	**(24)**	**(25)**	**(26)**	**(27)**	**(28)**	**(29)**	**(30)**
C	BCD	D	C	D	C	D	C	D	B

2. 填空题

(1) ①abstract class ②extends CarController ③this.sound = sound ④this.lamp = lamp ⑤sound.phonate() ⑥lamp.twinkle() ⑦new CarAdapter(sound, lamp) ⑧对象适配器

(2) ①this.imp ②ImageImp ③imp.doPaint(m) ④new BMP() ⑤new WinImp() ⑥image1.setImp(imageImpl1) ⑦17

(3) ①abstract class ②this.name ③Company ④Company ⑤children ⑥children ⑦root.Add(comp) ⑧comp.Add(comp1)

(4) ①Cellphone ②this.phone = phone ③phone.receiveCall() ④super(phone) ⑤super(phone) ⑥SimplePhone() ⑦JarPhone(p1) ⑧ComplexPhone(p2)

(5) ①abstract class ②fo.read(fileName) ③da.handle(str) ④rd.display(strResult) ⑤fo.read(fileName) ⑥dc.convert(str) ⑦da.handle(strXml) ⑧rd.display(strResult) ⑨new XMLFacade()

(6) ①abstract class ②new Hashtable() ③MultimediaFile ④ht.get(fileName) ⑤fileNum++ ⑥true ⑦3

(7) ①implements Searcher ②validate(userId) ③log(userId) ④return result

⑤return validator. validate(userId) ⑥logger. log(userId) ⑦Searcher searcher

3. 综合题

(1) 适配器模式。参考类图如图 A4-1 所示。

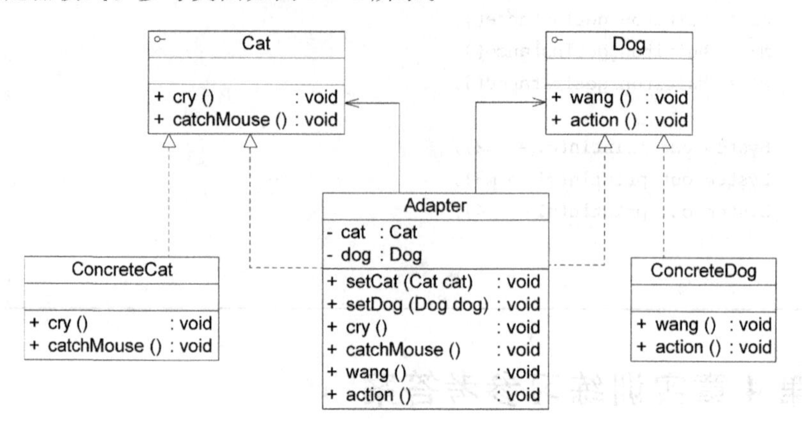

图 A4-1 综合题(1)所求类图

分析：在本实例中，Adapter 充当适配器，Cat 和 Dog 既充当抽象目标，又充当抽象适配者。如果客户端针对 Cat 编程，则 Cat 充当抽象目标，Dog 充当抽象适配者，ConcreteDog 充当具体适配者；如果客户端针对 Dog 编程，则 Dog 充当抽象目标，Cat 充当抽象适配者，ConcreteCat 充当具体适配者。本实例使用对象适配器，Adapter 类的代码如下：

```
class Adapter implements Cat, Dog
{
        private Cat cat;
        private Dog dog;
        public void setCat(Cat cat)
        {
          this.cat = cat;
        }
        public void setDog(Dog dog)
        {
        this.dog = dog;
        }
        public void cry()          //猫学狗叫
        {
          dog.wang();
        }
        public void catchMouse()
        {
          cat.catchMouse();
        }
        public void wang()
        {
          dog.wang();
        }
```

```
        public void action()        //狗学猫抓老鼠
        {
          cat.catchMouse();
        }
}
```

(2) 桥接模式。参考类图如图 A4-2 所示。

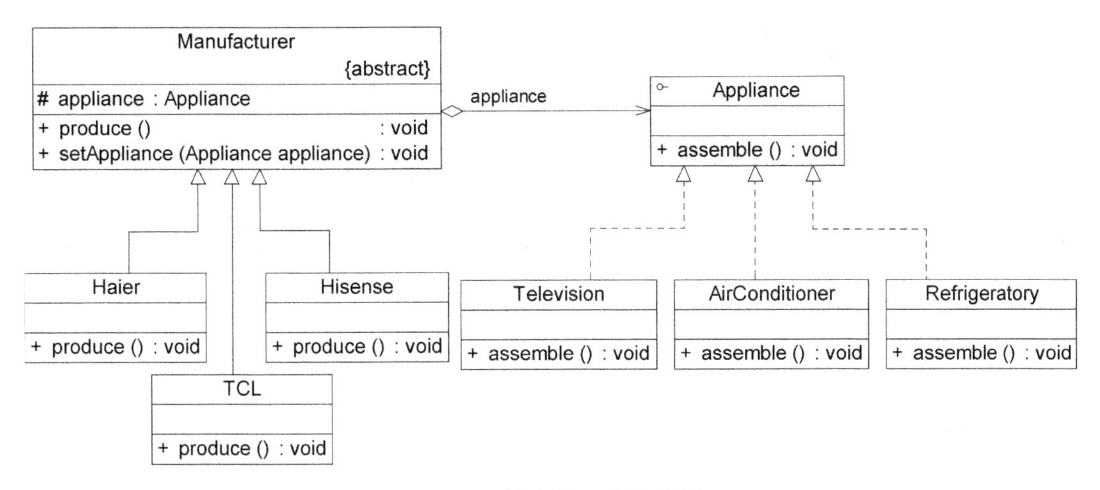

图 A4-2 综合题(2)所求类图

分析：在本实例中，Manufacturer 充当抽象类角色，Haier、TCL 和 Hisense 充当扩充抽象类角色，Appliance 充当抽象实现类，Television、AirConditioner 和 Refrigeratory 充当具体实现类。本实例部分代码如下：

```
abstract class Manufacturer
{
    protected Appliance appliance;
    public abstract void produce();
    public void setAppliance(Appliance appliance)
    {
        this.appliance = appliance;
    }
}

class Haier extends Manufacturer
{
    public void produce()
    {
        System.out.println("生产海尔电器!");
        appliance.assemble();           //调用实现类的业务方法
    }
}
```

(3) 组合模式。参考类图如图 A4-3 所示。

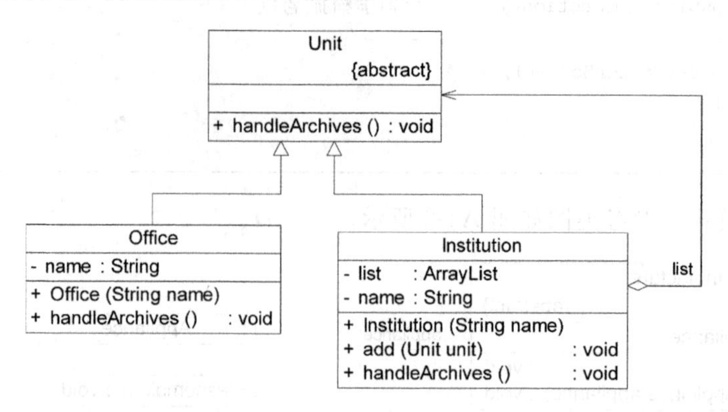

图 A4-3 综合题(3)所求类图

分析：本实例使用了安全组合模式，Unit 充当抽象构件角色，Office 充当叶子构件角色，Institution 充当容器构件角色。本实例代码如下：

```
abstract class Unit
{
    public abstract void handleArchives();
}

class Office extends Unit
{
    private String name;
    public Office(String name)
    {
        this.name = name;
    }
    public void handleArchives()
    {
        System.out.println(this.name + "处理公文!");
    }
}

class Institution extends Unit
{
    private ArrayList list = new ArrayList();
    private String name;
    public Institution(String name)
    {
        this.name = name;
    }
    public void add(Unit unit)
    {
        list.add(unit);
    }
    public void handleArchives()
```

```
        {
            System.out.println(this.name + "接收并下发公文：");
            for(Object obj : list)
            {
                ((Unit)obj).handleArchives();
            }
        }
    }
```

在客户类中创建树型结构，代码如下：

```
class Client
{
    public static void main(String args[])
    {
        Institution bjHeadquarters,hnSubSchool,csTeachingPost,xtTeachingPost;
        Unit tOffice1,tOffice2,tOffice3,tOffice4,aOffice1,aOffice2,aOffice3,aOffice4;
        bjHeadquarters = new Institution("北京总部");
        hnSubSchool = new Institution("湖南分校");
        csTeachingPost = new Institution("长沙教学点");
        xtTeachingPost = new Institution("湘潭教学点");
        tOffice1 = new Office("北京教务办公室");
        tOffice2 = new Office("湖南教务办公室");
        tOffice3 = new Office("长沙教务办公室");
        tOffice4 = new Office("湘潭教务办公室");
        aOffice1 = new Office("北京行政办公室");
        aOffice2 = new Office("湖南行政办公室");
        aOffice3 = new Office("长沙行政办公室");
        aOffice4 = new Office("湘潭行政办公室");
        csTeachingPost.add(tOffice3);
        csTeachingPost.add(aOffice3);
        xtTeachingPost.add(tOffice4);
        xtTeachingPost.add(aOffice4);
        hnSubSchool.add(csTeachingPost);
        hnSubSchool.add(xtTeachingPost);
        hnSubSchool.add(tOffice2);
        hnSubSchool.add(aOffice2);
        bjHeadquarters.add(hnSubSchool);
        bjHeadquarters.add(tOffice1);
        bjHeadquarters.add(aOffice1);
        bjHeadquarters.handleArchives();
    }
}
```

(4) 装饰模式。参考类图如图 A4-4 所示。

分析：本实例使用了透明装饰模式，Component 充当抽象组件角色，TextView 和 PictureView 充当具体组件角色，Decorator 充当抽象装饰角色，ScrollBarDecorator 和

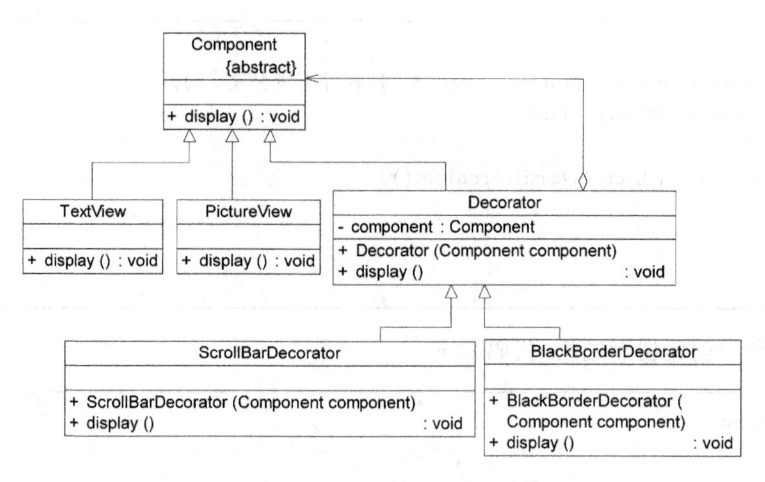

图 A4-4 综合题(4)所求类图

BlackBorderDecorator 充当具体装饰角色。其中，Decorator 类和 ScrollBarDecorator 类示例代码如下：

```
class Decorator extends Component
{
    private Component component;
    public Decorator(Component component)
    {
        this.component = component;
    }
    public void display()
    {
        component.display();
    }
}

class ScrollBarDecorator extends Decorator
{
    public ScrollBarDecorator(Component component)
    {
        super(component);
    }
    public void display()
    {
        System.out.println("增加滚动条");
        super.display();
    }
}
```

(5) 外观模式。参考类图如图 A4-5 所示。

分析：在本实例中，Mainframe 充当外观角色，Memory、CPU、HardDisk 和 OS 充当子

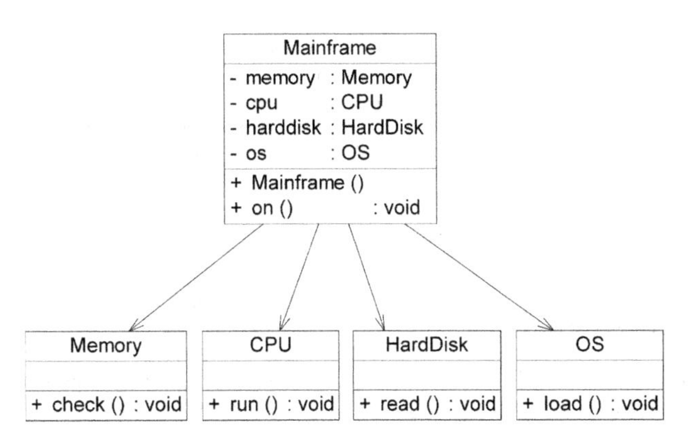

图 A4-5 综合题(5)所求类图

系统角色，其中，Mainframe 类代码如下：

```
class Mainframe
{
    private Memory memory;
    private CPU cpu;
    private HardDisk harddisk;
    private OS os;
    public Mainframe()
    {
        memory = new Memory();
        cpu = new CPU();
        harddisk = new HardDisk();
        os = new OS();
    }
    public void on()
    {
        try
        {
            memory.check();
            cpu.run();
            harddisk.read();
            os.load();
        }
        catch(Exception e)
        {
            System.out.println("启动失败!");
        }
    }
}
```

(6) 享元模式。参考类图如图 A4-6 所示。

分析：在本实例中，省略了抽象享元角色，SharedString 充当具体享元角色，

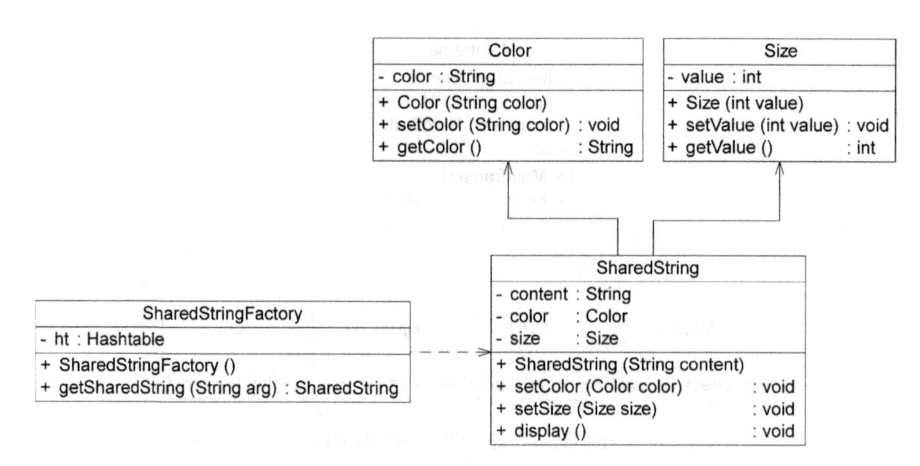

图 A4-6 综合题(6)所求类图

SharedStringFactory 充当享元工厂角色,Color 和 Size 充当外部状态类。本实例代码如下:

```
import java.util.*;
class Color
{
    private String color;
    public Color(String color)
    {
        this.color = color;
    }
    public void setColor(String color)
    {
        this.color = color;
    }
    public String getColor()
    {
        return this.color;
    }
}

class Size
{
    private int value;
    public Size(int value)
    {
        this.value = value;
    }
    public void setValue(int value)
    {
        this.value = value;
    }
    public int getValue()
    {
        return this.value;
```

```
    }
}

class SharedString
{
    private String content;
    private Color color;
    private Size size;
    public SharedString(String content)
    {
        this.content = content;
    }
    public void setColor(Color color)
    {
        this.color = color;
    }
    public void setSize(Size size)
    {
        this.size = size;
    }
    public void display()
    {
        System.out.println("内容:" + this.content + ",颜色:" + this.color.getColor()
+ ",大小:" + this.size.getValue());
    }
}

class SharedStringFactory
{
    private Hashtable ht;
    public SharedStringFactory()
    {
        ht = new Hashtable();
    }
    public SharedString getSharedString(String arg)
    {
        if(ht.containsKey(arg))
        {
            return (SharedString)ht.get(arg);
        }
        else
        {
            SharedString str = new SharedString(arg);
            ht.put(arg,str);
            return (SharedString)ht.get(arg);
        }
    }
}
```

在客户类中,如果需要显示两个颜色和大小不同的字符串 Java,代码如下:

```
class Client
{
    public static void main(String args[ ])
    {
        SharedString str1,str2;
        SharedStringFactory factory = new SharedStringFactory();
        str1 = factory.getSharedString("Java");
        str1.setColor(new Color("红色"));
        str1.setSize(new Size(5));
        str1.display(); //输出"内容: Java,颜色: 红色,大小: 5"
        str2 = factory.getSharedString("Java");
        str2.setColor(new Color("黑色"));
        str2.setSize(new Size(10));
        str2.display(); //输出"内容: Java,颜色: 黑色,大小: 10"
        System.out.println(str1 == str2); //输出"true"
    }
}
```

(7) 代理模式。参考类图如图 A4-7 所示。

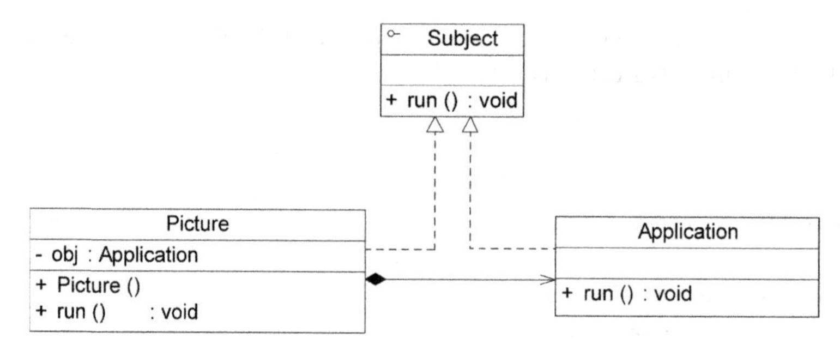

图 A4-7 综合题(7)所求类图

分析:在本实例中,Subject 充当抽象主题角色,Application 充当真实主题角色,Picture 充当代理主题角色,其中,Picture 类代码如下:

```
class Picture implements Subject
{
    private Application obj;
    public Picture()
    {
        obj = new Application();
    }
    public void run()
    {
        obj.run();
    }
}
```

A.5 第5章实训练习参考答案

1. 选择题

(1)	(2)	(3)	(4)	(5)	(6)	(7)	(8)	(9)	(10)
B	A	D	C	AD	C	C	D	B	A
(11)	(12)	(13)	(14)	(15)	(16)	(17)	(18)	(19)	(20)
B	B	D	D	D	DA	C	DB	C	D
(21)	(22)	(23)	(24)	(25)	(26)	(27)	(28)	(29)	(30)
B	A	B	C	B	D	A	C	B	D

2. 填空题

(1) ①processRequest(aRequest) ②Approver ③super ④tammy ⑤meeting ⑥sam ⑦larry

(2) ①commands[button] ②turnLight(0) ③setChannel(1) ④lightCommand 或 tvCommand ⑤RemoteController ⑥Light ⑦TV(注：⑥和⑦可以互换)

(3) ①abstract class ②left. interpret() + right. interpret() ③left. interpret()-right. interpret() ④split(" ") ⑤stack. push(new AddNode(left, right)) ⑥stack. push(new SubNode(left, right)) ⑦new ValueNode(Integer. parseInt(statementArr[i])) ⑧stack. pop()

(4) ①new ConcreteIterator(this) ②collection. getArray() ③index=objs. length−1 ④index ++ ⑤index −− ⑥return index= =objs. length ⑦return index= =−1 ⑧collection. createIterator() ⑨!i. isFirst() ⑩i. previous()

(5) ①lp. update(value) ②gp. update(value)(注：①和②可以互换) ③window. action(this, value) ④super(window) ⑤new TextPane(window) ⑥new ListPane (window) ⑦new GraphicPane(window)

中介者模式内涵：通过一个中介对象来封装一系列对象之间的交互，使得各对象不需要显式地相互引用，从而使其耦合松散，而且可以独立地改变它们之间的交互。

(6) ①memento. getValue() ②new DataMemento(this. value) ③this. value = value ④data. save() ⑤mc. getMemento()

将备忘录 Memento 类和原发器 Originator 类定义在同一个包 package 中，并将 Memento 类的可见性设置为包内可见，即使用默认访问标识符，只有 Originator 可以直接访问备忘录对象中的 Setter()和 Getter()方法，用于设置和获取对象状态。

(7) ①interface AlarmListener ②extends Gate implements AlarmListener ③super. action() ④alarmListeners. add(al) ⑤((AlarmListener)obj). alarm() ⑥sensor = new ThermoSensor() ⑦sensor. trigger()

(8) ①state == CLOSED || state ==CLOSING 或 state ==1|| state==4 ②state==

OPENING || state == STAYOPEN 或 state ==2 || state ==5 ③state == OPEN 或 state ==3 ④state. click() ⑤state. timeout() ⑥state. complete() ⑦door. setState (door. OPENING)

(9) ①FlyBehavior flyBehavior ②TakeOffBehavior takeOffBehavior ③flyBehavior. fly() ④takeOffBehavior. takeOff() ⑤extends ⑥SubSonicFly() ⑦VerticalTakeOff()

(10) ①Document ②aDocument ③!canOpenDocument(docName) ④Document ⑤doCreateDocument() ⑥adoc. open(docName) ⑦adoc. read(docName) ⑧addDocument(adoc)

(11) ①pages + ((Paper)obj). pages ②papers. add(paper) ③handler. handle(this) ④handler. handle(this) ⑤handler. handle(this) ⑥items. add(item) ⑦((Item)obj). accept(handler) ⑧lib. accept(handler)

3. 综合题

(1) 职责链模式。参考类图如图 A5-1 所示。

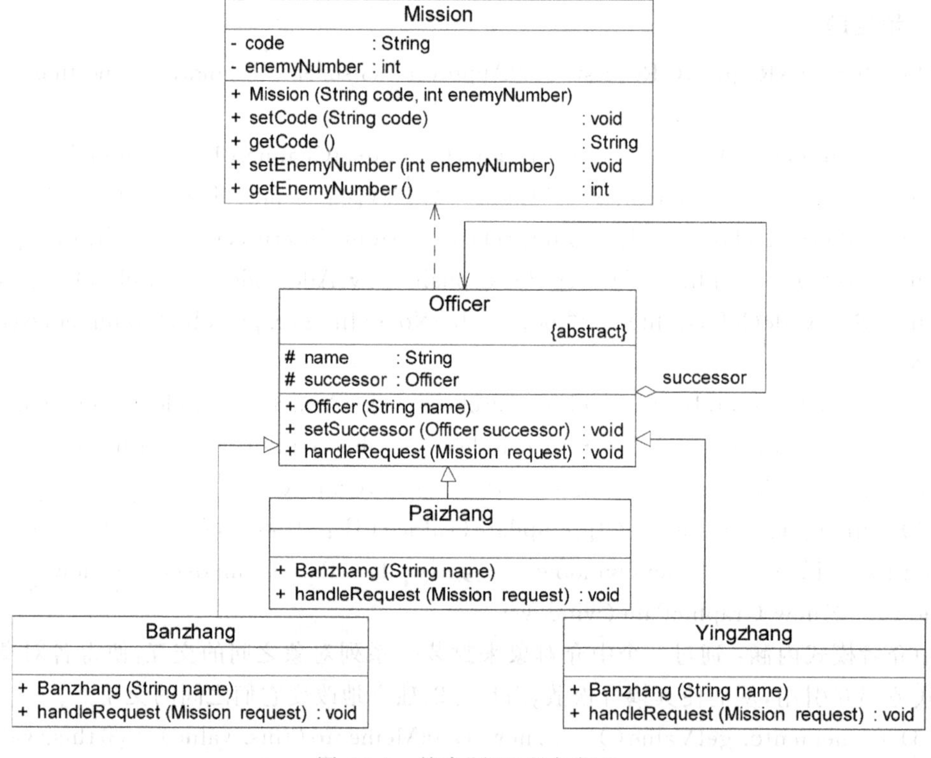

图 A5-1 综合题(1)所求类图

分析：在本实例中，Mission 充当请求角色，Officer 充当抽象传递者角色，Banzhang、Paizhang 和 Yingzhang 充当具体传递者角色。其中，Officer 类、Banzhang 类和 Yingzhang 类的代码如下(其他类代码省略)：

```
abstract class Officer
{
    protected String name;
```

```
    protected Officer successor;
    public Officer(String name)
    {
        this.name = name;
    }
    public void setSuccessor(Officer successor)
    {
        this.successor = successor;
    }
    public abstract void handleRequest(Mission request);
}

class Banzhang extends Officer
{
    public Banzhang(String name)
    {
        super(name);
    }
    public void handleRequest(Mission request)
    {
        if(request.getEnemyNumber()<10)
        {
            System.out.println("班长" + name + "下达代号为" + request.getCode() + "的
作战任务,敌人数量为" + request.getEnemyNumber());
        }
        else
        {
            if(this.successor != null)
            {
                this.successor.handleRequest(request);
            }
        }
    }
}

class Yingzhang extends Officer
{
    public Yingzhang(String name)
    {
        super(name);
    }
    public void handleRequest(Mission request)
    {
        if(request.getEnemyNumber()<200)
        {
            System.out.println("营长" + name + "下达代号为" + request.getCode() + "的
作战任务,敌人数量为" + request.getEnemyNumber());
        }
        else
```

```
            {
                System.out.println("开会讨论代号为" + request.getCode() + "的作战任务,敌人
数量为" + request.getEnemyNumber());
            }
        }
    }
```

(2) 命令模式。参考类图如图 A5-2 所示。

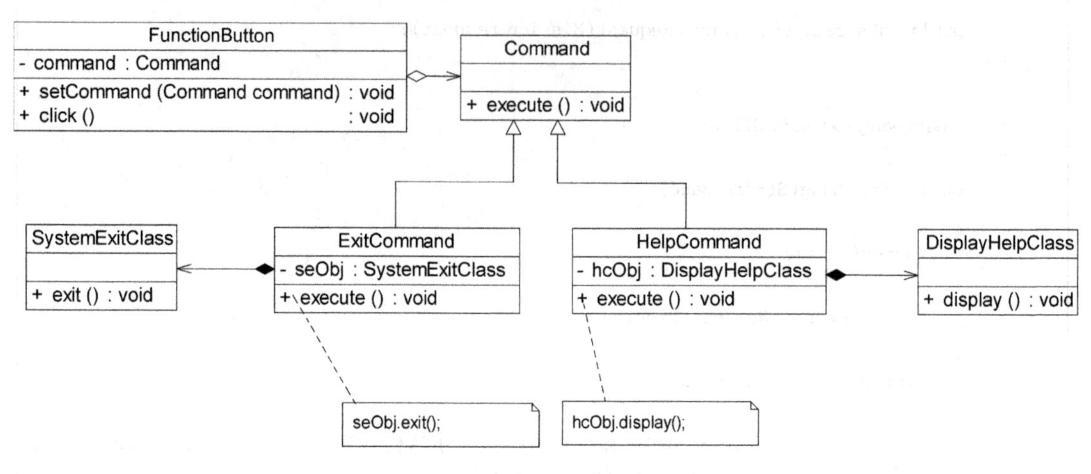

图 A5-2 综合题(2)所求类图

分析:在本实例中,FunctionButton 充当请求调用者,SystemExitClass 和 DisplayHelpClass 充当请求接收者,而 ExitCommand 和 HelpCommand 充当具体命令类。其中,FunctionButton 类、Command 类、ExitCommand 类和 SystemExitClass 类代码如下:

```
class FunctionButton
{
    private Command command;
    public void setCommand(Command command)
    {
        this.command = command;
    }
    public void click()
    {
        command.execute();
    }
}

abstract class Command
{
    public abstract void execute();
}
```

```
class ExitCommand extends Command
{
    private SystemExitClass seObj;
    public ExitCommand()
    {
        seObj = new SystemExitClass();
    }
    public void execute()
    {
        seObj.exit();
    }
}

class SystemExitClass
{
    public void exit()
    {
        System.out.println("退出系统!");
    }
}
```

(3) 解释器模式。参考类图如图 A5-3 所示。

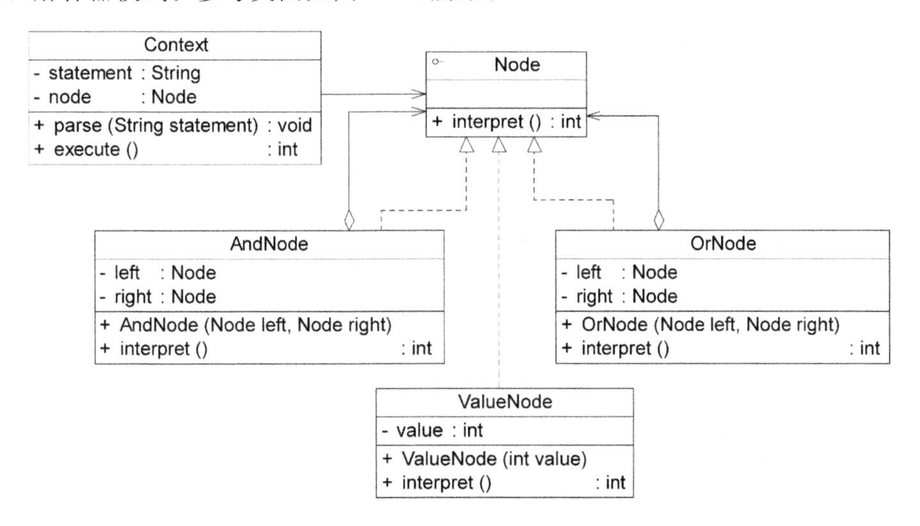

图 A5-3 综合题(3)所求类图

分析:在本实例中,Node 充当抽象表达式角色,AndNode 和 OrNode 充当非终结符表达式角色,ValueNode 充当终结符表达式角色。本实例代码如下:

```
import java.util.*;
interface Node
{
    public int interpret();
}
```

```
class ValueNode implements Node
{
    private int value;
    public ValueNode(int value)
    {   this.value = value;   }

    public int interpret()
    {   return this.value;   }
}

class AndNode implements Node
{
    private Node left;
    private Node right;
    public AndNode(Node left,Node right)
    {
        this.left = left;
        this.right = right;
    }

    public int interpret()
    {
        if(left.interpret() == 1&&right.interpret() == 1)
        {
            return 1;
        }
        else
        {
            return 0;
        }
    }
}

class OrNode implements Node
{
    private Node left;
    private Node right;
    public OrNode(Node left,Node right)
    {
        this.left = left;
        this.right = right;
    }

    public int interpret()
    {
        if(left.interpret() == 1||right.interpret() == 1)
        {
            return 1;
        }
```

```
        else
        {
            return 0;
        }
    }
}

class Context
{
    private String statement;
    private Node node;

    public void parse(String statement)
    {
        Node left = null,right = null;
        Stack stack = new Stack();
        String[] statementArr = statement.split(" "); //分割输入字符串
        for(int i = 0;i < statementArr.length;i++)
        {
            if(statementArr[i].equalsIgnoreCase("and"))
            {
                left = (Node)stack.pop();
                int val = Integer.parseInt(statementArr[++i]);
                right = new ValueNode(val);
                stack.push(new AndNode(left,right));
            }
            else if(statementArr[i].equalsIgnoreCase("or"))
            {
                left = (Node)stack.pop();
                int val = Integer.parseInt(statementArr[++i]);
                right = new ValueNode(val);
                stack.push(new OrNode(left,right));
            }
            else
            {
                stack.push(new ValueNode(Integer.parseInt(statementArr[i])));
            }
        }
        this.node = (Node)stack.pop();
    }

    public int execute()
    {
        return node.interpret();
    }
}

class Test
{
```

```
    public static void main(String args[ ])
    {
        String statement = "0 or 1 and 1 or 1";
        Context ctx = new Context();
        ctx.parse(statement);
        int result = ctx.execute();
        System.out.println(statement + " = " + result);
    }
}
//输出结果如下:
//0 or 1 and 1 or 1 = 1
```

(4) 迭代器模式。参考类图如图 A5-4 所示。

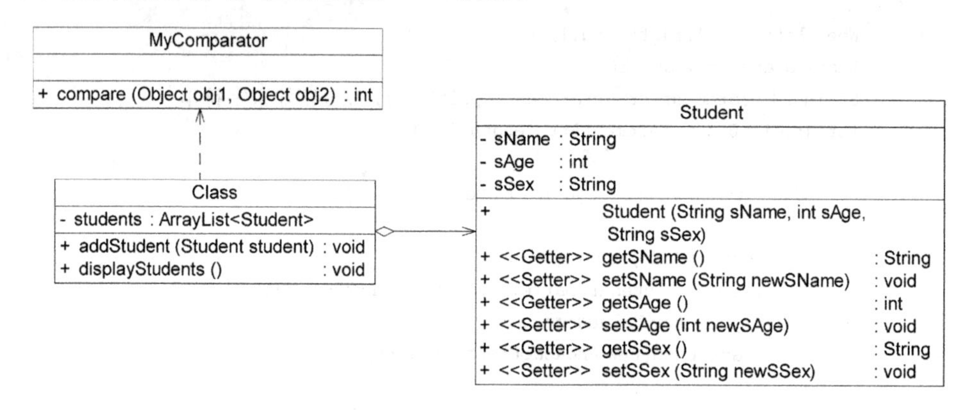

图 A5-4 综合题(4)所求类图

分析：在本实例中，Class 类充当聚合类，在其中定义了一个 ArrayList 类型的集合用于存储 Student 对象，为了实现按学生年龄由大到小的次序输出学生信息，自定义一个比较器类 MyComparator 实现了 Comparator 接口并实现在接口中声明的 compare()方法。在 Class 类的 displayStudents()方法中创建一个比较器对象用于排序，再创建一个迭代器对象用于遍历集合。本实例代码如下：

```
import java.util.*;

class Class
{
    private ArrayList<Student> students = new ArrayList<Student>();

    public void addStudent(Student student)
    {
        students.add(student);
    }

    public void displayStudents()
    {
```

```
        Comparator comp = new MyComparator();
        Collections.sort(students,comp);
        Iterator i = students.iterator();
        while(i.hasNext())
        {
            Student student = (Student)i.next();
            System.out.println("姓名：" + student.getSName() + ",年龄：" + student.getSAge());
        }
    }
}

class MyComparator implements Comparator
{
    public int compare(Object obj1,Object obj2)
    {
        Student s1 = (Student)obj1;
        Student s2 = (Student)obj2;
        if(s1.getSAge()< s2.getSAge())
        {
            return 1;
        }
        else
        {
            return 0;
        }
    }
}

class Student
{
    private String sName;
    private int sAge;
    private String sSex;

    public Student(String sName,int sAge,String sSex)
    {
        this.sName = sName;
        this.sAge = sAge;
        this.sSex = sSex;
    }

    public void setSName(String sName) {
        this.sName = sName;
    }

    public void setSAge(int sAge) {
        this.sAge = sAge;
    }
```

```
        public void setSSex(String sSex) {
            this.sSex = sSex;
        }

        public String getSName() {
            return (this.sName);
        }

        public int getSAge() {
            return (this.sAge);
        }

        public String getSSex() {
            return (this.sSex);
        }
    }

    class MainClass
    {
        public static void main(String args[])
        {
            Class obj = new Class();
            Student student1,student2,student3,student4;
            student1 = new Student("杨过",20,"男");
            student2 = new Student("令狐冲",22,"男");
            student3 = new Student("小龙女",18,"女");
            student4 = new Student("王语嫣",19,"女");
            obj.addStudent(student1);
            obj.addStudent(student2);
            obj.addStudent(student3);
            obj.addStudent(student4);
            obj.displayStudents();
        }
    }
    //输出结果如下:
    //姓名: 令狐冲,年龄: 22
    //姓名: 杨过,年龄: 20
    //姓名: 王语嫣,年龄: 19
    //姓名: 小龙女,年龄: 18
```

(5) 中介者模式。参考类图如图 A5-5 所示。

分析:在本实例中,UnitedNations 充当抽象中介者角色,WTO 充当具体中介者角色,Country 充当抽象同事角色,China 和 America 充当具体同事角色,本实例代码如下:

```
abstract class UnitedNations
{
    public abstract void declare(String message,Country country);
}
```

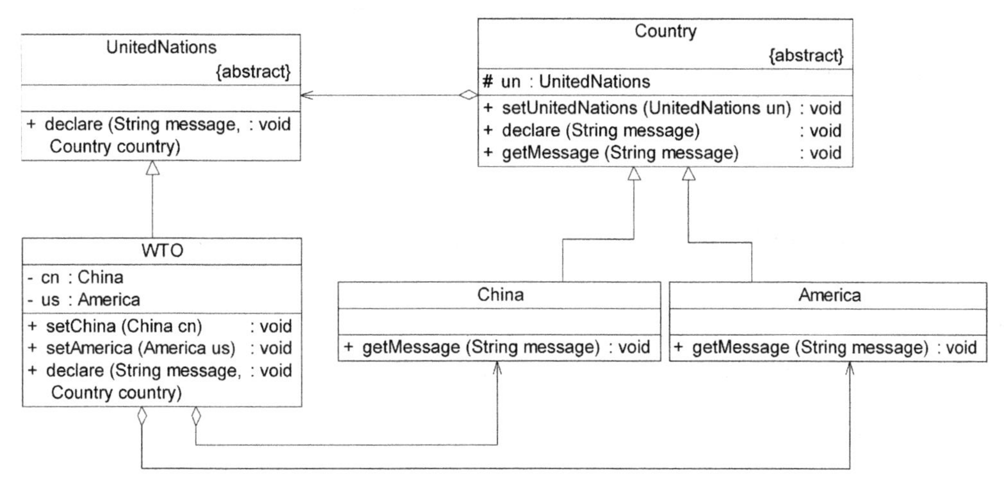

图 A5-5 综合题(5)所求类图

```
abstract class Country
{
    protected UnitedNations un;
    public void setUnitedNations(UnitedNations un)
    {
        this.un = un;
    }
    public void declare(String message)
    {
        un.declare(message,this);
    }
    public abstract void getMessage(String message);
}

class China extends Country
{
    public void getMessage(String message)
    {
        System.out.println("中国获取信息: " + message);
    }
}

class America extends Country
{
    public void getMessage(String message)
    {
        System.out.println("美国获取信息: " + message);
    }
}

class WTO extends UnitedNations
{
```

```
    private China cn;
    private America us;
    public void setChina(China cn)
    {
        this.cn = cn;
    }
    public void setAmerica(America us)
    {
        this.us = us;
    }
    public void declare(String message,Country country)
    {
        if(country == cn)
        {
            us.getMessage(message);
        }
        else
        {
            cn.getMessage(message);
        }
    }
}

class MainClass
{
    public static void main(String args[])
    {
        WTO wto = new WTO();
        China cn = new China();
        America us = new America();
        cn.setUnitedNations(wto);
        us.setUnitedNations(wto);
        wto.setChina(cn);
        wto.setAmerica(us);
        cn.declare("中国是一个爱好和平的国家!");
        us.declare("美国将会为世界和平而努力!");
    }
}
//输出结果如下:
//美国获取信息:中国是一个爱好和平的国家!
//中国获取信息:美国将会为世界和平而努力!
```

(6) 备忘录模式。参考类图如图 A5-6 所示。

分析:在本实例中,Chessman 充当原发器,ChessmanMemento 充当备忘录,MementoCaretaker 充当负责人,在 MementoCaretaker 中定义了一个 ArrayList,用于存储多个备忘录,本实例代码如下:

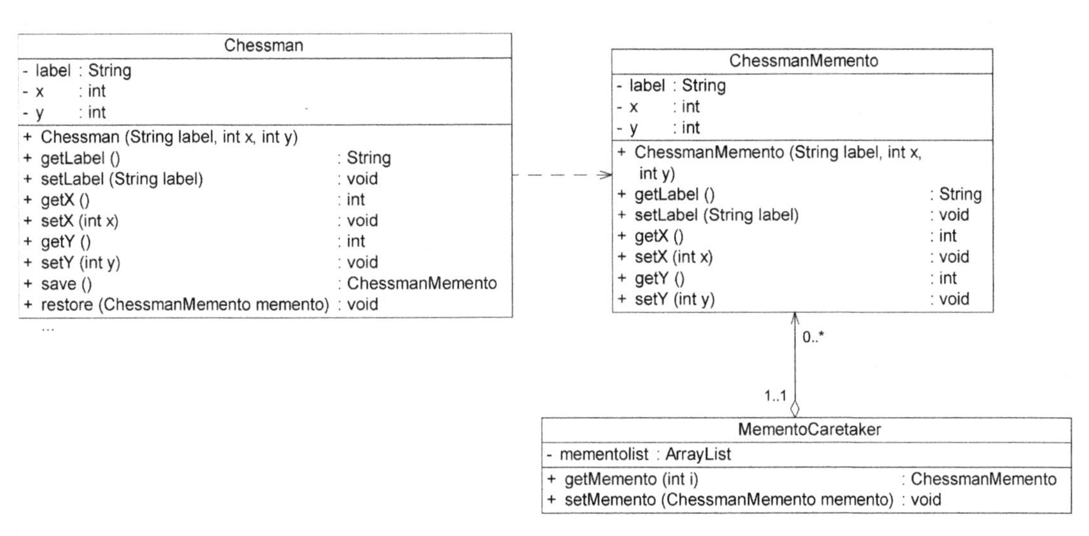

图 A5-6 综合题(6)所求类图

```
import java.util.*;
class Chessman
{
    private String label;
    private int x;
    private int y;
    public Chessman(String label,int x,int y)
    {
        this.label = label;
        this.x = x;
        this.y = y;
    }
    public void setLabel(String label)
    {
        this.label = label;
    }

    public void setX(int x)
    {
        this.x = x;
    }

    public void setY(int y)
    {
        this.y = y;
    }

    public String getLabel() {
        return (this.label);
    }
```

```
        public int getX()
        {
            return (this.x);
        }

        public int getY()
        {
            return (this.y);
        }

        public ChessmanMemento save()
        {
            return new ChessmanMemento(this.label,this.x,this.y);
        }

        public void restore(ChessmanMemento memento)
        {
            this.label = memento.getLabel();
            this.x = memento.getX();
            this.y = memento.getY();
        }
    }

    class ChessmanMemento
    {
        private String label;
        private int x;
        private int y;
        public ChessmanMemento(String label,int x,int y)
        {
            this.label = label;
            this.x = x;
            this.y = y;
        }
        public void setLabel(String label)
        {
            this.label = label;
        }

        public void setX(int x)
        {
            this.x = x;
        }

        public void setY(int y)
        {
            this.y = y;
        }
```

```
    public String getLabel() {
        return (this.label);
    }

    public int getX()
    {
        return (this.x);
    }

    public int getY()
    {
        return (this.y);
    }
}

class MementoCaretaker
{
    private ArrayList mementolist = new ArrayList();
    public ChessmanMemento getMemento(int i)
    {
        return (ChessmanMemento)mementolist.get(i);
    }
    public void setMemento(ChessmanMemento memento)
    {
        mementolist.add(memento);
    }
}

class Test
{
    private static int index = -1;
    private static MementoCaretaker mc = new MementoCaretaker();
    public static void main(String args[])
    {
        Chessman chess = new Chessman("车",1,1);
        play(chess);
        chess.setY(4);
        play(chess);
        chess.setX(5);
        play(chess);
        undo(chess,index);
        undo(chess,index);
        redo(chess,index);
        redo(chess,index);
    }

    //下棋
    public static void play(Chessman chess)
    {
```

```
            mc.setMemento(chess.save());
            index ++;
            System.out.println("棋子" + chess.getLabel() + "当前位置为: " + "第" + chess.
getX() + "行" + "第" + chess.getY() + "列。");
        }
        //悔棋
        public static void undo(Chessman chess,int i)
        {
            System.out.println("****** 悔棋 ******");
            index --;
            chess.restore(mc.getMemento(i - 1));
            System.out.println("棋子" + chess.getLabel() + "当前位置为: " + "第" + chess.
getX() + "行" + "第" + chess.getY() + "列。");
        }
        //撤销悔棋
        public static void redo(Chessman chess,int i)
        {
            System.out.println("****** 撤销悔棋 ******");
            index ++;
            chess.restore(mc.getMemento(i + 1));
            System.out.println("棋子" + chess.getLabel() + "当前位置为: " + "第" + chess.
getX() + "行" + "第" + chess.getY() + "列。");
        }
    }
    //输出结果如下:
    //棋子车当前位置为: 第 1 行第 1 列。
    //棋子车当前位置为: 第 1 行第 4 列。
    //棋子车当前位置为: 第 5 行第 4 列。
    //****** 悔棋 ******
    //棋子车当前位置为: 第 1 行第 4 列。
    //****** 悔棋 ******
    //棋子车当前位置为: 第 1 行第 1 列。
    //****** 撤销悔棋 ******
    //棋子车当前位置为: 第 1 行第 4 列。
    //****** 撤销悔棋 ******
    //棋子车当前位置为: 第 5 行第 4 列。
```

(7) 观察者模式。参考类图如图 A5-7 所示。

分析：在本实例中，Observer 充当抽象观察者角色，Player 充当具体观察者角色，Ally 充当观察目标角色。其中，Ally 类和 Player 类代码如下：

```
    class Player implements Observer
    {
        private String name;

        public Player(String name)
        {
            this.name = name;
```

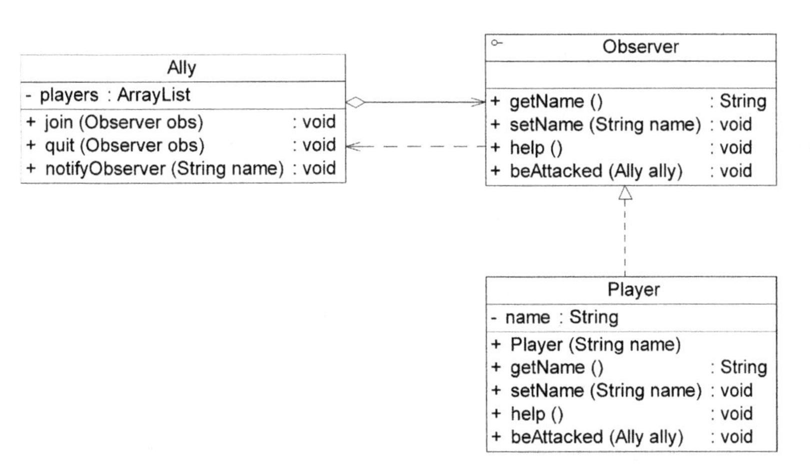

图 A5-7 综合题(7)所求类图

```
    }

    public void setName(String name)
    {
        this.name = name;
    }

    public String getName()
    {
        return this.name;
    }

    public void help()
    {
        System.out.println("坚持住," + this.name + "来救你!");
    }

    public void beAttacked(Ally ally)
    {
        System.out.println(this.name + "被攻击!");
        ally.notifyObserver(name);
    }
}

class Ally
{
    private ArrayList<Observer> players = new ArrayList<Observer>();

    public void join(Observer obs)
    {
        players.add(obs);
    }
```

```
        public void quit(Observer obs)
        {
            players.remove(obs);
        }

        public void notifyObserver(String name)
        {
            System.out.println("紧急通知,盟友" + name + "遭受敌人攻击!");
            for(Object obs : players)
            {
                if (!((Observer)obs).getName().equalsIgnoreCase(name))
                {
                    ((Observer)obs).help();
                }
            }
        }
    }
```

在本实例中,应用了两次观察者模式,当一个游戏玩家 Player 对象的 beAttacked()方法被调用时,将调用 Ally 的 notifyObserver()方法来进行处理,而在 notifyObserver()方法中又将调用其他 Player 对象的 help()方法。Player 的 beAttacked()方法、Ally 的 notifyObserver()方法以及 Player 的 help()方法构成了一个简单的触发链。

(8) 状态模式。参考类图如图 A5-8 所示。

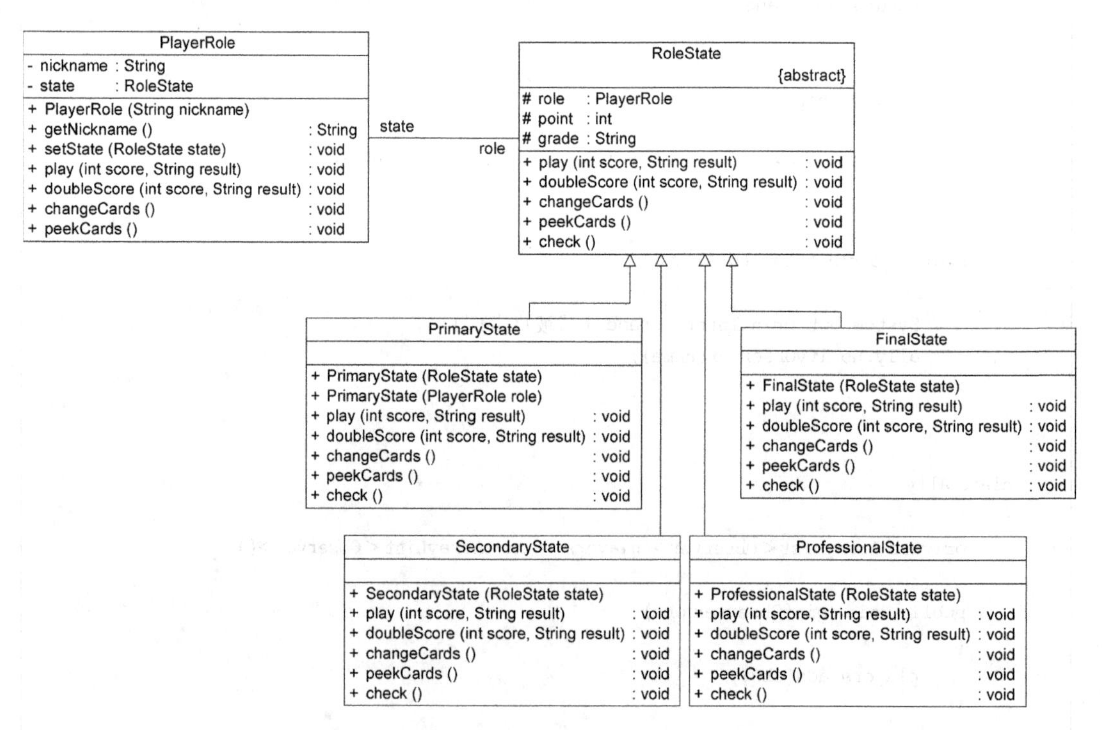

图 A5-8 综合题(8)所求类图

分析：在本实例中，PlayerRole 充当环境类角色，RoleState 充当抽象状态类，PrimaryState、SecondaryState、ProfessionalState 和 FinalState 充当具体状态类。本实例部分代码如下：

```
class PlayerRole                                //环境类
{
    private String nickname;
    private RoleState state;
    public PlayerRole(String nickname)
    {
        this.nickname = nickname;
    }
    public String getNickname()
    {
        return this.nickname;
    }
    public void setState(RoleState state)
    {
        this.state = state;
    }
    public void play(int score, String result)
    {
        state.play(score,result);
    }
    public void doubleScore(int score, String result)
    {
        state.doubleScore(score,result);
    }
    public void changeCards()
    {
        state.changeCards();
    }
    public void peekCards()
    {
        state.peekCards();
    }
}

abstract class RoleState                        //抽象状态类
{
    protected PlayerRole role;
    protected int point;                        //积分
    protected String grade;                     //等级
    public abstract void play(int score, String result);
    public abstract void doubleScore(int score, String result);
    public abstract void changeCards();
    public abstract void peekCards();
    public abstract void check();
}
```

```
class PrimaryState extends RoleState                        //具体状态类
{
    public PrimaryState(PlayerRole role)
    {
        this.point = 0;
        this.grade = "入门级";
        this.role = role;
    }
    public PrimaryState(RoleState state)
    {
        this.point = state.point;
        this.grade = "入门级";
        this.role = state.role;
    }
    public void play(int score, String result)
    {
        if(result.equalsIgnoreCase("win"))                  //获胜
        {
            this.point += score;
            System.out.println("玩家" + this.role.getNickname() + "获胜,增加积分" +
score + ",当前积分为" + this.point + "。");
        }
        else if(result.equalsIgnoreCase("lose"))            //失利
        {
            this.point -= score;
            System.out.println("玩家" + this.role.getNickname() + "失利,减少积分" +
score + ",当前积分为" + this.point + "。");
        }
        this.check();
    }
    public void doubleScore(int score, String result)
    {
        System.out.println("暂不支持该功能!");
    }
    public void changeCards()
    {
        System.out.println("暂不支持该功能!");
    }
    public void peekCards()
    {
        System.out.println("暂不支持该功能!");
    }
    public void check()                                     //模拟
    {
        if(this.point >= 10000)
        {
            this.role.setState(new FinalState(this));
        }
        else if(this.point >= 5000)
```

```
            {
                this.role.setState(new ProfessionalState(this));
            }
            else if(this.point >= 1000)
            {
                this.role.setState(new SecondaryState(this));
            }
        }
    }
    //其他具体状态类代码省略
```

(9) 策略模式。参考类图如图 A5-9 所示。

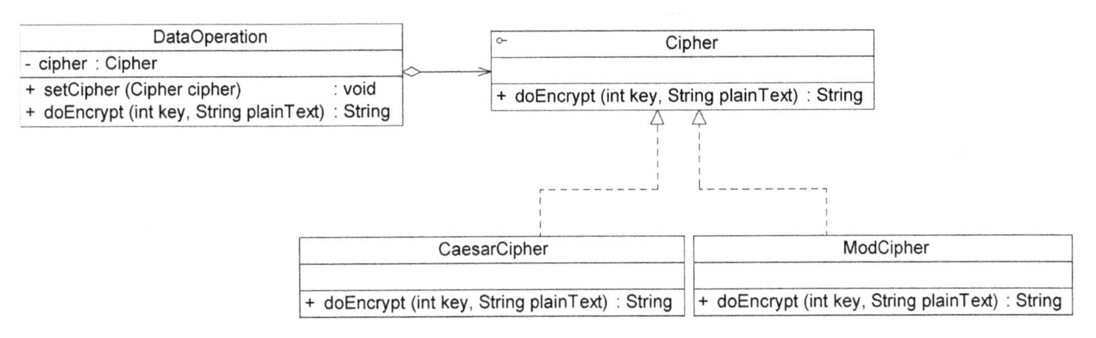

图 A5-9 综合题(9)所求类图

分析：在本实例中，DataOperation 充当环境类角色，Cipher 充当抽象策略角色，CaesarCipher 和 ModCipher 充当具体策略角色。其中，DataOperation 类的代码如下：

```
class DataOperation
{
    private Cipher cipher;
    public void setCipher(Cipher cipher)
    {
        this.cipher = cipher;
    }
    public String doEncrypt(int key, String plainText)
    {
        return cipher.doEncrypt(key,plainText);
    }
}
```

(10) 模板方法模式。参考类图如图 A5-10 所示。

分析：在本实例中，Account 充当抽象父类角色，CurrentAccount 和 SavingAccount 充当具体子类角色，其中 Account 和 CurrentAccount 的模拟代码如下：

```
abstract class Account
{
```

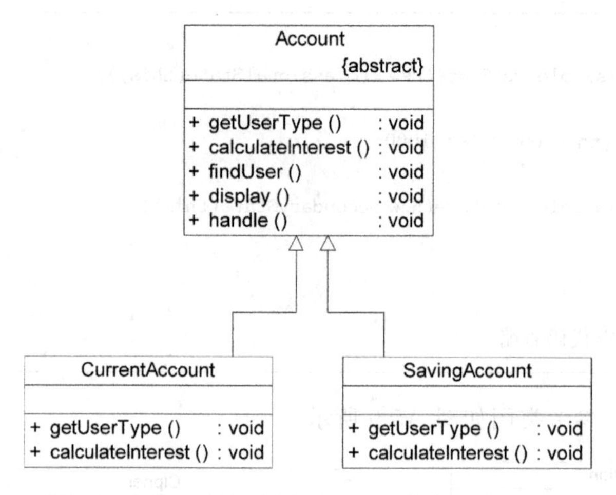

图 A5-10 综合题(10)所求类图

```
    public abstract void getUserType();
    public abstract void calculateInterest();
    public void findUser()
    {
        System.out.println("查询用户信息!");
    }
    public void display()
    {
        System.out.println("显示利息!");
    }
    public void handle()
    {
        findUser();
        getUserType();
        calculateInterest();
        display();
    }
}

class CurrentAccount extends Account
{
    public void getUserType()
    {
        System.out.println("活期账户!");
    }
    public void calculateInterest()
    {
        System.out.println("按活期利率计算利息!");
    }
}
```

(11) 访问者模式。参考类图如图 A5-11 所示。

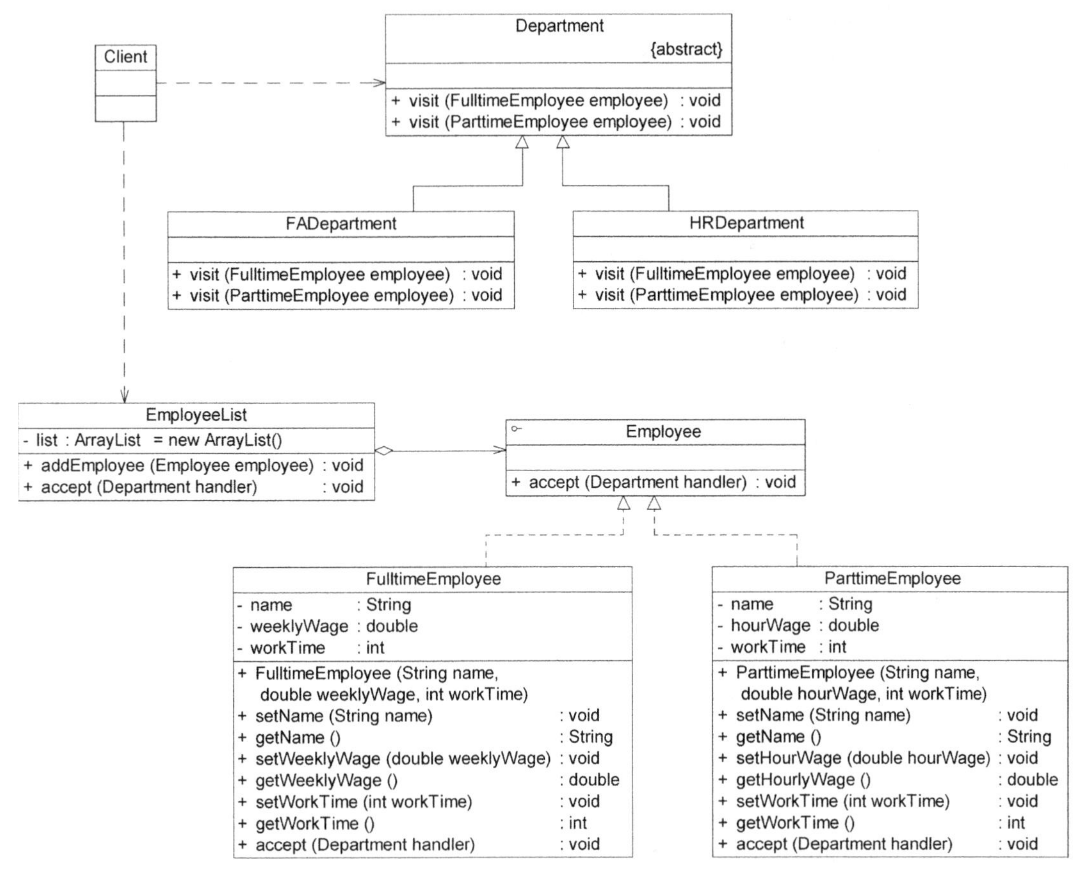

图 A5-11 综合题(11)所求类图

分析：在本实例中，FADepartment 表示财务部，HRDepartment 表示人力资源部，它们充当具体访问者角色，其抽象父类 Department 充当抽象访问者角色；EmployeeList 充当对象结构，用于存储员工列表；FulltimeEmployee 表示正式员工，ParttimeEmployee 表示临时工，它们充当具体元素角色，其父接口 Employee 充当抽象元素角色，本实例代码如下：

```
import java.util.*;
interface Employee
{
    public void accept(Department handler);
}

class FulltimeEmployee implements Employee
{
    private String name;
    private double weeklyWage;
    private int workTime;
    public FulltimeEmployee(String name,double weeklyWage,int workTime)
    {
```

```
        this.name = name;
        this.weeklyWage = weeklyWage;
        this.workTime = workTime;
    }
    public void setName(String name) {
        this.name = name;
    }
    public void setWeeklyWage(double weeklyWage) {
        this.weeklyWage = weeklyWage;
    }
    public void setWorkTime(int workTime) {
        this.workTime = workTime;
    }
    public String getName() {
        return (this.name);
    }
    public double getWeeklyWage() {
        return (this.weeklyWage);
    }
    public int getWorkTime() {
        return (this.workTime);
    }
    public void accept(Department handler) {
        handler.visit(this);
    }
}

class ParttimeEmployee implements Employee
{
    private String name;
    private double hourWage;
    private int workTime;
    public ParttimeEmployee(String name,double hourWage,int workTime)
    {
        this.name = name;
        this.hourWage = hourWage;
        this.workTime = workTime;
    }
    public void setName(String name) {
        this.name = name;
    }
    public void setHourWage(double hourWage) {
        this.hourWage = hourWage;
    }
    public void setWorkTime(int workTime) {
        this.workTime = workTime;
    }
    public String getName() {
        return (this.name);
```

```
    }
    public double getHourWage() {
        return (this.hourWage);
    }
    public int getWorkTime() {
        return (this.workTime);
    }
    public void accept(Department handler) {
        handler.visit(this);
    }
}

abstract class Department
{
    public abstract void visit(FulltimeEmployee employee);
    public abstract void visit(ParttimeEmployee employee);
}

class FADepartment extends Department
{
    public void visit(FulltimeEmployee employee)
    {
        int workTime = employee.getWorkTime();
        double weekWage = employee.getWeeklyWage();
        if(workTime > 40)
        {
            weekWage = weekWage + (workTime - 40) * 100;
        }
        else if(workTime < 40)
        {
            weekWage = weekWage - (40 - workTime) * 80;
            if(weekWage < 0)
            {
                weekWage = 0;
            }
        }
        System.out.println("正式员工" + employee.getName() + "实际工资为:" + weekWage
 + "元。");
    }
    public void visit(ParttimeEmployee employee)
    {
        int workTime = employee.getWorkTime();
        double hourWage = employee.getHourWage();
        System.out.println("临时工" + employee.getName() + "实际工资为:" + workTime *
hourWage + "元。");
    }
}

class HRDepartment extends Department
```

```
{
    public void visit(FulltimeEmployee employee)
    {
        int workTime = employee.getWorkTime();
        System.out.println("正式员工" + employee.getName() + "实际工作时间为:" +
workTime + "小时。");
        if(workTime > 40)
        {
            System.out.println("正式员工" + employee.getName() + "加班时间为:" +
(workTime - 40) + "小时。");
        }
        else if(workTime < 40)
        {
            System.out.println("正式员工" + employee.getName() + "请假时间为:" + (40
- workTime) + "小时。");
        }
    }
    public void visit(ParttimeEmployee employee)
    {
        int workTime = employee.getWorkTime();
        System.out.println("临时工" + employee.getName() + "实际工作时间为:" +
workTime + "小时。");
    }
}

class EmployeeList
{
    private ArrayList list = new ArrayList();
    public void addEmployee(Employee employee)
    {
        list.add(employee);
    }
    public void accept(Department handler)
    {
        for(Object obj : list)
        {
            ((Employee)obj).accept(handler);
        }
    }
}

class Client
{
    public static void main(String args[])
    {
        EmployeeList list = new EmployeeList();
        Employee fte1,fte2,fte3,pte1,pte2;
        fte1 = new FulltimeEmployee("张无忌",3200.00,45);
        fte2 = new FulltimeEmployee("杨过",2000.00,40);
```

```
        fte3 = new FulltimeEmployee("段誉",2400.00,38);
        pte1 = new ParttimeEmployee("洪七公",80.00,20);
        pte2 = new ParttimeEmployee("郭靖",60.00,18);
        list.addEmployee(fte1);
        list.addEmployee(fte2);
        list.addEmployee(fte3);
        list.addEmployee(pte1);
        list.addEmployee(pte2);
        Department fa,hr;
        fa = new FADepartment();
        hr = new HRDepartment();
        System.out.println("财务部处理数据：");
        list.accept(fa);
        System.out.println("----------------------------------------");
        System.out.println("人力资源部处理数据：");
        list.accept(hr);
    }
}
//输出结果如下：
//财务部处理数据：
//正式员工张无忌实际工资为：3700.0元。
//正式员工杨过实际工资为：2000.0元。
//正式员工段誉实际工资为：2240.0元。
//临时工洪七公实际工资为：1600.0元。
//临时工郭靖实际工资为：1080.0元。
//----------------------------------------
//人力资源部处理数据：
//正式员工张无忌实际工作时间为：45小时。
//正式员工张无忌加班时间为：5小时。
//正式员工杨过实际工作时间为：40小时。
//正式员工段誉实际工作时间为：38小时。
//正式员工段誉请假时间为：2小时。
//临时工洪七公实际工作时间为：20小时。
//临时工郭靖实际工作时间为：18小时。
```

A.6 第6章实训练习参考答案

(1) C。此题正确答案为单例模式。

(2) 对于描述①可以选择使用工厂方法模式，对于描述②可以选择使用观察者模式，本题参考类图如图A6-1所示。

在类图中，HouseCreator是抽象房屋工厂类，其子类VilladomCreator用于创建别墅Villadom，子类ApartmentCreator用于创建公寓Apartment，Villadom和Apartment都是抽象房屋类House的子类，此时应用了工厂方法模式，如果增加新类型的房屋，只需对应增加新的房屋工厂类即可，原有代码无须做任何修改；House类同时作为抽象观察目标，子类

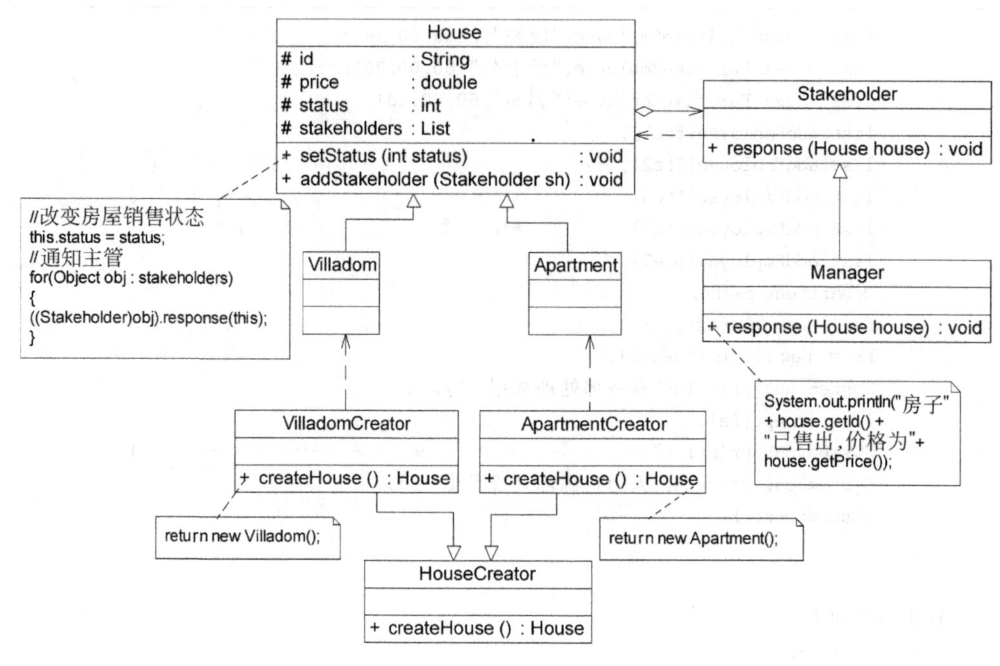

图 A6-1 实训练习(2)所求类图

Villadom 和 Apartment 作为具体观察目标,相关人员类 Stakeholder 作为抽象观察者,其子类 Manager(主管)作为具体观察者,实现了在 Stakeholder 中声明的 response()方法,当房屋售出时,房屋的状态 status 将发生变化,在 setStatus()方法中调用观察者的 response()方法,即主管将收到相应消息,此时应用了观察者模式。

(3) 本题可使用策略模式,参考类图如图 A6-2 所示。

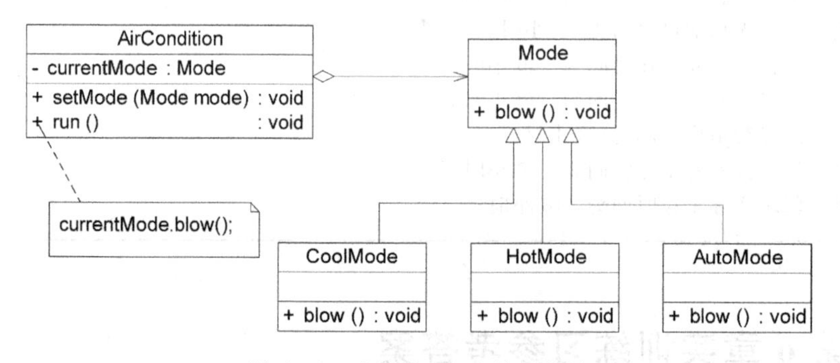

图 A6-2 实训练习(3)所求类图

(4) 本题可使用策略模式,参考类图如图 A6-3 所示。

在类图中,Duck 为抽象类,描述了抽象的鸭子,而类 MallardDuck、RedHeadDuck、CottonDuck 和 RubberDuck 分别描述各种具体的鸭子,方法 fly()、quack()和 display()分别表示不同种类的鸭子都具有飞行特征、发声特征和外观特征;类 FlyBehavior 和 QuackBehavior 为抽象类,分别用于表示抽象的飞行行为和发声行为;类 FlyWithWings 和 FlyNoWay 分别描述用翅膀飞行的行为和不能飞行的行为;类 Quack、QuackNoWay 和 Squeak 分别描述发出"嘎嘎"声的行为、不发声的行为和发出橡皮与空气摩擦声的行为。

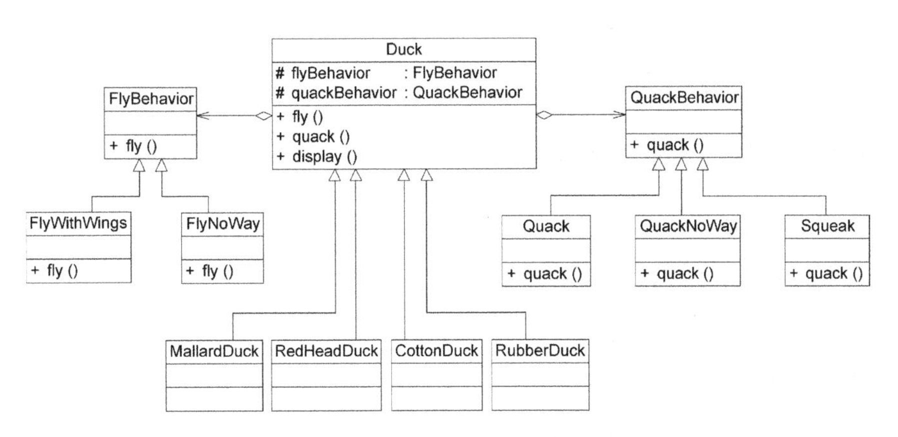

图 A6-3 实训练习(4)所求类图

(5) 电视机遥控器蕴涵了命令模式和迭代器模式。这两个模式的结构和适用场景参见5.1.3节和5.1.5节。

(6) 本题可使用观察者模式,参考类图如图A6-4所示。

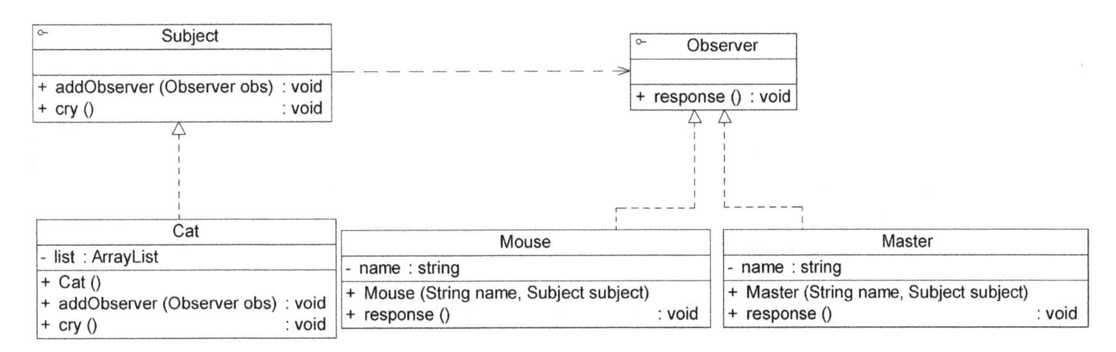

图 A6-4 实训练习(6)所求类图

参考代码如下:

```
import java.util.*;
interface Subject                          //抽象主题
{
    public void addObserver(Observer obs);
    public void cry();
}

interface Observer                         //抽象观察者
{
    public void response();
}

class Cat implements Subject               //具体主题
{
    private ArrayList<Observer> list;
    public Cat()
```

```
    {
        list = new ArrayList<Observer>();
    }
    public void addObserver(Observer obs)
    {
        list.add(obs);
    }
    public void cry()
    {
    System.out.println("猫叫");
        for(Object obj : list)
        {
            ((Observer)obj).response();
        }
    }
}

class Mouse implements Observer                     //具体观察者
{
    private String name;
    public Mouse(String name, Subject subject)
    {
        this.name = name;
        subject.addObserver(this);
    }
    public void response()
    {
        System.out.println(this.name + "拼命逃跑!");
    }
}

class Master implements Observer                    //具体观察者
{
    private String name;
    public Master(String name, Subject subject)
    {
        this.name = name;
        subject.addObserver(this);
    }
    public void response()
    {
        System.out.println(this.name + "从美梦中惊醒!");
    }
}

class Client                                        //客户端测试类
{
    public static void main(String args[])
    {
```

```
        Subject cat = new Cat();
        Observer mouse1,mouse2,master;
        mouse1 = new Mouse("大老鼠",cat);
        mouse2 = new Mouse("小老鼠",cat);
        master = new Master("小龙女",cat);
        cat.cry();
    }
}
//输出结果如下:
//猫叫!
//大老鼠拼命逃跑!
//小老鼠拼命逃跑!
//小龙女从美梦中惊醒!
```

(7) Windows 下文件目录结构是一个树型结构,可以使用组合模式来进行设计,参考类图如图 A6-5 所示。

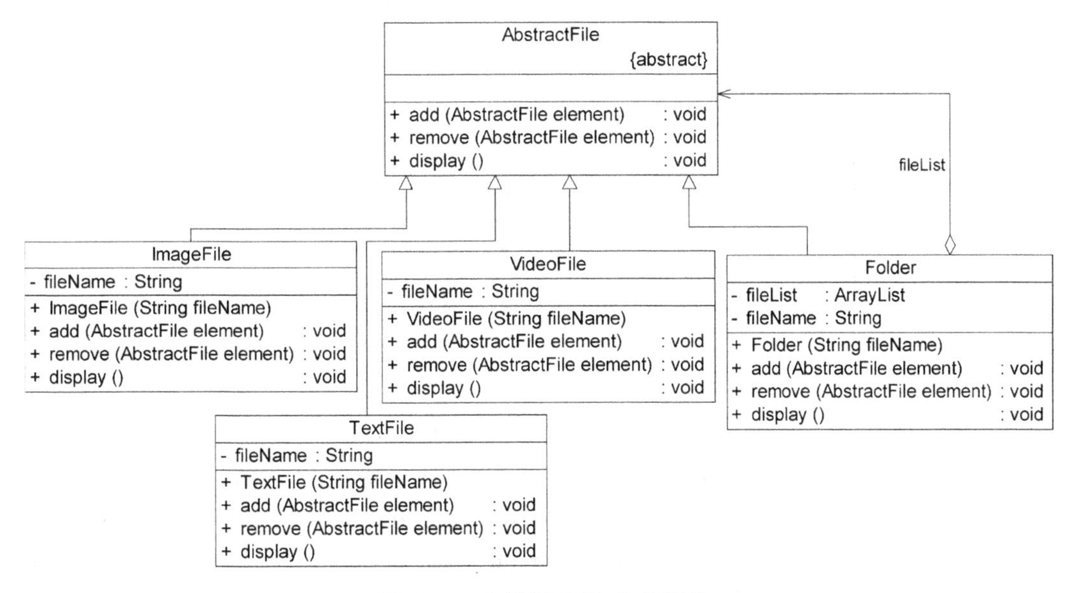

图 A6-5 实训练习(7)所求类图

(8) MVC 模式说明参见 6.1.3 节,在 MVC 模式中使用了中介者模式、观察者模式等设计模式,模式介绍参见 5.1.6 节中介者模式和 5.1.8 节观察者模式。

(9) 本题可使用适配器模式和抽象工厂模式,参考类图如图 A6-6 所示。

在该类图中,我们为两种不同的播放器提供了两个具体工厂类 MediaPlayerFactory 和 RealPlayerFactory,其中 MediaPlayerFactory 作为 Windows Media Player 播放器工厂,可以创建 Windows Media Player 的主窗口(MediaPlayerWindow)和播放列表(MediaPlayerList)(为了简化类图,只列出主窗口和播放列表这两个播放器组成元素,实际情况下包含更多组成元素);RealPlayerFactory 作为 RealPlayer 播放器工厂,创建 RealPlayer 的主窗口(RealPlayerWindow)和播放列表(RealPlayerList),此时可以使用抽象工厂模式,客户端针对抽象工厂 PlayerFactory 编程,如果增加新的播放器,只需增加一个新

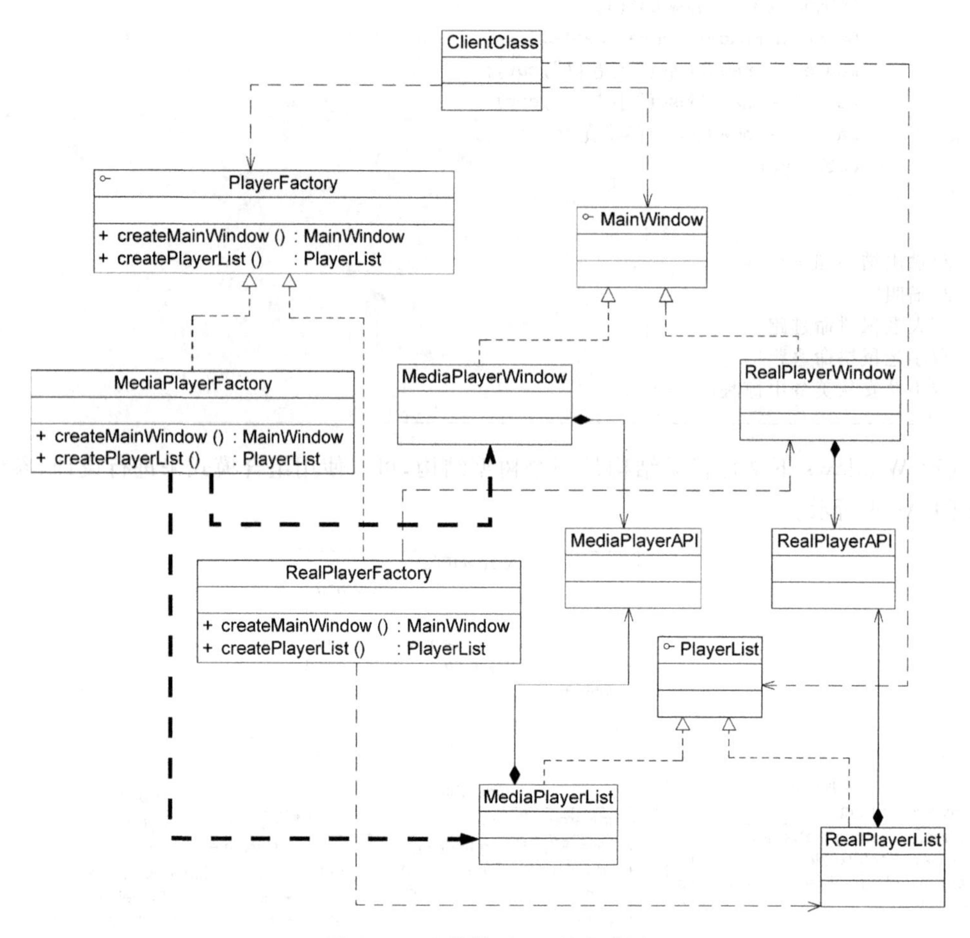

图 A6-6 实训练习(9)所求类图

的具体工厂来生产新产品族中的产品即可。由于需要调用现有 API 中的方法,因此还需要使用适配器模式,在具体产品类如 MediaPlayerWindow 和 MediaPlayerList 调用 Windows Media Player API 中的方法,在 RealPlayerWindow 和 RealPlayerList 中调用 RealPlayer API 中的方法,实现对 API 中方法的适配,此时具体产品如 MediaPlayerWindow、RealPlayerWindow 等充当适配器,而已有的 API 如 MediaPlayerAPI 和 RealPlayerAPI 是需要适配的适配者。

(10) 本题可使用命令模式,参考类图如图 A6-7 所示。

参考代码如下:

```
class Calculator                          //请求调用者
{
    private AbstractCommand command;
    public void setCommand(AbstractCommand command)
    {
        this.command = command;
    }
```

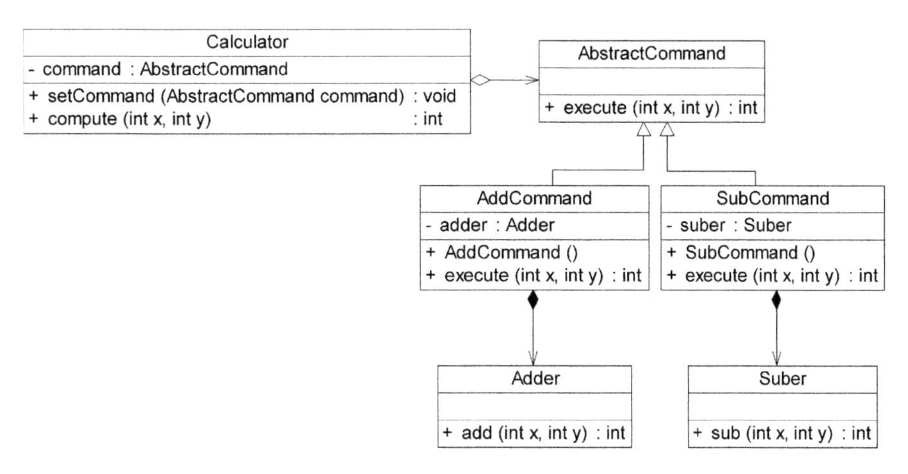

图 A6-7 实训练习(10)所求类图

```
    public int compute(int x,int y)
    {
        return command.execute(x,y);
    }
}

abstract class AbstractCommand                          //抽象命令
{
    public abstract int execute(int x,int y);
}

class AddCommand extends AbstractCommand                //具体命令
{
    private Adder adder;
    public AddCommand()
    {
        adder = new Adder();
    }
    public int execute(int x,int y)
    {
        return adder.add(x,y);
    }
}

class Adder                                             //请求接收者
{
    public int add(int x,int y)
    {
        return x + y;
    }
}

class SubCommand extends AbstractCommand                //具体命令
```

```
{
    private Suber suber;
    public SubCommand()
    {
        suber = new Suber();
    }
    public int execute(int x,int y)
    {
        return suber.sub(x,y);
    }
}

class Suber                                          //请求接收者
{
    public int sub(int x,int y)
    {
        return x - y;
    }
}

class Client                                         //客户端测试类
{
    public static void main(String args[])
    {
        Calculator calculator = new Calculator();
        AbstractCommand command;
        command = new AddCommand();                  //可通过配置文件实现
        calculator.setCommand(command);
        int result = calculator.compute(10,10);
        System.out.println(result);
    }
}
//输出结果如下:
//20
```

(11) 部分示例列举如下。

创建型模式示例:

① 抽象工厂模式(Abstract Factory)

- java.util.Calendar#getInstance()
- java.util.Arrays#asList()
- java.util.ResourceBundle#getBundle()
- java.net.URL#openConnection()
- java.sql.DriverManager#getConnection()
- java.sql.Connection#createStatement()
- java.sql.Statement#executeQuery()
- java.text.NumberFormat#getInstance()

- java. lang. management. ManagementFactory（所有 getXXX()方法）
- java. nio. charset. Charset #forName()
- javax. xml. parsers. DocumentBuilderFactory #newInstance()
- javax. xml. transform. TransformerFactory #newInstance()
- javax. xml. xpath. XPathFactory #newInstance()

② 建造者模式(Builder)

- java. lang. StringBuilder #append()
- java. lang. StringBuffer #append()
- java. nio. ByteBuffer #put()（CharBuffer，ShortBuffer，IntBuffer，LongBuffer，FloatBuffer 和 DoubleBuffer 与之类似）
- javax. swing. GroupLayout. Group #addComponent()
- java. sql. PreparedStatement
- java. lang. Appendable 的所有实现类

③ 工厂方法模式(Factory Method)

- java. lang. Object #toString()（在其子类中可以覆盖该方法）
- java. lang. Class #newInstance()
- java. lang. Integer #valueOf(String)（Boolean，Byte，Character，Short，Long，Float 和 Double 与之类似）
- java. lang. Class #forName()
- java. lang. reflect. Array #newInstance()
- java. lang. reflect. Constructor #newInstance()

④ 原型模式(Prototype)

java. lang. Object #clone()（支持浅克隆的类必须实现 java. lang. Cloneable 接口）

⑤ 单例模式 (Singleton)

- java. lang. Runtime #getRuntime()
- java. awt. Desktop #getDesktop()

结构型模式示例：

① 适配器模式(Adapter)

- java. util. Arrays #asList()
- javax. swing. JTable(TableModel)
- java. io. InputStreamReader(InputStream)
- java. io. OutputStreamWriter(OutputStream)
- javax. xml. bind. annotation. adapters. XmlAdapter #marshal()
- javax. xml. bind. annotation. adapters. XmlAdapter #unmarshal()

② 桥接模式(Bridge)

- AWT（提供了抽象层映射于实际的操作系统）
- JDBC

③ 组合模式(Composite)

- javax. swing. JComponent #add(Component)

- java. awt. Container #add(Component)
- java. util. Map #putAll(Map)
- java. util. List #addAll(Collection)
- java. util. Set #addAll(Collection)

④ 装饰模式(Decorator)

- java. io. BufferedInputStream(InputStream)
- java. io. DataInputStream(InputStream)
- java. io. BufferedOutputStream(OutputStream)
- java. util. zip. ZipOutputStream(OutputStream)
- java. util. Collections #checked[List | Map | Set | SortedSet | SortedMap]()

⑤ 外观模式(Facade)

- java. lang. Class
- javax. faces. webapp. FacesServlet

⑥ 享元模式(Flyweight)

- java. lang. Integer #valueOf(int)
- java. lang. Boolean #valueOf(boolean)
- java. lang. Byte #valueOf(byte)
- java. lang. Character #valueOf(char)

⑦ 代理模式(Proxy)

- java. lang. reflect. Proxy
- java. rmi. *

行为型模式示例:

① 职责链模式(Chain of Responsibility)

- java. util. logging. Logger #log()
- javax. servlet. Filter #doFilter()

② 命令模式(Command)

- java. lang. Runnable
- javax. swing. Action

③ 解释器模式(Interpreter)

- java. util. Pattern
- java. text. Normalizer
- java. text. Format
- javax. el. ELResolver

④ 迭代器模式(Iterator)

- java. util. Iterator
- java. util. Enumeration

⑤ 中介者模式(Mediator)

- java. util. Timer (所有 scheduleXXX()方法)
- java. util. concurrent. Executor #execute()

- java. util. concurrent. ExecutorService (invokeXXX()和 submit()方法)
- java. util. concurrent. ScheduledExecutorService (所有 scheduleXXX()方法)
- java. lang. reflect. Method #invoke()

⑥ 备忘录模式(Memento)

- java. util. Date
- java. io. Serializable
- javax. faces. component. StateHolder

⑦ 观察者模式(Observer)

- java. util. Observer/java. util. Observable
- java. util. EventListener (所有子类)
- javax. servlet. http. HttpSessionBindingListener
- javax. servlet. http. HttpSessionAttributeListener
- javax. faces. event. PhaseListener

⑧ 状态模式(State)

- java. util. Iterator
- javax. faces. lifecycle. LifeCycle #execute()

⑨ 策略模式(Strategy)

- java. util. Comparator #compare()
- javax. servlet. http. HttpServlet
- javax. servlet. Filter #doFilter()

⑩ 模板方法模式(Template Method)

- java. io. InputStream, java. io. OutputStream, java. io. Reader 和 java. io. Writer 的所有非抽象方法
- java. util. AbstractList, java. util. AbstractSet 和 java. util. AbstractMap 的所有非抽象方法
- javax. servlet. http. HttpServlet # doXXX()

⑪ 访问者模式(Visitor)

- javax. lang. model. element. AnnotationValue 和 AnnotationValueVisitor
- javax. lang. model. element. Element 和 ElementVisitor
- javax. lang. model. type. TypeMirror 和 TypeVisitor

参见: http://www. iteye. com/news/18725 和 http://stackoverflow. com/questions/1673841/examples-of-gof-design-patterns。

(12) 框架与设计模式的区别:

① 设计模式和框架所针对的问题域不同:设计模式针对面向对象的问题域;框架针对特定业务的问题域。

② 设计模式比框架更为抽象:设计模式是对在某种环境中反复出现的问题以及解决该问题的方案的描述,它在碰到具体问题后才能产生代码,只有模式实例才能用代码表示;框架本身已经可以用代码来表示,能直接执行和复用。

③ 设计模式是比框架更小的体系结构元素,在一个框架中可以包括多个设计模式。

简言之，设计模式就像武术中的一些基本招式，将这些招式合理地组合起来就可以形成套路(框架)；框架是一种半成品，基于框架可以快速开发出针对具体业务领域的应用程序。

(13) C。此题正确答案为享元模式(Flyweight Pattern)。享元模式以共享的方式高效支持大量细粒度对象的复用，每一种风味(Flavor)的牛排无论卖出多少，它们都是相同且无法辨别的，因此牛排的风味是可以共享的，可以使用享元模式进行设计。

(14) 避免使用 case 和 if 等条件语句的设计模式有工厂方法模式、状态模式、策略模式等。下面通过策略模式来加以说明：

如果在一个数据处理软件中可以使用多种方式来存储数据，如数据库存储、XML 文件存储、Excel 文件存储等，在没有使用策略模式之前代码片段如下：

```
public class DataHandler
{
    …
    public void saveData(int i)
    {
        …
        switch(0)
        {
            case(0): …              //使用数据库存储数据
            break;
            case(1): …              //使用 XML 文件存储数据
            break;
            case(2): …              //使用 Excel 文件存储数据
            break;
            …
        }
        …
    }
    …
}
```

在上述代码中，客户端在调用 DataHandler 类的 saveData()方法时，需要传入一个参数，通过参数来确定使用哪种数据存储方式，在代码中将出现的冗长复杂的 switch…case 语句，导致 saveData()方法非常庞大，不利于维护和测试。除此之外，如果增加新的数据存储方式还需要修改源代码，必须增加新的 case 语句，违反了开闭原则。因此可以使用策略模式进行重构。

在策略模式中，可以将每一种数据存储方式封装在一个具体的策略类中，客户端针对抽象策略类编程，通过配置文件将具体策略类类名存储在其中，如果需要修改或增加策略类只需修改配置文件即可，无须修改源代码，通过策略模式重构后的代码片段如下：

```
public class DataHandler                         //环境类
{
    private Strategy strategy;
    public void setStrategy(Strategy strategy)
```

```
    {
        this.strategy = strategy;
    }
    public void saveData()
    {
        strategy.saveData();
    }
}

public abstract class Strategy                          //抽象策略类
{
    public abstract void saveData();
}

public class DBStrategy extends Strategy                //具体策略类
{
    public void saveData()
    {
        //使用数据库存储数据
    }
}

public class XMLStrategy extends Strategy               //具体策略类
{
    public void saveData()
    {
        //使用 XML 文件存储数据
    }
}

public class ExcelStrategy extends Strategy             //具体策略类
{
    public void saveData()
    {
        //使用 Excel 文件存储数据
    }
}
```

(15) 本题使用装饰模式设计的类图如图 A6-8 所示。

在该类图中，Beverage 充当抽象组件，HouseBlend 和 Espresso 充当具体组件，CondimentDecorator 充当抽象装饰器，Milk 和 Mocha 充当具体装饰器，StarBuzzCoffee 充当客户端。本题完整代码示例如下：

```
abstract class Beverage                          //抽象组件
{
    public abstract String getDescription();
    public abstract double getCost();
}
```

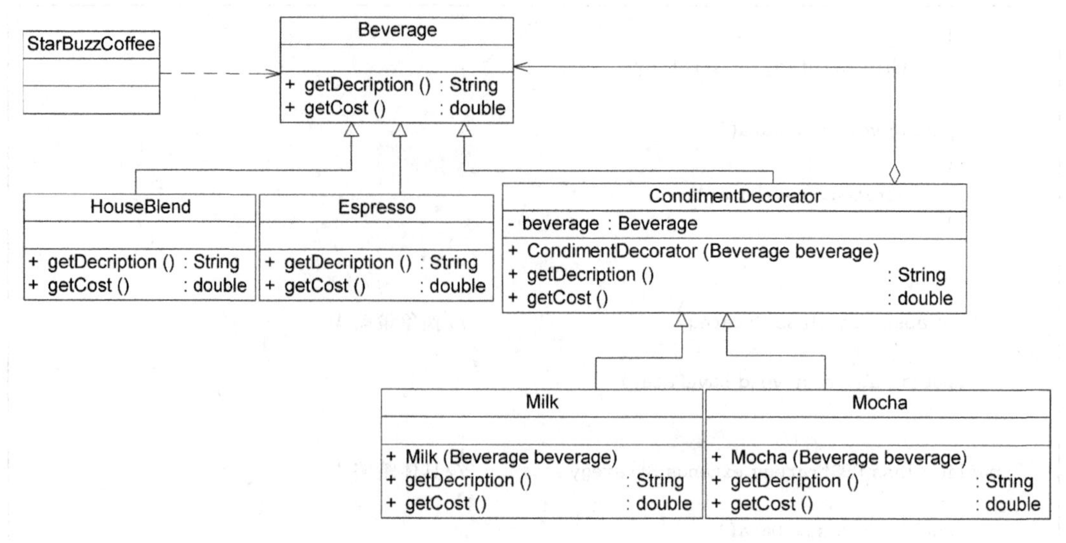

图 A6-8 实训练习(15)所求类图

```
class HouseBlend extends Beverage                    //具体组件
{
    public String getDescription()
    {
        return "HouseBlend 咖啡";
    }
    public double getCost()
    {
        return 10.00;
    }
}

class Espresso extends Beverage                      //具体组件
{
    public String getDescription()
    {
        return "Espresso 咖啡";
    }
    public double getCost()
    {
        return 20.00;
    }
}

class CondimentDecorator extends Beverage            //抽象装饰器
{
    private Beverage beverage;
    public CondimentDecorator(Beverage beverage)
    {
        this.beverage = beverage;
```

```
    }
    public String getDescription()
    {
        return beverage.getDescription();
    }
    public double getCost()
    {
        return beverage.getCost();
    }
}

class Milk extends CondimentDecorator                    //具体装饰器
{
    public Milk(Beverage beverage)
    {
        super(beverage);
    }
    public String getDescription()
    {
        String decription = super.getDescription();
        return decription + "加牛奶";
    }
    public double getCost()
    {
        double cost = super.getCost();
        return cost + 2.0;
    }
}

class Mocha extends CondimentDecorator                   //具体装饰器
{
    public Mocha(Beverage beverage)
    {
        super(beverage);
    }
    public String getDescription()
    {
        String decription = super.getDescription();
        return decription + "加摩卡";
    }
    public double getCost()
    {
        double cost = super.getCost();
        return cost + 3.0;
    }
}

class StarBuzzCoffee                                     //客户端测试类
{
```

```
    public static void main(String args[ ])
    {
        String decription;
        double cost;
        Beverage beverage_e;

        beverage_e = new Espresso();
        decription = beverage_e.getDescription();
        cost = beverage_e.getCost();
        System.out.println("饮料: " + decription);
        System.out.println("价格: " + cost);
        System.out.println("----------------------");

        Beverage beverage_mi;
        beverage_mi = new Milk(beverage_e);
        decription = beverage_mi.getDescription();
        cost = beverage_mi.getCost();
        System.out.println("饮料: " + decription);
        System.out.println("价格: " + cost);
        System.out.println("----------------------");

        Beverage beverage_mo;
        beverage_mo = new Mocha(beverage_mi);
        decription = beverage_mo.getDescription();
        cost = beverage_mo.getCost();
        System.out.println("饮料: " + decription);
        System.out.println("价格: " + cost);
        System.out.println("----------------------");
    }
}
//输出结果如下:
//饮料: Espresso 咖啡
//价格: 20.0
//----------------------
//饮料: Espresso 咖啡加牛奶
//价格: 22.0
//----------------------
//饮料: Espresso 咖啡加牛奶加摩卡
//价格: 25.0
```

(16) 单例模式有三个特点:

① 单例类只有一个实例。

② 单例类必须自行创建自己的唯一实例。

③ 单例类必须向其他对象提供这一实例。

最简单的单例类(懒汉式单例,无线程同步控制)实现代码如下:

```
class Singleton
{
```

```
    private static Singleton instance = null;
    private Singleton() { }
    public static Singleton getInstance()
    {
        if(instance == null)
        {
            instance = new Singleton();
        }
        return instance;
    }
}
```

（17）本题可使用建造者模式、抽象工厂模式、装饰模式或模板方法模式等模式来实现，下面通过建造者模式和抽象工厂模式来加以说明：

① 建造者模式解决方案参考类图如图 A6-9 所示。

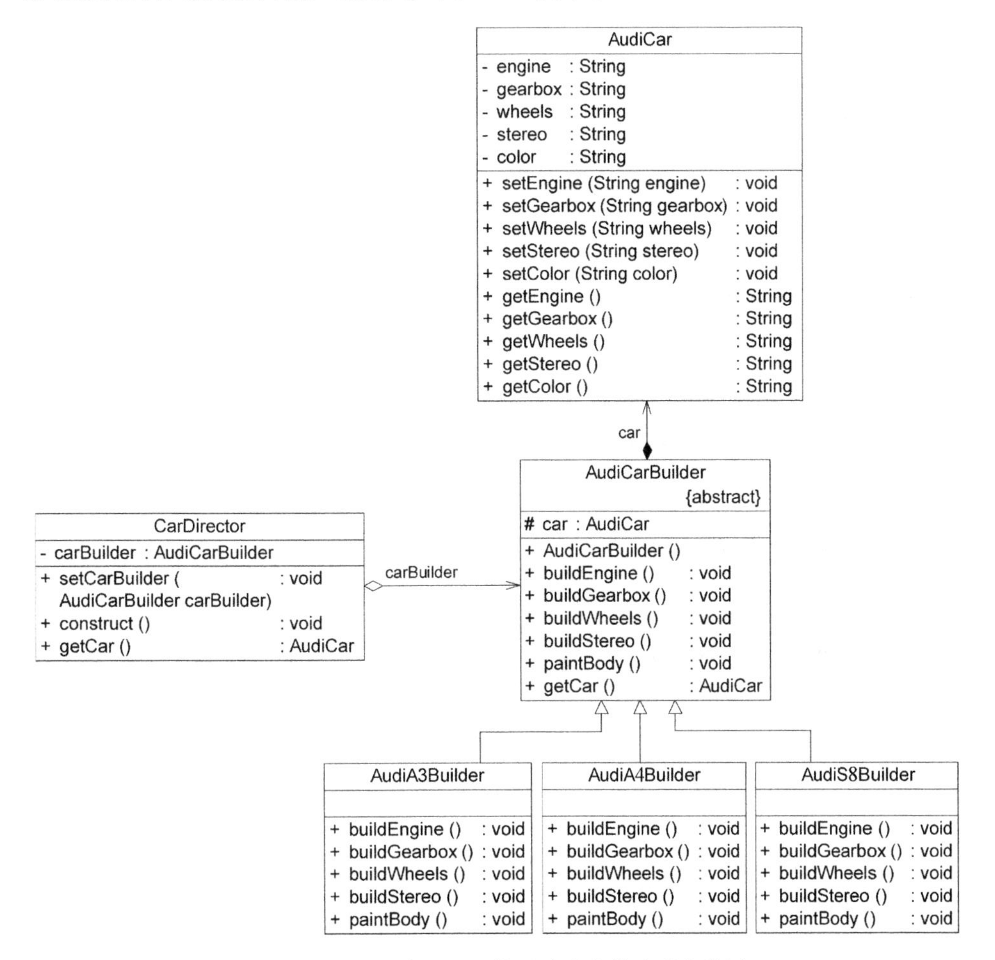

图 A6-9 实训练习(17)使用建造者模式所求类图

本题代码片段如下：

```
class AudiCar
{
    private String engine;
    private String gearbox;
    private String wheels;
    private String stereo;
    private String color;
    public void setEngine(String engine) {
        this.engine = engine;
    }
    public void setGearbox(String gearbox) {
        this.gearbox = gearbox;
    }
    public void setWheels(String wheels) {
        this.wheels = wheels;
    }
    public void setStereo(String stereo) {
        this.stereo = stereo;
    }
    public void setColor(String color) {
        this.color = color;
    }
    public String getEngine() {
        return (this.engine);
    }
    public String getGearbox() {
        return (this.gearbox);
    }
    public String getWheels() {
        return (this.wheels);
    }
    public String getStereo() {
        return (this.stereo);
    }
    public String getColor() {
        return (this.color);
    }
}

class CarDirector
{
    private AudiCarBuilder carBuilder;
```

```
    public void setCarBuilder(AudiCarBuilder carBuilder)
    {
        this.carBuilder = carBuilder;
    }
    public void construct()
    {
        carBuilder.buildEngine();
        carBuilder.buildGearbox();
        carBuilder.buildWheels();
        carBuilder.buildStereo();
        carBuilder.paintBody();
    }
    public AudiCar getCar()
    {
        return carBuilder.getCar();
    }
}

abstract class AudiCarBuilder
{
    protected AudiCar car;
    public AudiCarBuilder()
    {
        car = new AudiCar();
    }
    public abstract void buildEngine();
    public abstract void buildGearbox();
    public abstract void buildWheels();
    public abstract void buildStereo();
    public abstract void paintBody();
    public AudiCar getCar()
    {
        return this.car;
    }
}

class AudiS8Builder extends AudiCarBuilder
{
    public void buildEngine()
    {
        car.setEngine("V形10缸/燃油直喷式汽油机");
    }
    public void buildGearbox()
    {
```

```
        car.setGearbox("6 速手自一体式变速器");
    }
    public void buildWheels()
    {
        car.setWheels("19 英寸的 5 轮辐铸铝轮毂和 265/35 R19 轮胎");
    }
    public void buildStereo()
    {
        car.setStereo("5 环绕声道 BOSE 音响系统");
    }
    public void paintBody()
    {
        car.setColor("幻影黑");
    }
}

class Client
{
    public static void main(String args[])
    {
        CarDirector director = new CarDirector();
        AudiCarBuilder builder;
        builder = new AudiS8Builder();
        director.setCarBuilder(builder);
        director.construct();
        AudiCar car;
        car = director.getCar();
        System.out.println("发动机: " + car.getEngine());
        System.out.println("变速箱: " + car.getGearbox());
        System.out.println("轮胎: " + car.getWheels());
        System.out.println("音响系统: " + car.getStereo());
        System.out.println("颜色: " + car.getColor());
    }
}
//AudiA3Builder 和 AudiA4Builder 代码省略
//输出结果如下:
//发动机: V 形 10 缸/燃油直喷式汽油机
//变速箱: 6 速手自一体式变速器
//轮胎: 19 英寸的 5 轮辐铸铝轮毂和 265/35 R19 轮胎
//音响系统: 5 环绕声道 BOSE 音响系统
//颜色: 幻影黑
```

② 抽象工厂模式解决方案：参考类图如图 A6-10 所示(因类图较大，在图中只画出发动机和变速箱两个产品等级结构，具体工厂也只画出 AudiA3Factory 和 AudiS8Factory)。

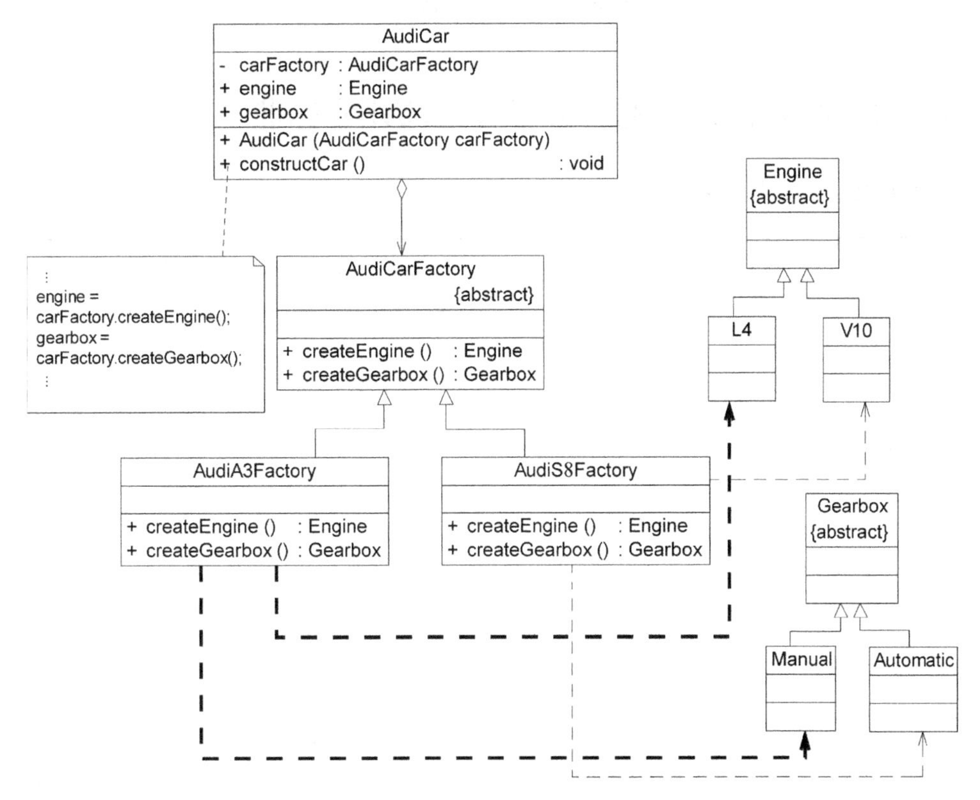

图 A6-10 实训练习(17)使用抽象工厂模式所求类图

(18) 使用中介者模式进行设计，参考类图如图 A6-11 所示。

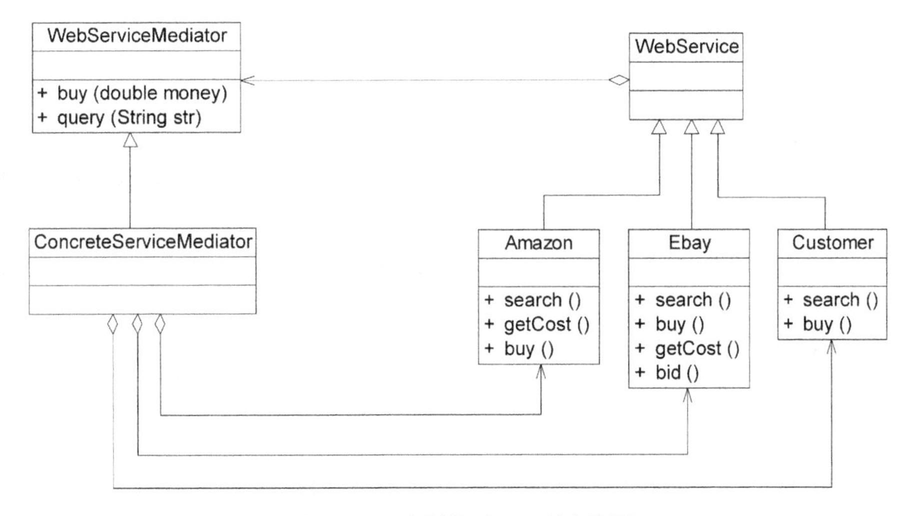

图 A6-11 实训练习(18)所求类图

A.7 第7章参考答案及评分标准

A.7.1 综合模拟试题一参考答案及评分标准

1. **选择题**(每题2分,共20分)

(1)	(2)	(3)	(4)	(5)	(6)	(7)	(8)	(9)	(10)
C	D	C	A	D	B	D	A	C	D

2. **连线题**(每题10分,共20分)

(1)

[1] 工厂方法模式
[2] 建造者模式
[3] 适配器模式
[4] 桥接模式
[5] 装饰模式
[6] 外观模式
[7] 享元模式
[8] 迭代器模式
[9] 模板方法模式
[10] 状态模式

A.将抽象部分与它的实现部分分离，使它们都可以独立地变化
B.允许一个对象在其内部状态改变时改变它的行为
C.动态地给一个对象增加一些额外的职责
D.通过运用共享技术有效地支持大量细粒度对象的复用
E.提供了一种方法来访问聚合对象，而不用暴露这个对象的内部表示
F.将类的实例化操作延迟到子类中完成，即由子类来决定究竟应该实例化（创建）哪一个类
G.定义一个操作中算法的骨架，而将一些步骤延迟到子类中
H.将一个复杂对象的构建与它的表示分离，使得同样的构建过程可以创建不同的表示
I.为复杂子系统提供一个一致的接口
J.将一个接口转换成客户希望的另一个接口，从而使接口不兼容的那些类可以一起工作

(2)

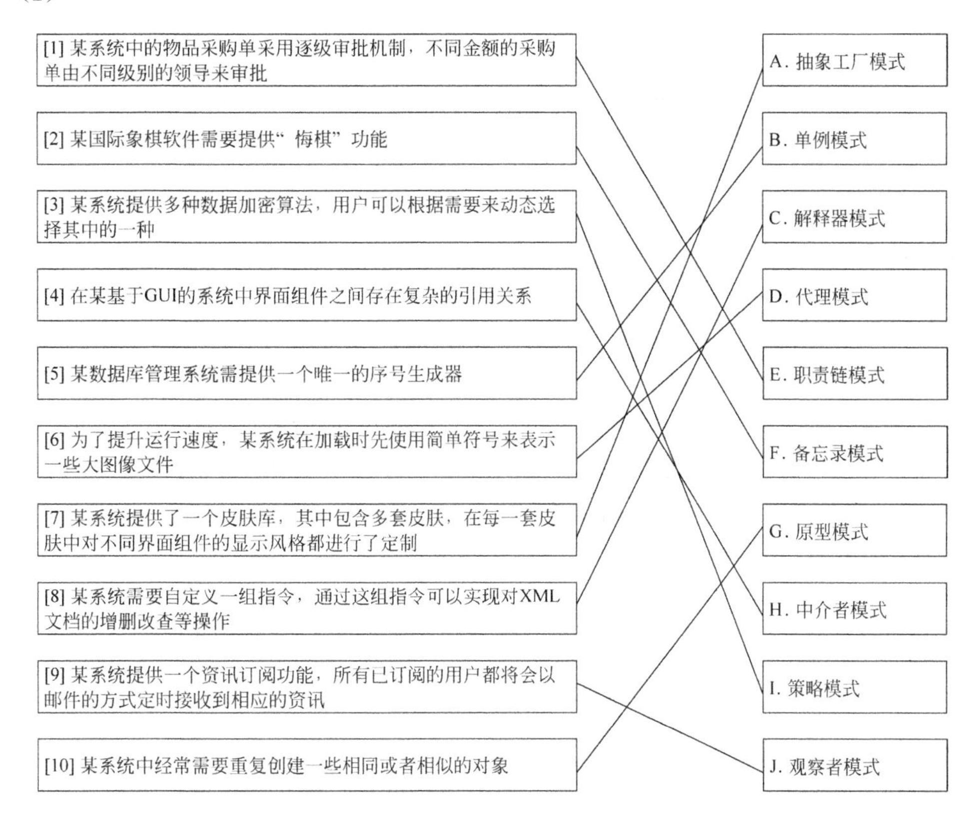

3. 综合应用题(每题 10 分，共 60 分)

(1) 依赖倒转原则的定义：高层模块不应该依赖低层模块，它们都应该依赖抽象。抽象不应该依赖于细节，细节应该依赖于抽象。也可以定义为：要针对接口编程，不要针对实现编程。【4 分】

可结合工厂方法模式、抽象工厂模式、建造者模式、适配器模式、桥接模式、策略模式等具有抽象层的模式，下面以工厂方法模式为例来进行说明。

工厂方法模式结构图如图 A7-1 所示。【3 分】

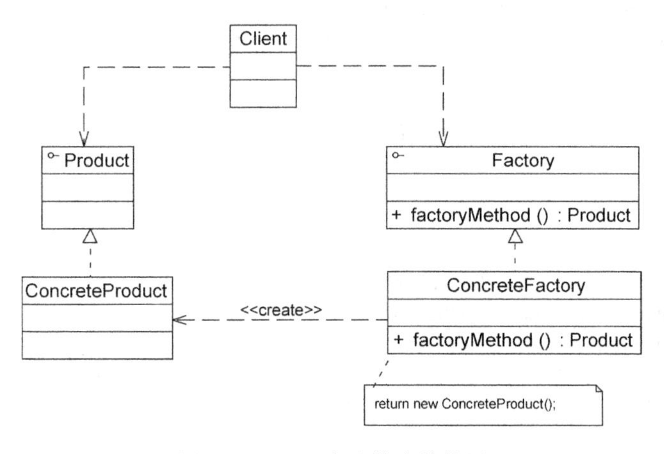

图 A7-1 工厂方法模式结构图

工厂方法模式代码片段如下：【3 分】

```
//抽象工厂类
public abstract class Factory {
    public abstract Product createProduct();

}
//具体工厂类
public class ConcreteFactoryA extends Factory {
    public Product createProduct() {
        return new ConcreteProductA();
    }
}
```

在工厂方法模式中，定义了抽象工厂类 Factory，所有的具体工厂类都是 Factory 的子类，具体工厂类负责创建具体的产品对象。

客户端代码片段如下：

```
...
Factory factory;
Product product;

//通过反射和配置文件创建工厂对象 factory
product = factory.createProduct();
```

客户端代码中，针对抽象工厂和抽象产品编程，使用抽象工厂类型来声明工厂对象，使用抽象产品类型来声明产品对象，程序在运行时，具体工厂对象将覆盖抽象工厂对象，可以采用反射结合配置文件的方式来创建具体工厂对象。所有出现工厂和产品的地方都是针对抽象编程，而不是针对具体工厂和产品编程，应用了依赖倒转原则，这样做的好处是更换和新增具体产品时，只需要修改存储在配置文件中的具体工厂类类名即可，无须修改源代码，使得系统符合开闭原则。开闭原则是目标，依赖倒转原则是手段。

(2) 设计模式选择：单例模式。【2 分】

单例模式的定义：确保一个类只有一个实例，并提供一个全局访问点来访问这个唯一实例。【4 分】

解决方案结构图如图 A7-2 所示。【4 分】

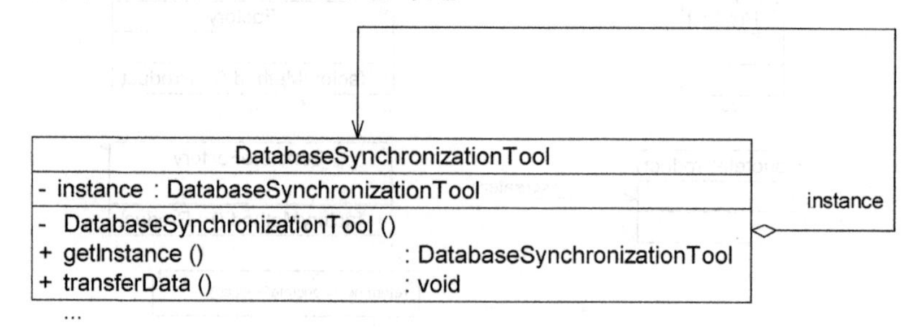

图 A7-2 单例模式解决方案结构图

(3) 设计模式选择：策略模式和适配器模式。【2 分】

策略模式的定义：定义一系列算法，将每一个算法封装起来，并让它们可以相互替换。策略模式让算法可以独立于使用它的客户变化。【2 分】

适配器模式的定义：将一个类的接口转换成客户希望的另一个接口。适配器模式让那些接口不兼容的类可以一起工作。【2 分】

解决方案结构图如图 A7-3 所示。【4 分】

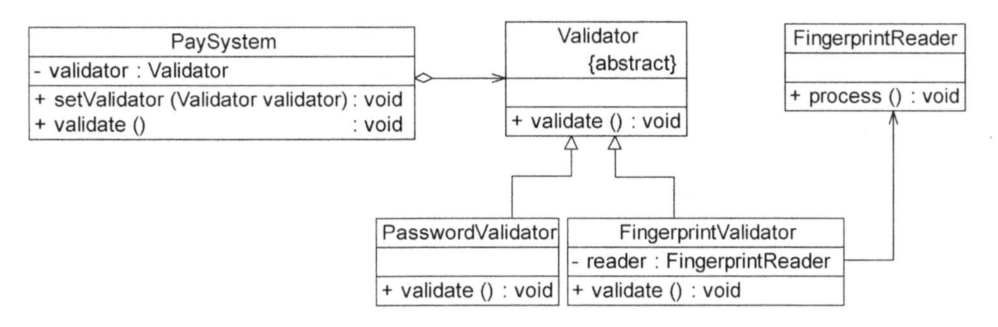

图 A7-3 策略模式和适配器模式联用解决方案结构图

(4) 设计模式选择：组合模式。【2 分】

组合模式的定义：组合多个对象形成树型结构以表示具有部分-整体关系的层次结构。组合模式让客户端可以统一对待单个对象和组合对象。【4 分】

解决方案结构图如图 A7-4 所示。【4 分】

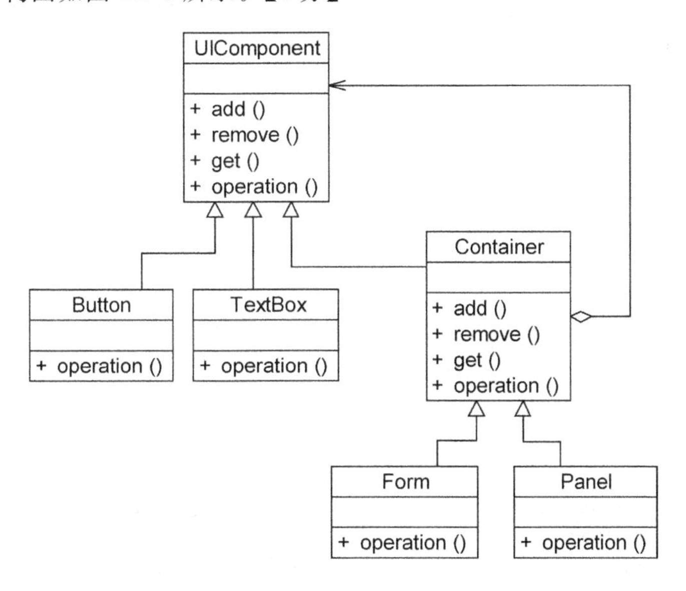

图 A7-4 组合模式解决方案结构图

【注：可以将 Form 和 Panel 直接作为 UIComponent 的子类，但必须分别持有对 UIComponent 的关联引用。】

(5) 设计模式选择：桥接模式。【2分】

桥接模式的定义：将抽象部分与它的实现部分解耦，使得两者都能够独立变化。【4分】

桥接模式的结构图如图A7-5所示。【4分】

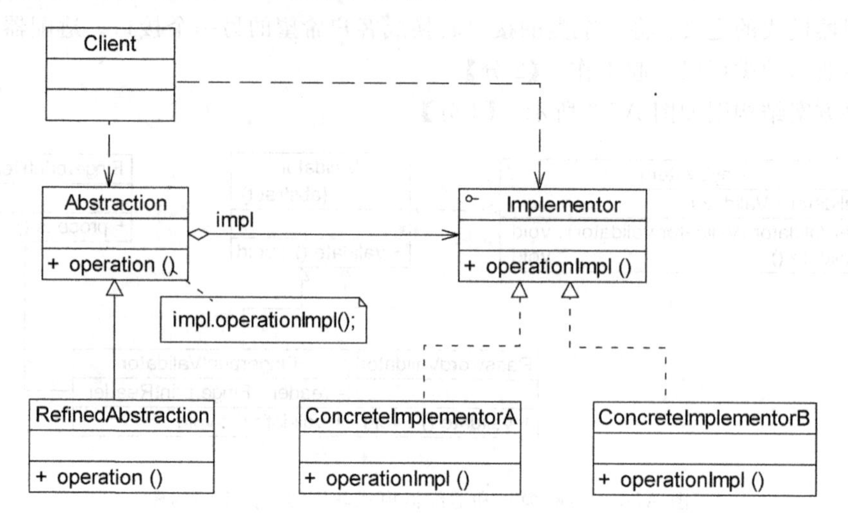

图A7-5 桥接模式结构图

(6) 设计模式选择：观察者模式。【2分】

观察者模式的定义：定义对象之间的一种一对多依赖关系，使得每当一个对象状态发生改变时，其相关依赖对象皆得到通知并被自动更新。【4分】

观察者模式的结构图如图A7-6所示。【4分】

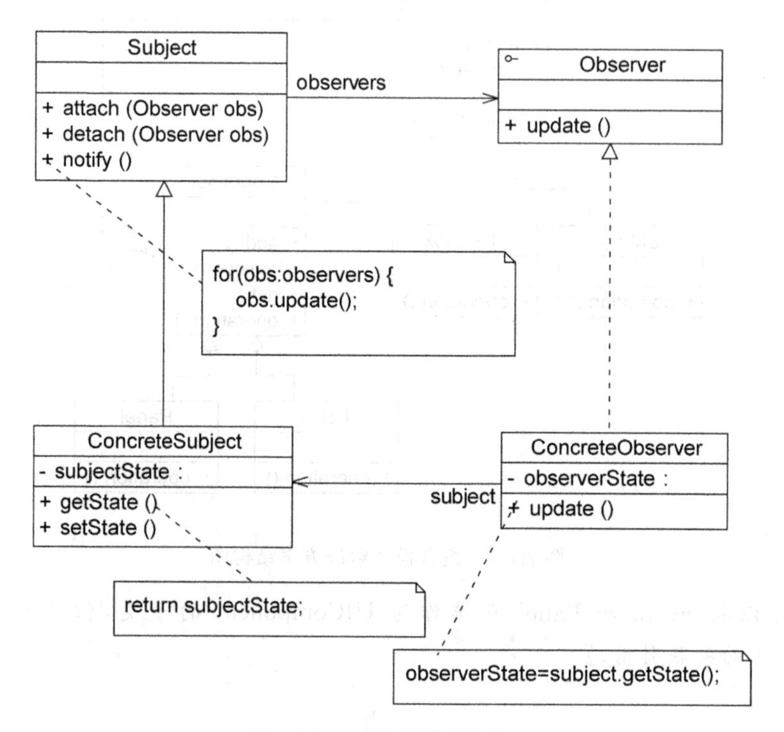

图A7-6 观察者模式结构图

A.7.2 综合模拟试题二参考答案及评分标准

1. **判断题**(每题 1 分,共 20 分)

(1)	(2)	(3)	(4)	(5)	(6)	(7)	(8)	(9)	(10)
错	对	对	错	错	错	对	对	对	错
(11)	**(12)**	**(13)**	**(14)**	**(15)**	**(16)**	**(17)**	**(18)**	**(19)**	**(20)**
对	对	错	对	对	对	错	错	对	对

2.【本题共 15 分】

开闭原则的定义:软件实体应当对扩展开放,对修改关闭。【3 分】

如何实现开闭原则:抽象化是开闭原则的关键,提供相对稳定的抽象层和灵活的具体层。【3 分】

简单工厂模式:违背了开闭原则,增加新的产品时需要修改工厂类。【1 分】

简单工厂模式的结构图如图 A7-7 所示。【2 分】

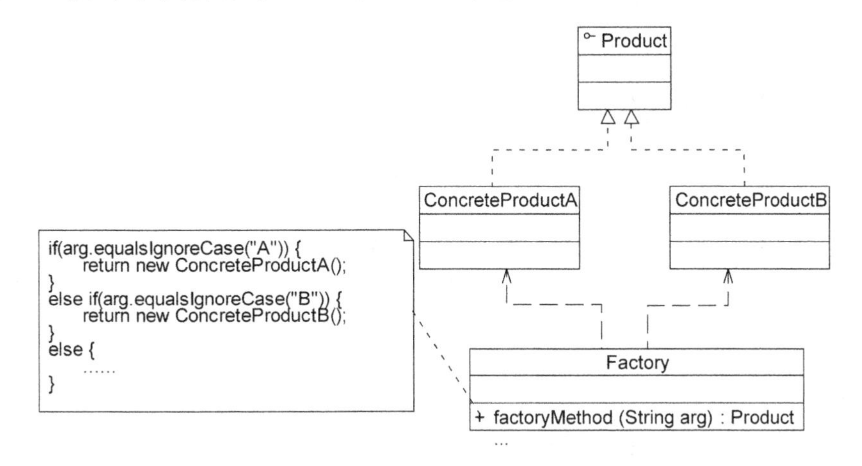

图 A7-7 简单工厂模式结构图

工厂方法模式:符合开闭原则,增加新的产品只需对应增加一个新的具体工厂类,无须修改源代码。【1 分】

工厂方法模式的结构图如图 A7-8 所示。【2 分】

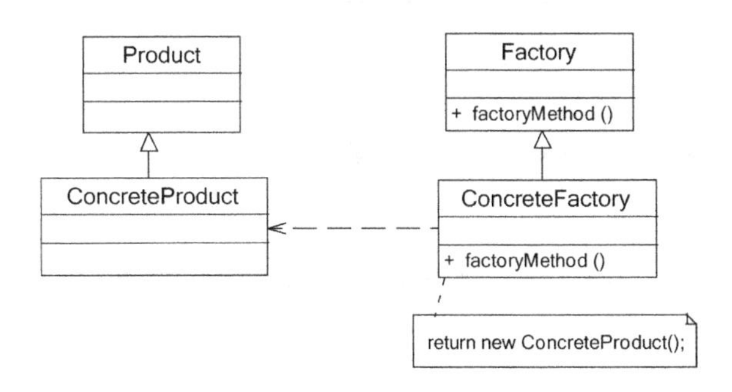

图 A7-8 工厂方法模式结构图

抽象工厂模式：具有开闭原则的倾斜性，增加新的产品族符合开闭原则，增加新的产品等级结构违背开闭原则。【1分】

抽象工厂模式的结构图如图 A7-9 所示。【2分】

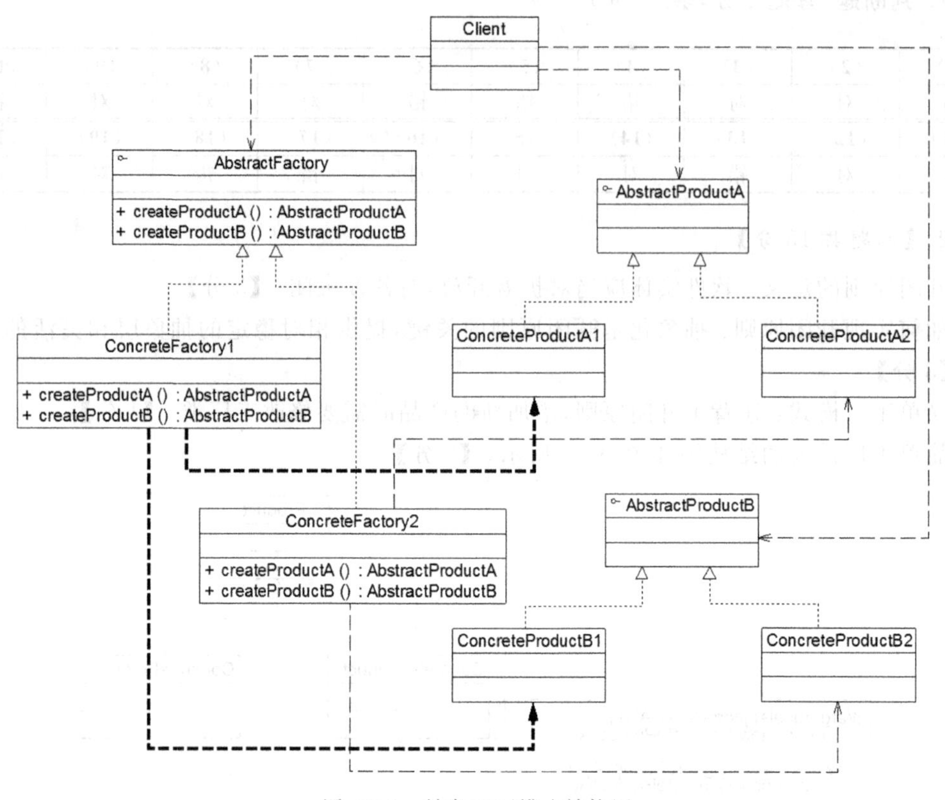

图 A7-9 抽象工厂模式结构图

3.【本题共 10 分】

存在的问题：将两个变化维度耦合在一起，违背了单一职责原则，导致类的个数增加，系统庞大，扩展困难。【4分】

设计模式选择：桥接模式。【2分】

重构之后的设计方案结构图如图 A7-10 所示。【4分】

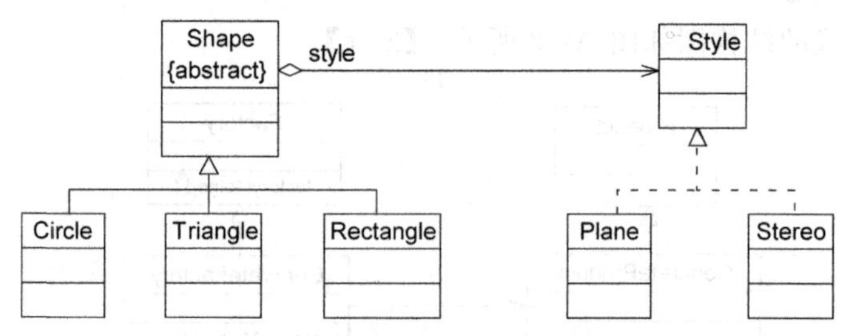

图 A7-10 使用桥接模式重构后的结构图

4.【本题共 15 分】

设计模式的选择：单例模式和外观模式。【4分，每个设计模式 2 分】

单例模式的定义：确保一个类只有一个实例，并提供一个全局访问点来访问这个唯一实例。【3 分】

外观模式的定义：为子系统中的一组接口提供一个统一的入口。外观模式定义了一个高层接口，这个接口使得这一子系统更加容易使用。【3 分】

解决方案结构图如图 A7-11 所示。【5 分】

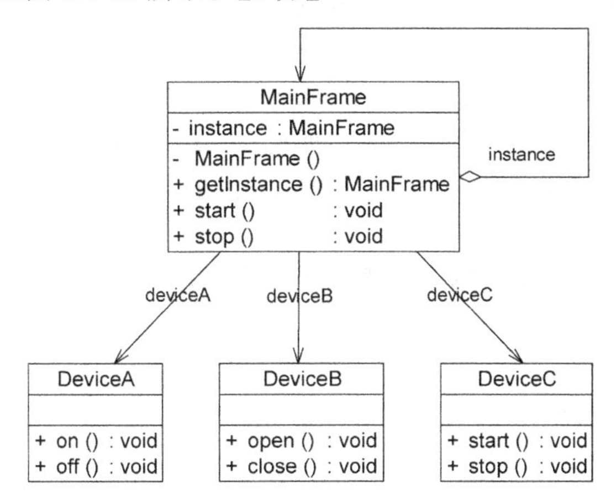

图 A7-11 单例模式和外观模式联用解决方案结构图

5.【本题共 15 分】

设计模式的选择：组合模式和观察者模式。【4 分，每个设计模式 2 分】

组合模式的定义：组合多个对象形成树型结构以表示具有部分-整体关系的层次结构。组合模式让客户端可以统一对待单个对象和组合对象。【3 分】

观察者模式：定义对象之间的一种一对多依赖关系，使得每当一个对象状态发生改变时，其相关依赖对象都得到通知并被自动更新。【3 分】

解决方案结构图如图 A7-12 所示。【5 分】

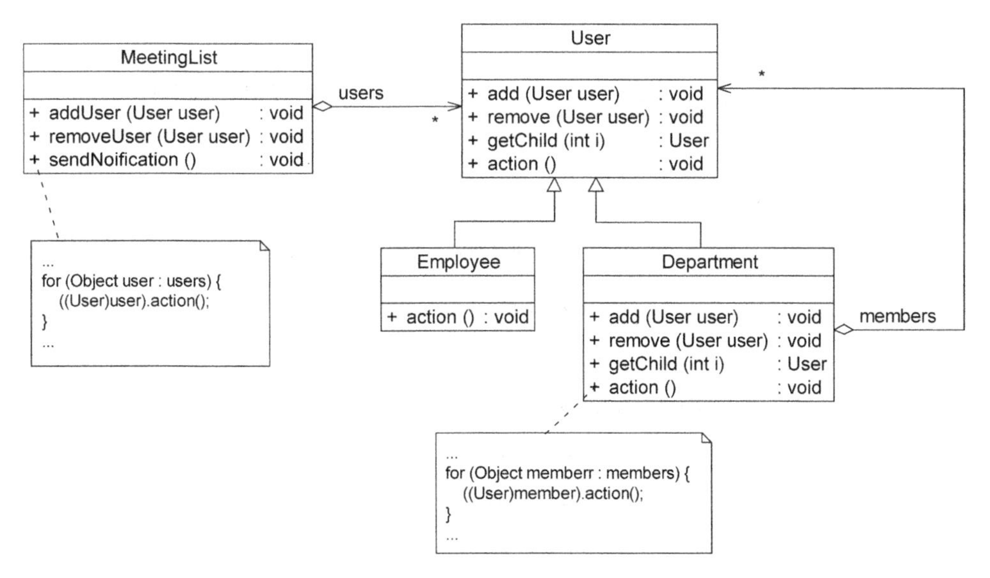

图 A7-12 组合模式和观察者模式联用解决方案结构图

6.【本题共 25 分】

【问题 1：6 分】

创建型模式主要用于创建对象。【2 分】

结构型模式主要用于处理类或对象的组合。【2 分】

行为型模式主要用于描述类或对象怎样交互和怎样分配职责。【2 分】

【问题 2：9 分】

创建型模式：单例模式、抽象工厂模式、原型模式。【共 3 分，每个 1 分】

结构型模式：适配器模式、组合模式、代理模式。【共 3 分，每个 1 分】

行为型模式：命令模式、职责链模式、策略模式。【共 3 分，每个 1 分】

【问题 3：10 分】

针对设计要求(1)，可选择策略模式【2 分】，对应的解决方案结构图如图 A7-13 所示。【3 分】

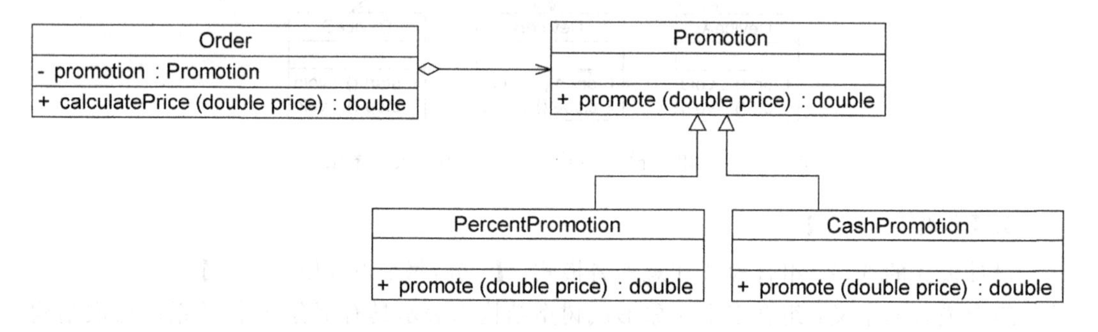

图 A7-13　策略模式解决方案结构图

针对设计要求(2)，可选择适配器模式【2 分】，对应的解决方案结构图如图 A7-14 所示。【3 分】

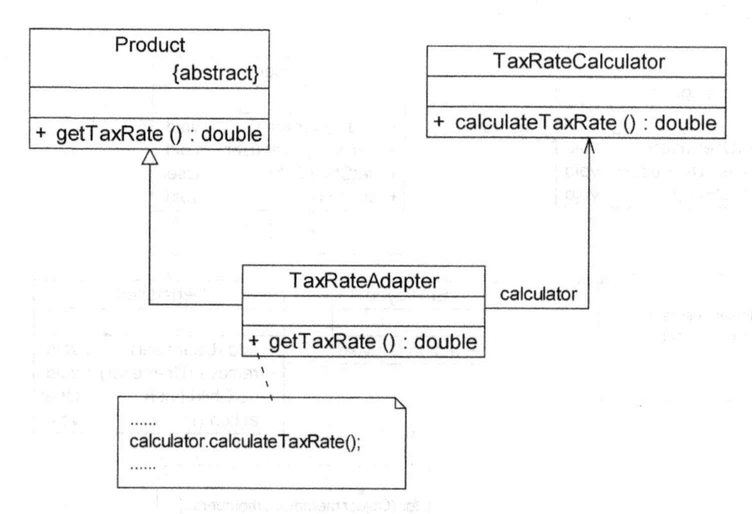

图 A7-14　适配器模式解决方案结构图

参 考 文 献

[1] Grady Booch,James Rumbaugh,Ivar Jacobson. UML 用户指南[M]. 2 版. 邵维忠,麻志毅,等译. 北京：人民邮电出版社,2006.

[2] Grady Booch,Ivar Jacobson,James Rumbaugh. UML 参考手册[M]. 2 版. UMLChina,译. 北京：机械工业出版社,2005.

[3] Martin Fowler. UML 精粹：标准对象语言简明指南[M]. 3 版. 徐家福,译. 北京：清华大学出版社,2005.

[4] Craig Larman. UML 和模式应用[M]. 3 版. 李洋,郑龑,译. 北京：机械工业出版社,2006.

[5] Martin Fowler. 重构：改善既有代码的设计[M]. 侯捷,熊节,译. 北京：中国电力出版社,2003.

[6] Erich Gamma,Richard Helm,Ralph Johnson,John Vlissides. 设计模式：可复用面向对象软件的基础[M]. 李英军,马晓星,蔡敏,等译. 北京：机械工业出版社,2004.

[7] Elisabeth Freeman,Eric Freeman,Kathy Sierra,Bert Bates. 深入浅出设计模式[M]. O'Reilly Taiwan 公司,译. 北京：中国电力出版社,2007.

[8] 阎宏. Java 与模式[M]. 北京：电子工业出版社,2004.

[9] 秦小波. 设计模式之禅[M]. 北京：机械工业出版社,2010.

[10] 莫勇腾. 深入浅出设计模式(C#/Java)[M]. 北京：清华大学出版社,2006.

[11] Steven John Metsker,William C. Wake. Java 设计模式[M]. 龚波,赵彩琳,陈蓓,译. 北京：人民邮电出版社,2007.

[12] Partha Kuchana. Java 软件体系结构设计模式标准指南[M]. 王卫军,楚宁志,等译. 北京：电子工业出版社,2006.

[13] Steven John Metsker. 设计模式 Java 手册[M]. 龚波,冯军,程群梅,等译. 北京：机械工业出版社,2006.

[14] Alan Shalloway,James R. Trott. 设计模式精解[M]. 熊节,译. 北京：清华大学出版社,2004.

[15] 程杰. 大话设计模式[M]. 北京：清华大学出版社,2008.

[16] 耿祥义,张跃平. Java 设计模式[M]. 北京：清华大学出版社,2009.

[17] Dale Skrien. 面向对象设计原理与模式(Java 版)[M]. 腾灵灵,仲婷,译. 北京：清华大学出版社,2009.

[18] 徐宏喆,侯迪. 实用软件设计模式教程[M]. 北京：清华大学出版社,2009.

[19] John Vlissides. 设计模式沉思录[M]. 葛子昂,译. 北京：人民邮电出版社,2010.

[20] 杨帆,王钧玉,孙更新. 设计模式从入门到精通[M]. 北京：电子工业出版社,2010.

[21] 郭志学. 易学设计模式[M]. 北京：人民邮电出版社,2009.

[22] 刘中兵,Java 研究室. Java 高手真经. 系统架构卷：Java Web 系统设计与架构：UML 建模+设计模式+面向服务架构[M]. 北京：电子工业出版社,2009.

[23] 欧立奇,朱梅,段韬. Java 程序员面试宝典[M]. 北京：电子工业出版社,2007.

[24] [瑞典]Linkoping 大学计算机与信息科学系设计模式课程网站. http://www. ida. liu. se/～TDDB84/.

[25] . NET Design Patterns and Architectures in C# and VB. http://www. dofactory. com/ Default. aspx.

[26] developerWorks 中国：Java 设计模式. http://www. ibm. com/developerworks/cn/java/design/.

[27] 刘伟. 设计模式[M]. 北京：清华大学出版社,2011.

参考文献

[1] Grady Booch, James Rumbaugh, Ivar Jacobson. UML用户指南[M]. 2版. 邵维忠, 张志勇, 李沫, 等译. 北京: 人民邮电出版社, 2006.

[2] Grady Booch, Ivar Jacobson, James Rumbaugh. UML参考手册[M]. 2版. UML China, 译. 北京: 机械工业出版社, 2005.

[3] Martin Fowler. UML精粹: 标准对象建模语言简明指南[M]. 3版. 徐家福, 译. 北京: 清华大学出版社, 2005.

[4] Craig Larman. UML和模式应用[M]. 3版. 李洋, 郑䶮, 等译. 北京: 机械工业出版社, 2006.

[5] Martin Fowler. 重构: 改善既有代码的设计[M]. 侯捷, 熊节, 译. 北京: 中国电力出版社, 2003.

[6] Erich Gamma, Richard Helm, Ralph Johnson, John Vlissides. 设计模式: 可复用面向对象软件的基础[M]. 李英军, 马晓星, 蔡敏, 等译. 北京: 机械工业出版社, 2004.

[7] Elisabeth Freeman, Eric Freeman, Kathy Sierra, Bert Bates. Head First 设计模式[M]. O'Reilly Taiwan [illegible], 译. 北京: [illegible], 2007.

[8]–[17] [illegible]

[18] [illegible] 实用软件设计模式教程[M]. 北京: 清华大学出版社, 2009.

[19] John Vlissides. 设计模式沉思录[M]. 葛子昂, 译. 北京: 人民邮电出版社, 2010.

[20] [illegible] 从入门到精通[M]. 北京: 电子工业出版社, 2010.

[21] [illegible] 软件设计模式[M]. 北京: 人民邮电出版社, 2009.

[22] [illegible] Java [illegible] Web系统设计与架构: UML建模与设计模式 [illegible][M]. 北京: 电子工业出版社, 2009.

[23] [illegible] Java 设计模式[illegible][M]. 北京: 电子工业出版社, 2007.

[24] [illegible] 大学计算机与信息科学系设计模式课程网站. http://www.[illegible]

[25] .NET Design Patterns and Architectures in C# and VB.NET. http://www.dofactory.com/Patterns/Patterns.aspx.

[26] developerWorks中国: Java设计模式. http://www.ibm.com/developerworks/cn/java/design/.

[27] 刘伟. 设计模式[M]. 北京: 清华大学出版社, 2011.

图书资源支持

感谢您一直以来对清华版图书的支持和爱护。为了配合本书的使用，本书提供配套的资源，有需求的读者请扫描下方的"书圈"微信公众号二维码，在图书专区下载，也可以拨打电话或发送电子邮件咨询。

如果您在使用本书的过程中遇到了什么问题，或者有相关图书出版计划，也请您发邮件告诉我们，以便我们更好地为您服务。

我们的联系方式：

地　　址：北京海淀区双清路学研大厦 A 座 707

邮　　编：100084

电　　话：010－62770175－4604

资源下载：http://www.tup.com.cn

电子邮件：weijj@tup.tsinghua.edu.cn

QQ：883604(请写明您的单位和姓名)

资源下载、样书申请

书圈

用微信扫一扫右边的二维码，即可关注清华大学出版社公众号"书圈"。